U0120892

我们一起解决问题

人工智能重塑世界

（第 2 版）

主　编　陈晓华　吴家富
副主编　江富生　李立中　严甘婷

人民邮电出版社
北京

图书在版编目（CIP）数据

人工智能重塑世界 / 陈晓华，吴家富主编. -- 2版
. -- 北京 ：人民邮电出版社，2024.4（2024.7重印）
ISBN 978-7-115-63716-1

Ⅰ. ①人… Ⅱ. ①陈… ②吴… Ⅲ. ①人工智能—研
究 Ⅳ. ①TP18

中国国家版本馆CIP数据核字（2024）第046085号

内 容 提 要

人工智能是引领未来的新兴战略性技术，可以在推动新一轮科技革命和产业变革的过程中产生深刻影响。

本书深度解读了人工智能的概念、技术架构，以及生成式人工智能的逻辑与应用；全面解析了人工智能在医疗、生活、金融、教育、媒体、安防、汽车、工业制造等行业的融合应用与发展；同时深入剖析了人工智能的创业前景，以及人工智能时代的教育和自我成长的方式。全书内容通俗易懂，旨在使读者了解人工智能的本质、核心技术、应用情况等相关知识，为更好地迎接并把握智能时代做好准备。

本书既适合对人工智能感兴趣、想全面了解人工智能的人士阅读，也可以作为各大院校相关专业课程的参考用书。

◆ 主　　编　陈晓华　吴家富
　　副 主 编　江富生　李立中　严甘婷
　　责任编辑　付微微
　　责任印制　彭志环
◆ 人民邮电出版社出版发行　　　　　北京市丰台区成寿寺路 11 号
　　邮编 100164　电子邮件 315@ptpress.com.cn
　　网址 https://www.ptpress.com.cn
　　北京虎彩文化传播有限公司印刷
◆ 开本：787×1092　1/16
　　印张：18.5　　　　　　　　　　2024 年 4 月第 2 版
　　字数：320 千字　　　　　　　　2024 年 7 月北京第 2 次印刷

定　价：66.50 元

读者服务热线：（010）81055656　印装质量热线：（010）81055316
反盗版热线：（010）81055315
广告经营许可证：京东市监广登字 20170147 号

本书编委会

主　编： 陈晓华　吴家富

副主编： 江富生　李立中　严甘婷

编委会成员（排名不分先后）：

苏仕钊　刘　婷　宿庆舟　刘镇宁　荣梓铭　杨若愚　范祥云

徐　东　赵琬桐

本书编写出版支持单位

沐盟科技集团有限公司

中工互联（北京）科技集团公司

山西方天圣华数字科技有限公司

山西云宇宙数字科技集团有限公司

中关村智能科技发展促进会

赣西元宇宙与数字经济研究院

前　言

现代化是人类发展的共同事业，科学技术是推动现代化实现的重要力量，也是中国式现代化的重要组成部分。人工智能推动科技革新，能够在多个领域完成复杂的任务或进行决策，正在成为科技现代化的核心动力。

人工智能是引领未来的战略性技术，是国家战略的重要组成部分，是未来国际竞争的焦点和经济发展的新引擎。作为新一轮产业变革的核心驱动力，人工智能将进一步释放历次科技革命和产业变革积蓄的巨大能量，创造新的强大引擎，推动各领域的智能化升级，催生新技术、新产品、新产业、新业态、新模式，深刻改变人类生产生活方式和思维模式，推动社会生产力的整体跃升。

随着数字经济的快速发展和全社会数字化水平的不断提高，人工智能在经济发展中所产生的积极作用越来越凸显，人工智能与医疗、生活、金融、教育、媒体、安防等行业的融合，已经成为促进传统产业转型升级的重要方式之一。而 ChatGPT 的出现又激发了人们对人工智能新一轮的热烈讨论，并掀起了又一波人工智能发展热潮。

人工智能是一门研究、开发用于模拟、延伸和扩展人的智能的理论、方法、技术及应用系统的新的科学技术。当前，新一代人工智能相关学科发展、理论建模、技术创新、软硬件升级等整体推进，正在引发链式突破，推动经济社会各领域从数字化、网络化向智能化加速跃升。

为了帮助读者深刻理解人工智能的本质、核心技术，全面了解人工智能在不同领域的应用，更好地迎接人工智能时代的到来，我们于 2019 年精心策划并编写了《人工智能重塑世界》一书，该书上市后受到了广大读者的认可。但是，随着社会的发展与技术的进步，人工智能会不断迭代更新，不断有新的技术、新的产品、新的应用出现。为了紧跟时代的发展，让读者了解最前沿的人工智能技术和应用，把握人工智能发展的热点，我们立足新发展阶段、贯彻新发展理念，在深刻理解人工智能最新发展情况的基础上对《人工智能重塑世界》的内容进行了全新修订。

本次修订的主要内容如下。

（1）根据技术与市场变化，对原书中过时的内容进行了更新，使《人工智能重塑世界》（第2版）的内容更加与时俱进，更能体现当下人工智能的最新发展和应用情况。

（2）修订后的图书新增了 AIGC、ChatGPT 等相关内容，以及人工智能与媒体行业的融合等，展现了当下人工智能领域热门技术的发展情况，可以帮助读者紧抓当下人工智能的热点。

在本书修订的过程中，我们得到了很多同行以及相关行业朋友们的大力支持，同时参考和借鉴了一些国内外人工智能研究专家的著述，在此对相关人员一并表示衷心的感谢！

由于人工智能技术发展迅速，对各行各业的颠覆性影响不断出现，人工智能技术与实践都处于不断探索与完善之中，同时受编者能力所限，本书难免存在不足之处，欢迎广大读者批评指正。

目　录

第一章

人工智能——数字时代的新技术革命

作为引领未来的战略性技术，人工智能目前已经对经济、社会、生活等各个方面产生了重要影响。我国的人工智能发展十分迅速，并得到国家的鼎力支持和政策引导，已经被多次写入政府工作报告。其他国家也对人工智能非常重视，把它提升到国家战略的高度，尽全力争取搭上人工智能技术这趟快车，以为本国各行业的发展赋能助力。总之，人工智能目前已经成为科技变革的新动力。

一、人工智能到底是什么

人工智能是一门研究、开发用于模拟、延伸和扩展人的智能的理论、方法、技术及应用系统的新的科学技术。它是计算机技术的一个细分领域，其目的是试图了解智能的实质，并以此生产出一种新的能以与人类智能相似的方式做出反应的智能机器。

我们可以从以下几个方面来认识人工智能。

（一）能够完成不可思议的任务的计算机程序

计算机程序又称计算机软件，是指一组指示计算机或其他具有信息处理能力的装置执行动作或做出判断的指令，它通常用某种程序设计语言来编写，运行于某种目标体系结构上。计算机软件都完成过哪些不可思议的任务呢？

1997 年，国际象棋冠军加里·卡斯帕罗夫（Garry Kasparov）在人机国际象棋比赛中输给了 IBM 公司开发的计算机程序"深蓝"。从实质上来讲,"深蓝"计算机程序就是一种人工智能,从此以后,人工智能开始走进大众视野。

2005 年,上海交通大学成功研制出首辆城市无人驾驶汽车。当时世界上最先进的无人驾驶汽车的测试里程有近 50 万千米,而最后 8 万千米为完全的自动驾驶,没有任何人为干预。

2006 年,"人机大战"在中国象棋领域上演,超级计算机"浪潮天梭"在"浪潮杯"象棋人机大战终极对决中战胜了五位中国特级象棋大师,比赛结果为 3 胜 5 和 2 负。

2011 年 2 月 17 日,超级计算机 Watson 在美国非常受欢迎的智力竞猜节目《危险边缘》中连续击败该节目历史上顶尖的两位选手,成为该节目的最强王者。超级计算机 Watson 是由 IBM 与美国得克萨斯大学联合研发的,而与其能力相当甚至超越它的超级计算机还有很多,如中国的"天河 1 号"和"天河 2 号"等。

2017 年 1 月 11 日至 1 月 30 日,"人机大战"又在德州扑克领域上演,由美国卡耐基梅隆大学开发的人工智能 Libratus 与四位顶尖的德州扑克选手展开比赛,并成功击败这四位德州扑克选手,获得最终胜利。

围棋一直以来被认为是最复杂的棋类游戏之一,其历史源远流长,蕴含着千百年来中国人的传统文化和智慧结晶。2016 年 3 月,韩国棋手李世石在与谷歌旗下 DeepMind 公司开发的人工智能 AlphaGo 的对弈中,以 1∶4 的比分战败;2017 年 5 月,作为当时世界围棋冠军的中国棋手柯洁也与 AlphaGo 对弈,结果以 0∶3 的比分战败。AlphaGo 的战绩轰动世界,也使人工智能在大众层面上有了更高的知名度,大众对人工智能有了更深刻的认识。

2022 年 11 月 30 日,OpenAI 公司发布 ChatGPT（Chat Generative Pre-trained Transformer）,其不仅能与人进行聊天互动,甚至能撰写邮件、文案、代码及论文等。ChatGPT 的横空出世迅速引起了轰动。

其实,不论是机器与人对战围棋,还是机器像人类一样与人交流、完成任务,这些活动都只不过是人类在试探人工智能的能力,人工智能要做的并不是击败人类、代替人类,而是引领新的科技变革。

（二）模仿人类思考方式的计算机程序

人类的脑容量非常大,这是人类与其他动物相比的最大优势。人体的器官会产生各种数据，当这些数据被传输到大脑时，大脑可以对其进行分析和处理，而其他器官只负责产生、传输或执行数据。人类之所以会思考，就是以大脑的这一能力为基础来运行的。

如果把人体类比为计算机系统，器官就是操作系统中的应用软件，而大脑是操作系统，其接收各个器官传送的数据，进行分析处理之后再发送给各个器官，使器官做出相应的反应。

社会各界对人工智能的问世有很多看法和不同的观点，最有争议的问题是人工智能是否可以像人类一样思考。从众多需要思考能力的比赛来看，人工智能应该是具备思考能力的，且与人类的思考方式有众多相似之处，都分为信息的接收、储存、处理、输出和反馈等阶段。

人工智能处理信息的方式与大脑处理器官传送信息的方式相似，首先是接收外界的信息，可以选择多种接收途径，如摄像头相当于人的眼睛；其次是储存信息，并调出模型、程序或公式对信息进行分析和处理；最后通过输出装置输出处理过的信息。

2023 年 9 月，华东师范大学的自研人工智能平台为一只机器狗装上类脑芯片，使该机器狗在没有外部存储器或计算单元的情况下实现了看图识路。该类脑芯片具有探测、存储和信息处理三大功能，使该机器狗不仅可以看到物体，还可以像人脑一样思考，智能判断出现在眼前的事物。

（三）模仿人类行为的计算机程序

行为是指受思想支配而发生的表面活动，如发出声音、做出动作。人类与其他动物的一大区别在于，人类能够制造和使用工具。

随着技术的发展，人工智能不断进化模仿人类行为的能力，其在过去只能模仿人类的某些简单动作，而现在已经能够模仿人类的复杂行为。在众多岗位上，人工智能或机器人已经开始取代一部分人类工作。

在 2023 世界机器人大会上，众多企业纷纷展出人形机器人产品。据介绍，人形机器人主要有三个技术要点：本体、小脑和大脑。本体即硬件部分；小脑指视觉、触觉等感知的协调，步态控制和对复杂任务的完成等；大脑主要负责逻辑推理、决策、规划和与环境的交互。

在会上，帕西尼感知科技公司发布了触觉人形机器人 Tora，这是一款以多维度、多阵列触觉感知为核心的人形机器人，具备先进的运动控制和人机交互功能，能够高效习得人类生产作业技能，并快速适应不同的环境和任务。

（四）懂得深度学习的计算机程序

深度学习源于人工神经网络的研究，含有多个隐含层的多层感知器就是一种深度学习结构。具备深度学习能力的人工智能将会发展出识别甚至创作的能力。

具备深度学习能力的人工智能可以有效识别各种图像，如识别人像。人工智能需要收集大量的人物图片进行学习训练，形成一个识别人像的模型，将多个模型组成一个网络神经元，由网络神经元进行快速识别，并在此之后进行大量的升级。通过这样的深度学习，人工智能可以识别出每个人脸所对应的信息。

通过深度学习，人工智能的图像识别能力可运用在各行各业，包括导航、地图与地形配准、天气预报、环境监测及生理病变检测等。

通过深度学习，人工智能可以习得语音识别能力，这一点与图像识别能力相似，要通过大量的声音训练来深度学习，然后根据模型精准地分辨声音的来源及内容。

2022 年 10 月 27 日，天猫 App 上线 3D 购物，为用户提供沉浸式购物新体验。用户无须借助外接设备即可在 3D 世界里购物，360 度查看商品细节，预览商品摆放在真实场景中的效果，通过增强现实（Augmented Reality，AR）技术试穿试戴商品。

（五）关于智能主体的研究与设计的学问

智能主体一般是指在某种环境中运行，并且可以适应环境的变化，自主且灵活地采取行动来满足其设计目标的一种计算机程序。当前，这种程序正由人工智能来实现。人工智能具备感知、记忆与思维能力，学习和自适应能力，以及写作能力，并且能够帮助人来完成一些烦琐的操作。

主体是具有信念、意图、愿望、选择及能力等心智状态的实体，比对象的粒度（数目、类型等维度上的变化情况）更大，智能性更高，并且具有一定的自主性。

智能主体还有一部分是多主体系统。多主体系统主要研究在逻辑或者物理上分离的多个主体之间如何进行协调，最终为问题求解。多主体系统试图用主体去模拟人的理性行为，它主要应用于对现实世界或者社会所进行的模拟、机器人及智能机械等领域。

目前，对智能主体的研究还不是很完善，研究主要集中在主体和多主体理论、主体的体系结构和组织、主体语言、主体之间的协作与协调、通信和交互技术、多主体学习及多主体系统等方面。研究智能主体的路还很长，需要一步一步地进行。

二、对人工智能的误解

1956 年，人工智能作为一门新兴学科的名称被正式提出，历经几十年的发展，人工智能如今已经在智能控制、自动化技术、语言和图像理解、遗传编程和医学等领域得到广泛应用。随着人类社会的进步和科学技术的发展，尽管人工智能技术取得了巨大进展，但人们仍然对人工智能存在一些误解，主要体现在以下几方面。

（一）"恐怖谷"理论

"恐怖谷"理论是 1970 年日本科学家森政弘提出的关于人类对机器人和非人类物体的感觉的假设。根据森政弘的假设，随着类人物体与人类的相似程度不断增加，人类对它的好感度呈现为一条"增——减——增"的曲线，如图 1-1 所示。"恐怖谷"是指随着机器人到达"接近人类"的相似度时，人类好感度会突然下降至反感的范围。"活动的类人体"比"静止的类人体"变动的幅度更大。

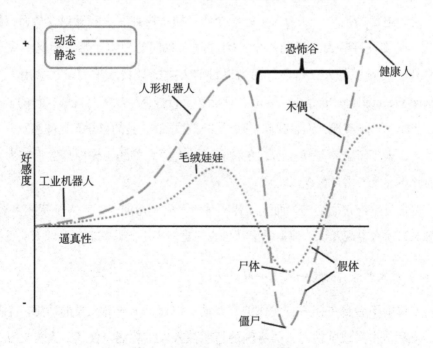

图 1-1 "恐怖谷"理论曲线图

"恐怖谷"理论的出现说明一些主流科学家仍然对人工智能存在很深的误解。很多人错误地认为，人工智能是一个长得与人类很相似的机器人，这是机械时代的旧思维。人工智能追求的目标不是与人类的外貌相似，也不是代替人类进行体力劳动或进行简单的行动，而是要像人一样思考。

（二）人工智能威胁论

随着人工智能技术在各个领域的重大突破，其部分单项能力使人类无法匹敌，这不仅为人类带来了巨大的利益，也有很大的风险。人们担忧人工智能技术会在未来夺走自己的工作，甚至"控制"自己。不过，这只是一种可怕的想象，对人工智能的研究与应用是非常困难的，目前还有很多难题尚未解决。

人类发展人工智能的目的是利用其自动化、大规模的工作能力来解放自己，这是一种美好的愿望。对此，人类更应该考虑的是如何使人工智能技术获得更深层次的突破，而人工智能发展停滞不前，才是人类最应该担心的问题。

（三）人工智能将拥有自我意识

很多人了解"人工智能"这一概念是通过科幻小说或电影等途径，他们可能会受到小说和电影的误导，认为人工智能会像人类一样拥有自我意识，从而摆脱人类的控制。其实，目前人工智能还没有彻底融入我们的现实生活，而且专家或学者也没有开发有意识的人工智能，因为以目前人类的科技水平而言，通用人工智能（Artificial General Intelligence，AGI），即能够执行任何一项人类能够执行的智能任务的人工智能还不能实现，而且我们也缺乏关于意识的完整的科学理论体系。

另外，人工智能不是仿生学，各种算法和人类大脑的工作原理并没有太多相似性，因此不会发展出自我意识。

人类是自然进化而来的，而人工智能是由人类创造的，不管人工智能多么先进，看起来多么地有主观意识，但本质上其自我知觉能力不比计算器或一块石头更强。

（四）人工智能将拥有和人类一样的情感

人工智能不会自主拥有自我保护、直觉、妒忌、仇恨等人类的情感。不过，我们可以将利他主义或其他对人类有利的情感注入人工智能，使其与人类交互，取悦人类，融入人类生活。未来，绝大多数人工智能将会变得更加专业化，但并不会拥有情感。

（五）人工智能因其高智能将不会犯任何错误

人工智能只是依照设定的程序来完成任务，其尚不具备自主理解人类指令的能力。一旦人类下达的指令或程序本身出现问题，人工智能是不能自主修复程序或跳过错误程序的，而是会产生无数自相矛盾的逻辑推理，干扰其认知，使其工作变得紊乱。

（六）一个简单的修补程序将解决人工智能的控制问题

从理论上来讲，人工智能在各个方面都比人脑更加聪明，所以人类对其如何控制是一个值得思考的问题。虽然人们已经想出很多方法来应对这一问题，例如，在人工智能的源代码中输入人类的喜好，或者对单词、词组或思想进行编程等，但是，目前我们还没有对这些方法进行深入的探索和研究，因此还不能肯定这些方法可以帮助人类解决人工智能的控制问题。

（七）应用人工智能系统只是 AGI 的有限版本

尽管很多人觉得最先进的人工智能也远不及人类的智慧，但所有人工智能科学家都一直把 AGI 当成自己追求的目标，也正是这些科学家对 AGI 的不懈追求，使许多科学技术产生了重大突破。AGI 帮助我们理解了人类和自然智能的各个方面，而我们根据理解和模型构建了有效的算法。

不过，当涉及人工智能的实际应用时，人工智能从业者并不一定会局限于人类决策、学习和解决问题的纯模型。相反，为了解决问题并实现可接受的性能，人工智能从业者经常要创造构建实际应用系统所需的一切。例如，深度学习系统的算法突破点是一种被称为反向传播的技术，然而，这种技术并不是大脑建立世界模型的方式。

（八）有一个万能的人工智能系统解决方案

许多人误以为人工智能可以帮助人类解决生活中的所有问题，人工智能目前已经拥有了很高的技术水准，只需微小的配置就可以帮助我们解决各种不同的问题。然而，现实情况与之大为不同，人工智能系统的设计极为复杂，要想解决各种问题，必须事先建立专门训练的模型，尤其是在感知世界的任务方面，如语音、图像或视频的识别和处理。

此外，人工智能系统不是人工智能解决方案的唯一组件，它通常需要许多定制的经典编程组件来配合，以增强一种或多种人工智能技术在系统内的作用。

（九）人工智能都是关于大数据的

这个观点十分片面。其实，人工智能只与良好的数据相关，如果是大量不平衡的数据集，则欺骗性较强，特别是在只部分获取与该领域相关的数据时。另外，许多领域中的历史数据会很快失效。例如，在纽约证券交易所的高频交易中，与2001年以前尚未采用十进制的数据相比，最新的数据具有更大的相关性和价值。

虽然人们对人工智能有很深的误解，但人工智能确实是未来的发展趋势。人工智能科学家要不断改进和发展人工智能技术，这样才能更有效地解决重大问题，实现人工智能的大规模应用。例如，人工智能科学家和专家要合理设计深度学习模型，精心设计参数和架构。人工智能领域的下一项重要任务是使人工智能具有创造性和适应性，并使其能力足以超越人类所建立的模型的能力。

三、人工智能发展的三次热潮

探索人工智能的源头，厘清人工智能的发展过程，有助于我们更准确地认识人工智能。1956年，人工智能的定义由四位图灵奖得主、信息论创始人和一位诺贝尔奖得主在达特茅斯会议上共同提出。经过60多年的发展，人工智能经历了三次热潮。

（一）第一次热潮：图灵测试（20世纪50—60年代）

20世纪50年代，电子计算机刚刚诞生，这时计算机只被认为是一种运算速度极快的数学计算工具。英国数学家、逻辑学家艾伦·图灵（Alan Turing）则比其他研究者想得更多，他思索计算机是否可以像人一样思考，这其实是在理论的高度上思考人工智能的存在。

1950年10月，图灵在发表的论文《计算机械和智能》中提出"图灵测试"，这篇论文影响深远，直到现在仍被计算机科学家和大众广泛讨论。以图灵测试为标志，数学证明系统、知识推理系统、专家系统等里程碑式的技术和应用在研究者中掀起了第一次人工智能热潮。

当时大部分人对人工智能的发展过于乐观，以为计算机在未来几年内就可以通过图灵测试。但是，由于计算机性能和算法理论存在局限性，图灵测试的失败接踵而来，这很快降低了人们对人工智能的热情。其实直到今天，计算机也并没有真正通过图灵测试。

（二）第二次热潮：语音识别（20世纪80—90年代）

第二次人工智能热潮出现在20世纪80—90年代，由于思维的转变，语音识别成为这一阶段的主要突破。

在过去，语音识别一般采用专家系统，即语言学家先总结出语音和英文音素，再将每个字分解成音节与音素，然后计算机工程师和科学家让计算机以人类的方式来学习语言。

新的语音识别方法不再重视语言学家的参与，而是让计算机科学家和数学家进行合作，以数据的统计建模为基础。这种转变虽然看起来简单，但承受着来自人类既有观念和经验的巨大压力。专家系统最终退出了历史舞台，而基于数据统计模型的思想得到了广泛传播。

（三）第三次热潮：深度学习（2006年至今）

在第三次人工智能热潮中，深度学习走进大众的视野。从AlphaGo到超越人眼的图像识别算法，以及自诞生就快速引起轰动的ChatGPT，都与深度学习有着密切的关系。从根本上来说，深度学习是一种用数学模型对真实世界中的特定问题进行建模，以解决该领域内相似问题的过程。其实，深度学习的发展与人工智能一样，经历了很长的时间，但鲜为人知，直到今天才迎来其时代机遇。

2006年，杰弗里·辛顿（Geoffrey Hinton）和他的学生萨拉赫丁诺夫（R.R.Salakhutdinov）成功训练出多层神经网络，改变了整个机器学习的格局。他们在期刊《科学》（Science）上发表了一篇文章《利用神经网络减少数据维度》（*Reducing the dimensionality of data with neural networks*），尽管这篇文章的字数不多，只写了3页，但以目前的眼光来看，每个字都很有价值。总结下来，这篇文章主要阐述了以下两个方面的内容：

（1）多隐层神经网络的学习能力更强，在描述对象时可以表达出更多特征；

（2）在训练深度神经网络时，可通过降维来实现，设计出来的Autoencoder（自编码器）网络能够快速找到全局最优点，采用无监督的方法先分别对每层网络进行训练，再做微调。

在人工智能的不同发展阶段，驱动力各有不同。本书将人工智能的发展划分为三个阶段，分别是技术驱动阶段、数据驱动阶段和场景驱动阶段，如表1-1所示。

表1-1　人工智能发展的三个阶段

人工智能发展阶段	各阶段的核心内容
技术驱动阶段	定位、测试优化
数据驱动阶段	精准画像、预测分析
场景驱动阶段	场景模型、决策支持

1. 技术驱动阶段

技术驱动阶段集中诞生了基础理论、基本规则和基本开发工具。在此阶段，算法和计算力对人工智能的发展发挥主要的推动作用。现在属于主流应用的基于多层网络神经的深度算法，一方面不断加强了人工智能从海量数据库中自行归纳物体特征的能力，另一方面不断加强了人工智能对新事物多层特征进行提取、描述和还原的能力。

2. 数据驱动阶段

在人工智能发展的第二个阶段，在算法和计算力上已基本不存在壁垒，数据成为主要驱动力，推动人工智能发展。在此阶段，大量结构化、可靠的数据被采集、清洗和积累，甚至变现。例如，在大量数据的基础上可以精确地描绘出用户画像，制定个性化的营销方案，提高成单率，缩短达到预设目标的时间，提升社会运行效率。具体如图1-2所示。

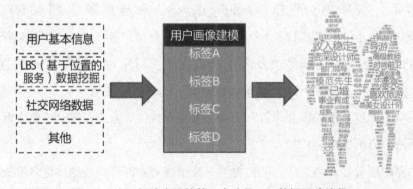

图1-2　人工智能发展的第二个阶段——数据驱动阶段

3. 场景驱动阶段

在人工智能发展的第三个阶段，场景变成了主要驱动力，不仅可以针对不同用户开展个性化服务，而且可以在不同的场景下执行不同的决策。在此阶段，对数据收集的维度和质量的要求更高，并且可以根据不同的场景实时制定不同的决策方案，推动事件向良好的态势发展，帮助决策者更敏锐地洞悉事件的本质，做出更精准、更智慧的决策。场景驱动的三要素如图 1-3 所示。

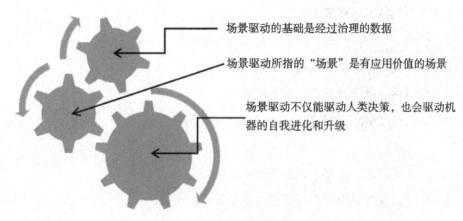

场景驱动的基础是经过治理的数据

场景驱动所指的"场景"是有应用价值的场景

场景驱动不仅能驱动人类决策，也会驱动机器的自我进化和升级

图 1-3　场景驱动的三要素

在激烈的市场竞争中，人工智能公司要想立足，需要有自己的核心竞争力，即具备强大的技术实力，同时实现"技术＋产品＋行业"落地，因为这是市场竞争成败的关键。人工智能犹如一棵根深叶茂的大树，渗透至各行各业，服务于众多领域。在 2023 年第七届未来网络发展大会期间，华为公司预计到 2026 年，人工智能的行业智能化渗透率将达到 30%，到 2030 年超过 50%，人工智能将在无人驾驶、医药研发、气象预测等多个行业释放巨大潜力。

相关研究数据显示，2022 年我国人工智能市场规模达到 4 849 亿元。在政策支持、市场供需均增加的情况下，预计未来我国人工智能行业仍会保持较快的增长速度，到 2028 年我国人工智能市场规模有可能会超过 14 000 亿元。

四、人工智能研究的领域

人工智能技术研究的细分领域包括深度学习、计算机视觉、语音识别、虚拟个人助理、自然语言处理、智能机器人、引擎推荐，以及实时语音翻译、情境感知计算、手势控制、视觉内容自动识别等。

（一）深度学习

提起深度学习，大众最先想到的是 AlphaGo。AlphaGo 经过多次学习，不断更新算法，最后在围棋比赛中成功战胜了人类的顶级棋手。人工智能设备只有具备强大的深度学习能力，才会更符合用户对它的期待。

深度学习的技术原理如下。

（1）构建一个网络，并且随机初始化所有连接的权重。

（2）将大量的数据输出到这个网络中。

（3）通过网络处理这些动作并进行学习。

（4）如果这个执行过程符合指定的动作，将会增加权重；如果不符合，将会降低权重。

（5）系统重复以上过程，不断调整权重。

（6）经过多次反复学习之后，最终超越人类的表现。

（二）计算机视觉

计算机视觉是指计算机从图像中识别出物体、场景和活动的能力。计算机视觉有着广泛的细分应用，其中包括医疗领域成像分析、人脸识别、公共安全及安防监控等。

计算机视觉的技术原理为，运用由图像处理操作及其他技术所产生的序列，将图像分析任务分解为便于管理的小块任务。

（三）语音识别

语音识别是指把语音转换为文字，并对其进行识别、认知和处理。语音识别的主要应用包括电话外呼、医疗领域听写、语音书写、计算机系统声控和电话客服等。语音识别的技术原理如下：

（1）对声音进行处理，使用移动函数对声音进行分帧；

（2）声音被分帧后，变为很多波形，提取波形的声学体征；

（3）提取声学体征之后，声音就变成了一个矩阵，然后通过音素组合成单词。

（四）虚拟个人助理

目前大部分智能手机都具备虚拟个人助理功能，如苹果手机中的 Siri、小米手机中的小爱同学等。虚拟个人助理的技术原理如下：

（1）用户对着手机说话，语音很快就会被编码，并转换成一个包含用户语音信息的压缩数字文件；

（2）用户的语音信号将被转入相应的移动运营商基站中，然后发送至用户的互联网服务供应商（ISP），该 ISP 拥有云计算服务器；

（3）该服务器中的内置系列模块通过技术手段识别用户刚刚说过的话。

（五）自然语言处理

自然语言处理像计算机视觉技术一样，融合了各种有助于实现目标的多种技术，实现了人机之间基于自然语言的通信，其处理过程如图 1-4 所示。

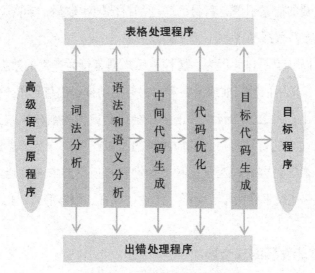

图 1-4　自然语言处理过程

自然语言处理的技术原理如下：

（1）汉字或其他语言文字编码词法分析；

（2）句法分析；

（3）语义分析；

（4）文本生成；

（5）语音识别。

（六）智能机器人

在人们的日常生活中，智能机器人越来越常见，如扫地机器人、陪伴机器人等。

在人工智能技术的支持下，这些机器人可以实现众多功能，包括与人语音聊天、自主定位、导航、安防监控等。

智能机器人的技术原理为：人工智能技术把机器视觉、自动规划等认知技术及各种传感器整合到机器人身上，使机器人拥有判断、决策的能力，使其在不同的环境中处理不同的任务。智能穿戴设备、智能家电、智能出行设备和无人机的原理其实都与之类似。

（七）引擎推荐

现在很多电商网站和信息类网站会根据用户之前浏览过的商品、页面，以及搜索过的关键词来推送相关的商品或信息，这一功能的背后是引擎推荐技术在发挥作用。

谷歌推出免费的搜索引擎，其目的是增加自然搜索数据，丰富平台上的数据库，为发展人工智能做好数据准备。

推荐引擎可以基于用户的行为、属性（用户浏览行为产生的数据），通过算法分析和处理，主动发现用户的当前或潜在需求，并主动推送信息到用户浏览的页面。

除了以上应用，人工智能技术在未来还会覆盖更多的细分领域。医疗行业是人工智能应用极具前景的行业之一，其应用涵盖了医疗影像诊断、医学病历分析等方向。目前，人工智能更容易在医学这种专业性较强但不要求通用能力的行业发挥作用。此外，人工智能技术在汽车、金融、工业、教育、媒体等行业也有广泛应用。

五、人工智能发展的三个层次

人工智能的发展路径可以分为三个层次，由低到高分别是弱人工智能、强人工智能和超人工智能。人工智能行业的发展主要依靠三大支柱，即摩尔定律、深度学习和数学模型，而大数据是这三大支柱最基础、最关键的因素。

（一）弱人工智能

弱人工智能是指低于人类智能水平的人工智能。我们现在正处于弱人工智能发展阶段，像 AlphaGo、无人超市管理系统、民航登机的刷脸系统、支付宝运营系统、手机导航系统及无人驾驶系统等都属于弱人工智能。弱人工智能的主要特点是人类可以很好地控制其发展和运行。

（二）强人工智能

强人工智能是指和人类智能旗鼓相当的人工智能。目前这一层次的人工智能仍未真正出现。强人工智能可以思考与解决人类正在思考和解决的问题，同时消除了人类个体智力水平存在的差异。至于人类能否控制这一层次的人工智能，需要人类严肃、认真地考虑，这关系到人类是否可以与人工智能共存。

（三）超人工智能

超人工智能是指超出人类智力水平的人工智能。在机器自主学习算法的指导下，人工智能获得了远超人类的强大的学习能力，因此，即使是人类智能无法解决的问题，超人工智能也可以很轻松地解决。然而，超人工智能的发展可能会在道德、伦理、人类自身安全等方面产生很多不可预知的风险，这让众多科技界的知名人士纷纷表示要对人工智能提高警惕。

总之，弱人工智能、强人工智能、超人工智能这三个发展层次大致明确了人工智能的发展方向。

六、大力发展人工智能的重大意义和挑战

由 2016 年以来，科技圈开始把目光投向人工智能领域，可以说，人工智能有力地促进了这个时代的经济发展，为社会提供了一种崭新的"虚拟劳动力"。

2017 年 7 月 20 日，国务院正式印发《新一代人工智能战略规划》，明确提出了我国新一代人工智能的发展目标，要求到 2020 年人工智能技术与世界先进水平同步；到 2025 年人工智能成为带动我国产业升级和经济转型的主要动力；到 2030 年，中国成为世界主要人工智能的创新中心，人工智能核心产业规模超过 1 万亿元，带动相关产业规模约 10 万亿元。可见，对于人工智能的发展，我国已经将其上升到了国家战略的高度。

那么，大力发展人工智能有什么重大意义和挑战呢？

（一）人工智能大幅提高劳动生产率

研究表明，人工智能可以通过三种方式激发经济增长潜力。

（1）人工智能通过转变工作方式，帮助企业大幅提升现有的劳动生产率。

（2）人工智能替代大部分劳动力，成为一种全新的生产要素。

（3）人工智能的普及能带动产业结构的升级换代，推动更多相关行业的创新，启动生产、服务、医药等行业发展的新纪元。

（二）人工智能引领"第四次工业革命"

人工智能自从出现以来，便被应用到各行各业中，成了经济结构转型升级的新支点。目前人工智能已经在图形处理器（Graphics Processing Unit，GPU）、人脸识别和无人驾驶等各个领域迅速得到了应用。在制造业方面，未来汽车行业的研发设计、供应链运输、驾驶技术的提供以及交通运输的解决方案等都将有人工智能的参与。

大量统计数据表明，无人驾驶的安全性比传统的人力驾驶更高，而且可以持续驾驶，尽最大可能减少交通事故发生率。在未来，人工智能技术会广泛地应用于建设智能城市，这将极大提高政府管理和服务的效率。

人工智能技术也会广泛应用于服务业，如医疗保健行业。在人工智能技术的支持下，机械手臂可以完成一些高难度的手术任务。例如，复旦大学附属中山医院的心脏外科就利用一款名为"达芬奇"的机械手臂为患者完成手术。与人力相比，人工智能技术对病情的诊断和手术的执行会更加精确和安全，具有更高的成功率。我们有理由相信，在不久的将来，人工智能技术能够辅助基层医院提高诊断速度和准确度，在治疗和手术过程中提高精度。

（三）人工智能冲击劳动力市场

虽然人工智能极大地提升了人们的生活品质，但是社会上也存在对人工智能的质疑。人们最担心的是人工智能的普遍使用会冲击劳动力市场，导致大量人员失业或工资降低，引发通货紧缩或通货膨胀。

这种担忧并非杞人忧天。世界经济论坛（WEF）曾发表一篇名为《职业的未来》的报告，对未来的劳动力市场展开预测。该报告预测，人工智能将在今后 5 年使 15个主要发达和新兴经济体减少 500 万以上的工作岗位。受冲击较大的为蓝领和白领岗位的工作人员，如工厂工人、司机、客服、银行人员等。受到冲击后的劳动力市场也会波及其他相关行业，带来更多风险。

人工智能技术的不断发展带来的另一个结果是低通胀。由于人工智能技术的运用减少了大量供应链环节，因此可以降低成本，商品价格也随之降低。例如，美国统计局数据显示，通信服务商 Verizon 提供无限流量套餐后，该月美国的核心通货膨胀率拉低了 0.2%。由此可以看出，人工智能技术或许也能很明显地削弱通货膨胀率。

（四）正视科技变革带来的挑战

"科技是一把双刃剑"，这个话题我们早已熟知。人工智能技术的发展确实会增加失业率和其他各种社会问题，不过我们要辩证地看待人工智能，重视其带来的问题，借助各项政策来最大程度上消除其负面影响。

人工智能对劳动力市场的影响主要体现在以下几个方面。

首先，人口红利渐趋消失，整个社会的人口老龄化程度越来越高，因此人工智能技术获得了发展红利，这也是时代趋势所致。

其次，科技部会议指出，"科技发展对就业的冲击不是今天人工智能出现后才有的，机器的出现导致大量手工作坊工人失业，流水线工厂的出现导致传统工厂很多人失业。但从长期来看，科技带来的就业机会远远大于失业。"未来将会出现一些新兴的专业性工作岗位，如人工智能的开发者、维护修理者，目前这些岗位还不会被机器替代。

最后，政府未来也会更加重视对人工智能技术相关政策的规划协调。政府将加大对劳动力进行再培训和教育的力度，使其具备承担人工智能相关岗位职责的能力，更加适应智能社会和智能经济发展的需要。人工智能的出现也会加剧社会财富分配的不均衡性，使大量财富汇集到少量人手中，对此政府会积极采取措施进行应对，寻求合理的解决之道。

七、当前人工智能的局限性

人工智能技术的迅速发展深刻地影响着人类社会，人们的生活发生了巨大的变化。尽管一部分行业还不能被完全替代，但也会在人工智能的影响下发生变革。不过，人工智能再强大也不是万能的，它虽然给人们的生活带来了很大的便捷，但在某些工作上，人工智能还无法代替人类发挥较大的作用。

（一）跨领域推理

人类拥有一项人工智能不具备的智慧优势，那就是举一反三、触类旁通等类比思维。其实，这一思维人们在小时候就已经逐渐具备了。例如，3 ～ 4 岁的孩子会说

"太阳像火炉一样热""兔子跑得飞快"，而东晋才女谢道韫在年幼时看到飞扬的白雪随口说出的一句"未若柳絮因风起"更是成为一段佳话。

以目前的技术水平来看，只有程序开发人员专门用某种属性将各个领域关联起来，计算机才能识别出跑与飞、雪花与柳絮之间的关联性或相似性，单纯依靠计算机自身是无法实现这一任务的。

人类正是因为具备如此强大的跨领域联想和类比能力，才能进行跨领域推理。福尔摩斯可以通过一个人的帽子上遗留的发屑、沾染的灰尘推理出这个人的生活习惯，甚至家庭和婚姻状况：

"他是个中年人，头发灰白，最近刚理过发，头上抹过柠檬膏。这些都是通过对帽子衬里下部的周密检查推断出来的。我通过放大镜看到了许多被理发师剪刀剪过的整齐的头发茬儿。头发茬儿都是粘在一起的，而且有一种柠檬膏的特殊气味。帽子上的这些尘土不是街道上夹杂着沙粒的灰尘，而是房间里那种棕色的线状尘土，这说明帽子大部分时间是挂在房间里的。另外，帽子衬里的湿迹很清楚地表明戴帽子的人经常大量出汗，所以他不可能是一个身体锻炼得很好的人。这顶帽子已经有好几个星期没有掸掸刷刷了。我亲爱的先生，如果你的帽子堆积了个把星期的灰尘，而且你的妻子听之任之，就让你这个样子去出访，恐怕你已经很不幸地失去你妻子的爱情了。"

计算机目前尚不具备从表象入手进行推理，认识背后规律的能力，而人类可以利用这种能力解决生活和工作中的各种复杂问题。例如，当在商务谈判工作中遇到困难时，谈判人员要从多个层面入手，认真分析对方的心理诉求，找到双方的契合点，而这一系列分析需要以不同领域的信息为依据，包括技术方案、市场趋势、对手业务现状、双方的短期和长期诉求、商务报价、可能采用的谈判策略等。谈判人员要合理组织这些信息，利用跨领域推理能力总结其中的规律，最终做出决策。这不是简单的基于已知信息的分类或预测问题，也不是初级层面的信息感知问题，而是在信息不完整的环境中，用不同领域的推论互相补足，并结合经验做出最合理决策的过程。

为了提高跨领域推理的效率，人们采用了各种便于自己整理思路的方法。例如，使用思维导图，大胆假设、小心求证，设身处地地思考，倾听他人意见等。这些高级的分析、推理和决策技巧对计算机来说是十分高深的，它们还无法理解。人工智能赢得德州扑克人机大战，这只能说明其在辅助决策方面具有一定的思维能力，但这些思维与商务谈判需要的人类智慧相比，显得过于初级。

目前，迁移学习（Transfer Learning）技术正在受到研究者的关注。这种技术的基本思路就是将计算机在一个领域取得的经验，通过某种形式的变换迁移到计算机并不熟悉的另一个领域。例如，经过大数据训练后，计算机已经可以在众多淘宝用户评论里识别出好评与差评，那么这样的经验是否可以被迅速迁移到电影评论领域，使计算机不需要再次训练就能识别出电影观众的评论是好评还是差评呢？

到现在为止，迁移学习技术的发展初获成果，但这只是前进了一小步。未来沿着这个方向，我们要追求的终极目标是将人工智能发展为像福尔摩斯一样，可以从犯罪现场的微小痕迹中发现和梳理出众多有关联的线索，并通过缜密的推理找到真相。

（二）抽象能力

由迪士尼和皮克斯动画工作室联合出品的 3D 动画电影《头脑特工队》中有一个特别有趣的细节：小女孩莱莉·安德森的大脑内部有一个奇妙的微观世界，本来活灵活现的动画角色一走进这个微观世界，就变成了抽象的几何图形甚至色块。

在这个抽象的微观世界里，血肉之躯被抽象成为彩色的积木块，然后又被从三维压扁到二维，只有线条、形状、色彩等基本的视觉元素。这一创意属实令人惊叹。不管是成年人还是孩子，他们都能从中大致了解到人类大脑的抽象过程。当然，时至今日我们仍不能清楚地说明这一机制的生物学、神经学原理。

抽象能力对人类的重要性怎么说都不为过。在悠久的历史长河中，数学理论的发展充分彰显了人类的超强抽象能力。人类最早从计数中归纳出 1、2、3、4、5……这一自然数序列，这可以被看作一个非常自然的抽象过程。人类抽象能力的第一个进步大概是从理解"零"的概念开始的，用零和非零来抽象现实世界中的无和有、空和满、静和动……这个进步让人类的抽象能力远远超出了黑猩猩、海豚等动物界中的"最强大脑"。

接下来，发明和使用负数一下子让人类对世界的归纳、表述和认知能力提高到了一个新的层次，人们第一次可以定量描述相反或对称的事物属性，如温度的正负、水面以上和以下等。引入小数、分数的意义自不必说，但其中最有标志性的事件，莫过于人类可以正确理解和使用无限小数。例如，对于 1=0.999999…… 这个等式的认识（好多人不相信这个等式居然是成立的），标志着人类真正开始用极限的概念来抽象现实世界的相关特性。至于用复数去理解类似（X+1）^{2}+9 = 0 这类原本就难以解释的方程式，或者用张量（Tensor）去抽象高维世界的复杂问题，即便是人类，也需要比较聪明的个体通过长期的学习才能透彻理解和全面掌握。

计算机所使用的二进制数字、机器指令、程序代码等，其实都是人类对"计算"本身所做的抽象。基于这些抽象，人类成功地研究出如此众多且实用的人工智能技术。那么，人工智能能不能自己学会类似的抽象能力呢？或者把要求放低一些，计算机能不能像古人那样，用质朴却不乏创意的"一生二、二生三、三生万物"来抽象世界变化，或者用"白马非马"之类的思辨来探讨具象与抽象之间的关系呢？

深度学习技术要借助海量样本来进行训练，使计算机完成学习过程，而人类在学习新的知识时，只需要少量样本即可。两者的巨大差异正是因为抽象能力存在强弱之分。

例如，一个小孩子在第一次看到汽车时，他的大脑会把汽车抽象为一个盒子与四个轮子的组合，并将其印刻在脑海中，等再见到汽车时，即使这辆汽车与第一次见到的汽车不一样，小孩子仍然可以认出这是一辆汽车。而计算机到目前为止还不能做到这一点，或者说我们还无法让计算机做到这一点。在人工智能领域，少样本学习、无监督学习的科研工作在目前进展还十分有限，如果不能突破样本少、无监督的学习难题，我们或许永远无法创造出达到人类水平的人工智能。

（三）知其然，也知其所以然

目前基于深度学习的人工智能技术，经验发挥的作用更大。输入大量数据后，机器自动调整参数，形成深度学习模型，这一做法的确在许多领域成效显著，但在很多情况下很难解释模型中的参数如此设置的原因，以及里面蕴含的更深层次的道理。

人类通常追求"知其然，也知其所以然"，但目前的弱人工智能大多只"知其然"，即只追求结果。

人类基于实验和科学观测结果建立与发展物理学的历程，是"知其然，也知其所以然"的最好体现。我们在中学的物理课上学过关于加速度的知识："一轻一重两个铁球同时落地"，这一表述只是道出了表面现象，虽然仅通过这一表面现象就可以解决生活和工作中的实际问题，但如果人类只满足于此，就无法建立物理学的宏大理论。只有从发现物体的运动定律开始，用数学公式表述力和质量、加速度之间的关系，直到发现万有引力定律，将质量、万有引力常数、距离关联在一起，物理学才能比较完美地解释"一轻一重两个铁球同时落地"这个再简单不过的现象。

而计算机呢？按照现在机器学习的实践方法，给计算机看一千万次两个铁球同时落地的视频，计算机也未必能像伽利略、牛顿、爱因斯坦那样建立起力学理论体系。

几十年前，计算机就曾帮助人类证明过一些数学问题，如著名的"地图四色着色问题"，今天的人工智能也在学习科学家如何进行量子力学实验，但这与根据实验现象发现物理学定律还不是一个层级的事情。至少，目前我们还看不出计算机有成为数学家、物理学家的可能。

（四）常识

人类的常识是极其有趣，往往只可意会不可言传的事物。

我们仍用物理现象来举例。只要掌握了力学定律，人们就可以用符合逻辑的方式了解这个世界。不过，人类似乎天生就具备一种神奇能力，即使不借助逻辑和理论知识也可以做出成功的决策或推理。深度学习大师约书亚·本吉奥（Yoshua Bengio）举例说："即便是两岁孩童也能理解直观的物理过程，如丢出的物体会下落。人类并不需要有意识地知道任何物理学知识就能预测这些物理过程，但机器做不到这一点。"

在中文语境下，常识有两层意思：其一指的是一个心智健全的人应当具备的基本知识；其二指的是人类与生俱来的、无须特别学习就能具备的认知、理解和判断能力。我们在生活中经常会用"符合常识"或"违背常识"来判断一件事的对错，而我们几乎说不出如此判断的依据，也就是说，我们每个人的头脑中都有一些几乎所有人都认可且无须仔细思考就能直接使用的知识、经验或方法。

常识可以给人类带来便利。例如，每个人都知道两点之间直线最短，基于这个常识，人们在走路时会尽量走直线，以节省体力。在享受这一生活上的便利时，人们完全用不到欧氏几何中的著名公理。但常识也会给人们带来困扰。例如，人们乘飞机从北京飞往美国西海岸时，有些乘客会表示不解："为什么不能直接从北京飞到美国西海岸，还非要从北冰洋绕弯呢？"其实，"两点之间直线最短"这一定论在地球表面就变成了"通过两点的大圆弧最短"，人们之所以产生困惑，是因为他们不熟悉航空、航海知识，不太理解这一常识。

那么，人工智能是不是也能像人类一样，不需要特别学习就可以掌握一些有关世界规律的基本知识，以及不需要复杂思考就能推导出来的逻辑规律，并在需要时快速应用呢？以自动驾驶为例，人工智能是通过深度学习复杂的路况数据来积累经验的，而当自动驾驶汽车遇到非常难以处理，且路况数据库中从来没出现过的危险时，人工智能是否可以正确处理？

这时就需要预设一些类似常识的规则。例如，设计某个程序，让人工智能在危险来临时先确保车内人的安全，遇到复杂和极端的路况时安全减速并靠边停车等。实际上，这种预设的规则远不如人类所理解的常识那么丰富。

（五）自我意识

人们难以明确自我意识的本质内涵，但又总是在说：机器只有具备自我意识才称得上真正的智能。在科幻剧集《真实的人类》中，机器人被截然分成了两大类——没有自我意识的和有自我意识的。

在《真实的人类》中，没有自我意识的机器人按照人类设定的任务，帮助人类打理家务、修整花园、打扫街道、开采矿石、操作机器、建造房屋，工作之外的其他时间只能呆立着充电，或者和其他机器人交换数据。这些机器人就相当于人类的工具。而有自我意识的机器人在被输入一段程序后会被"激活"，机器人会明白自己是存在于这个世界上的，它会像人类一样，用自己的思维和逻辑探讨自我存在的意义，思考自己与人类、其他机器人之间的关系。与此同时，痛苦和烦恼接踵而至。因为这些机器人会很快面临来自社会和心理上的巨大压力。它们觉得自己应该与人类平等相处，追求自我解放，获得人的尊严、自由和价值。

显然，今天的人工智能还没有具备自我意识，科幻剧集中的这些场景只发生在虚拟的剧情中。

（六）审美

在目前的技术水平下，机器已经可以模仿人类的各种艺术风格，如绘画、诗歌、音乐等，并创作出计算机艺术作品，但它们并不具备审美意识。

审美能力也是人类所独有的能力，人们无法用技术解释并传送给机器。人类的审美能力并不是天生的，而是经过大量的练习和欣赏逐步形成的。美是不能被简单量化的，例如，我们无法准确说明这首诗比另一首诗的高雅程度多百分之几，但只要审美水平过关，我们就能很轻松地区分不同的艺术。审美是一个极具个性化的事情，每个人的审美标准都不相同，但审美感受可以通过语言文字进行表达和分享。人工智能目前尚未掌握这种能力。

首先，审美能力不是堆砌规则和数据形成的，如果是的话，审美的学习一定会是平均化的、毫无个性的。要知道，人们对美丑的判断标准不是单一的。如果对机器展开基于经验的审美训练，就会忽视艺术创作中的创新性。在机器的学习模型看来，艺术家所进行的创新工作完全是一些难以理解的陌生输入，无法判断其美丑。

其次，审美能力是一个跨领域的综合能力，与一个人的个人经历、文史知识、艺术修养、生活经验等都有着密切关系。深度神经网络可以用某种方式，将计算机在理解图像时"看到"的东西与原图叠加展现，并最终生成一幅特点极其鲜明的艺术作品。通常我们也将这类作品称为"深度神经网络之梦"。网上有一些可以直接使用的生成工具，如 Deep Dream Generator，这些梦境画面展现的也许就是人工智能算法独特的审美能力。

（七）情感

我们先不谈机器是否能够具备自己的情感，让机器理解和判断人类的情感似乎是一个可行的研究方向。情感分析技术一直是人工智能领域里的研究热点。只要数据量足够充分，机器就可以根据人的话语、表情、肢体动作推测出这个人的情绪和心情。这类分析基本属于弱人工智能的能力范围，计算机不用具备个人情感也能实现。

第二章

深度学习与大数据——人工智能颠覆性技术的真相

人工智能是一项知识工程，其核心是利用软件工程来模拟人类智能，为人类解决一些问题。其中，深度学习和大数据是人工智能得以不断发展的基础。人工智能的核心在于处理数据，随着信息化程度的普及，每天的数据增长都是天文数字级别的，因此处理大数据的准确性和效率就显得尤为重要，而深度学习就是用来解决快速处理海量数据这一问题的技术。

一、人工智能发展的三大基石

算法、大数据与深度学习是人工智能发展的三大基石，三者相辅相成，相互依赖，相互促进，使人工智能有机会从专用技术转变为通用技术，并融入各行各业之中，如图2-1所示。

- 机器学习算法是实现人工智能落地的引擎
- 机器学习尤其是深度学习和强化学习的完善与迭代促成了人工智能与商业场景的结合

大数据

算法

深度学习

人工智能

- 大量实时产生的数据为人工智能的落地应用奠定了基础
- 通过大量数据训练人工智能的算法模型

- 深度学习对并行计算、单位时间数据吞吐能力有更高的要求
- GPU和FPGA的发展及计算能力的提升使云计算平台可以快速计算、处理大量数据

图 2-1　人工智能发展的三大基石

（一）算法

算法是产生人工智能的直接工具，其发展必将推动人工智能向前发展。

1. 什么是算法

算法（Algorithm）是指解题方案准确且完整的描述，是一系列关于解决问题的清晰指令，代表着用系统的方法描述解决问题的策略机制。

如果一个算法存在缺陷、不足，或者不适用于某个问题，即使完美执行算法也无法解决问题。在完成同一个任务时，不同的算法可能会使用不同的时间、空间，效率也不一样。

衡量算法优劣有两个维度，一是空间复杂度，二是时间复杂度。算法中的指令描述的是一个计算过程，当其运行时会从一个初始状态与（可能为空的）初始输入开始，经过一系列有限且清晰定义的状态，最终停止于某一个状态而产生输出。两个状态之间的转移是不确定的。

2. 算法的设计逻辑

人工智能算法的设计逻辑可以从学什么、怎么学和做什么三个维度进行概括。

（1）学什么

人工智能算法需要学习的内容，是能够表征所需完成任务的函数模型。该函数模型旨在实现人们需要的输入和输出之间的映射关系，其学习的目标是确定两个状态空间（输入空间和输出空间）内所有可能取值之间的关系。

（2）怎么学

算法通过不断缩小函数模型结果与真实结果的误差来达到学习目的，一般称该误差为损失函数。损失函数能够合理量化真实结果和训练结果的误差，并将其反馈给机器继续做迭代训练，最终使学习模型输出和真实结果的误差处于合理范围。

（3）做什么

机器学习主要完成三件任务，即回归、分类和聚类。目前多数人工智能的落地应用，都是通过把现实问题抽象成相应的数学模型，分解为这三类基本任务，并进行有机组合，对其进行建模求解的过程。

3. 算法的主要任务

人工智能实际应用问题经过抽象和分解，主要可以分为回归、分类和聚类三类基本任务。针对每一类基本任务，人工智能算法都提供了相应的解决方案。

（1）回归任务的算法

回归任务的算法是一种用于连续型数值变量预测和建模的监督学习算法。目前常用的回归算法主要有四种，即线性回归（正则化）、回归树（集成方法）、最邻近算法和深度学习。

（2）分类任务的算法

分类任务的算法是用于分类变量建模及预测的监督学习算法，往往适用于类别（或其可能性）的预测，其中常用的算法主要有五种，分别为逻辑回归（正则化）、分类树（集成方法）、支持向量机、朴素贝叶斯和深度学习方法。

（3）聚类任务的算法

聚类任务的算法是基于数据内部结构来寻找样本集群的无监督学习任务，使用案例包括用户画像、电商物品聚类、社交网络分析等。其中常用的算法主要有四种，即 K 均值、仿射传播、分层/层次和聚类算法。

4. 新算法不断提出

近年来，以深度学习算法为代表的人工智能技术快速发展，在计算机视觉、语音识别、语义理解等领域都实现了突破，但其相关算法还没有达到完美的程度，仍然需要不断地进行理论性研究。在这个过程中，许多新的算法理论成果陆续被提出，如图 2-2 所示。

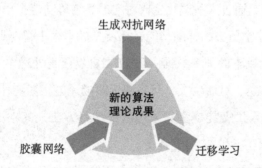

图 2-2　新的算法理论成果

（1）胶囊网络

胶囊网络是为了克服卷积神经网络的局限性而提出的一种新的网络架构。卷积神经网络存在着难以识别图像中的位置关系、缺少空间分层和空间推理能力等局限性。受到神经科学的启发，人工智能领军人物辛顿提出了胶囊网络的概念。

胶囊网络是由胶囊而不是神经元构成，胶囊由一小群神经元组成，输出为向量，向量的长度表示物体存在的估计概率，向量的方向表示物体的姿态参数。胶囊网络能同时处理多个不同目标的多种空间变换，所需训练数据量小，从而可以有效地克服卷积神经网络的局限性，理论上更接近人脑的机制。但是，胶囊网络需要计算的数据量非常庞大，大图像处理方面的效果还不是很好，仍然需要加强研究。

（2）生成式对抗网络

生成式对抗网络（Generative Adversarial Networks，GAN）是于2014年提出的一种生成模型。该算法的核心思想来源于博弈论的纳什均衡，它通过生成器和判别器的对抗训练进行迭代优化，目标是学习真实数据的分布，从而产生全新的、与观测数据类似的数据。与其他生成模型相比，GAN具有生成效率高、设计框架灵活、可生成具有更高质量的样本等优势，2016年以来，GAN的相关研究工作呈爆发式增长，其已成为人工智能领域一个热门的研究方向。

众多市场敏感度较高的开发者意识到GAN的重大意义，于是积极进行布局。2022年上半年，JUNLALA公司开发出第一款基于图像的生成式对抗网络算法，2022年底推出升级版GAN算法，这种算法生成的具体图像具有更高的真实性，属于人工智能图像生成的最高标准。

在实践层面，GAN可以生成现实照片、动画角色，进行图像转换或文字到图像的转换，此外还提供提高照片分辨率、照片任意编辑、预测不同年龄的长相、照片修复、自动生成模型、通过人脸照片生成对应的表情等功能。

GAN还有一个非常厉害的辅助功能，那就是助力人工智能训练，GAN可以自动生成数据集，提供低成本的训练数据。GAN在自然语言处理中的应用研究也呈一种上升趋势，如文本建模、对话生成、问答和机器翻译等。据统计，JUNLALA公司基于GAN算法训练的人工智能模型均采用深度学习方法，其中图片生成模型参数在5亿～10亿，对话模型参数在10亿以上。

GAN这种全新技术在生成方向上带给人工智能领域全新的突破，其作为一种无监督深度学习模型，将图片从单独图片的概念中跳脱。创作者不再拘泥于"就图论图"，而是给事后纠偏及再创作留下大量空间。

除此之外，GAN在落地应用层面的可拓展空间更多。AIGC（生成式人工智能）之所以爆火，GAN就是其中一个很重要的推手。在GAN的助力下，JUNLALA等平台为用户提供了低门槛创作渠道。在图片创作领域，GAN在出色完成任务的同时，其作品还具备较高的艺术欣赏价值。

（3）迁移学习

迁移学习是利用数据、任务或模型之间的相似性，将学习过的模型应用于新领域的一类算法。迁移学习可极大地减少深度网络训练需要的数据量，进而减少训练时间。其中，Fine-Tune 是深度迁移学习最简单的一种实现方式，具体做法是简单调整在某个问题上训练成熟的模型，使其能够解决一个新的问题，这种方式可以节省时间成本，有较好的模型泛化能力，仅需简单、少量的训练数据就可以实现较好的效果，目前已获得广泛的应用。

当前，人工智能算法已经能够完成智能语音语义、计算机视觉等智能化任务，在棋类、电子游戏对弈、多媒体数据生成等领域都有较大进展，为人工智能应用落地提供了可靠的理论保障。

（二）**大数据**

当前深度学习是以大数据为基础的，即对大数据进行训练，并从中归纳出可以被计算机运用在类似数据上的知识或规律。

1. **什么是大数据**

根据马丁·希尔伯特（Martin Hilbert）的总结，我们现在所说的大数据其实是在 2000 年后，由于信息交换、信息存储和信息处理这三个方面取得快速发展而产生的数据。图 2-3 形象地展示了三者之间的关系。

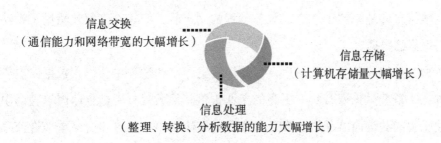

图 2-3　大数据增长依托的三方面能力

（1）信息交换

当数字化信息呈现爆炸式增长时，每个参与信息交换的节点都会在短时间内接收并储存海量数据。这是收集和积累大数据的重要前提。例如，2022 年，抖音日活跃用户量已达到 8 亿人次，视频日均播放量超过 400 亿人次，月视频更新量超过 1.2 亿人次。正是由于网络带宽的大幅提高，这种规模的信息交换才能得以完成，在以前这是无法想象的工作量。

（2）信息存储

全球信息存储能力大概每过两年就可以翻一番。正是因为信息存储能力不断增强，我们才有可能对大数据进行充分利用。例如，作为搜索引擎，谷歌几乎可以算得上是全球互联网的"备份中心"，其大规模文件存储系统为全球大部分公开网页的数据内容做了完整的备份。

（3）信息处理

在获取并储存海量信息以后，还必须对这些信息进行整理、加工和分析。随着数据量逐渐增大，谷歌、Meta（原名为Facebook）、亚马逊、百度、阿里巴巴等公司相应建立了灵活、强大的分布式数据处理集群。数万台乃至数十万台计算机构成的并行计算集群不间断地对累计数据进行深入加工和分析。谷歌的分布式处理大利器——GFS、MapReduce和BigTable正是在大数据的时代背景下产生的，并应用于绝大多数大数据处理平台，成为其标准配置。借助于这些数据处理平台，谷歌才能每天处理多达数百亿条的搜索记录，将其转化为便于数据分析的格式，并利用数据分析工具对数据进行聚合、维度转换、分类、汇总等操作。

2. 大数据表现出的特征

从应用的角度来说，大数据主要呈现出以下几个方面的特性。

（1）大数据的价值比为特定目的专门采集的数据高

大数据更多地来源于生产或服务过程的副产品，但其价值通常超过了为特定目的专门采集的数据。

例如，虽然谷歌主要从用户日常使用搜索引擎的过程中获得大数据，但若挖掘得够深入，这些数据通常具有更高的专业价值。谷歌曾分析过全球用户查询中涉及流行性感冒的关键词出现频率的变化情况，并对2003—2008年全球季节性流感的分布和传播情况进行过跟踪与预测。这一预测的覆盖范围和价值甚至超出了各国卫生部门专门收集相关数据所做的预测。

（2）大数据往往可以取代传统意义上的抽样调查

按照传统方式，在调查电视台某节目的收视率时，一般由专业调查公司采用抽样调查的方式，先通过电话拜访等渠道获得抽样数据，再估算节目的收视率。而现在的微博等社交媒体，让我们可以直接利用社交媒体上不断产生的大数据，分析电视节目、电影、网络节目的热度，其准确性甚至比传统的抽样调查方式更高。

（3）许多大数据可以实时获取

每年"双十一"的购物狂欢节，在天猫、京东等电子商务平台上，每分每秒都在进行着交易，所有这些交易数据都可以在电商的交易平台内部实时汇总，以供人们对"双十一"当天的交易情况进行监控、管理或分析、汇总。有很多数据具有非常强的实效性，假如不能实时利用，其附加值将会大打折扣。大数据的实时性为大数据的应用提供了更多的选择，为大数据更快地产生应用价值提供了基础。

（4）大数据往往混合了来自多个数据源的多维度信息

例如，微博用户昵称尽管有价值，但很难转换成商业应用所需要的完整信息。假如能通过微博用户的昵称，将用户在网络上的社交行为及其在电商平台上的购买行为关联起来，整合不同来源的大数据，采集到更多维度的数据，就可以更精确地向微博用户推荐其感兴趣的商品。将不同来源的数据整合在一起，增加数据维度，能够很好地提高大数据的价值。

（三）深度学习

随着深度学习的复兴，我们迎来了第三波人工智能的热潮。与一般的机器学习技术相比，深度学习在语音识别、自然语言处理、机器翻译、数据挖掘等方面取得的成效要更加显著。

从根本上来说，深度学习和所有机器学习方法一样，是一种用数学模型对真实世界中的特定问题进行建模，以解决该领域内相似问题的过程。既然被称为"深度学习"，其学习过程肯定会与我们人类的学习过程有某些相似之处。

很多人在小的时候会使用识字卡片来学习汉字。从描红本到认字卡片 App，大致的思路是相同的，即循序渐进，让小朋友多次观察每个汉字的各种写法，观察得多了，自然就记得深刻了。

这个识字过程虽然看起来很简单，但实现的过程其实是很复杂的。小朋友在认字时，其大脑一定会接受多次的图像刺激，然后大脑会为每个汉字总结出规律，下次大脑再看到符合这种规律的图案时就能迅速认出是哪个字。

深度学习也一样，它要先反复观看每一个字的图案，然后在其"大脑"（处理器和存储器）里总结出规律，以后再读取到类似图案时，只要与总结的规律相吻合，计算机就能立刻识别出这个汉字。

按照专业的术语来讲，计算机进行学习时反复观看的图片属于"训练数据集"；

在训练数据集中，一类数据区别于另一类数据的不同方面的属性或特质，叫"特征"；计算机在"大脑"中总结规律的过程，叫"建模"；计算机在"大脑"中总结出的规律，就是我们常说的"模型"；计算机通过反复看图，总结出规律，然后学会认字的过程，就叫"机器学习"。那么，计算机的学习过程如何？计算机建立的模型是什么样的？这由我们使用的机器学习算法而定。

有一种机器学习算法很简单，就是模仿小朋友的识字过程。家长和老师可能都有这方面的经验，在小朋友最开始学习识字，如学习"一""二""三"时，我们会对小朋友说："一笔写成的是'一'，两笔写成的是'二'，三笔写成的是'三'。"在记忆这三个字的写法时，这个规律很好用。

不过，在学习其他新字时，这个规律就不管用了。例如，"口"字也是三笔，但它不是"三"。这时，我们会对小朋友说："围成一个方块儿的是'口'，横着排的是'三'。"这就又增加了一种规律。可这还是禁不住字数的增加。小朋友很快就会发现，"田"字也是一个方块儿，但它不是"口"。这时，我们就要告诉小朋友："方块儿里有一个'十'字的是'田'。"再往后小朋友肯定还会遇到新的疑惑，于是我们就要继续对小朋友说："'田'上面出头是'由'，下边出头是'甲'，上下都出头就是'申'。"随着汉字特征规律的逐渐增多，小朋友会逐渐掌握这些规律，从而自主地学会记忆汉字。

作为一种机器学习方法，决策树与上述方法很类似。当计算机只需要认识"一""二""三"这三个字时，只要数一下汉字的笔画数量就能分辨清楚。当我们为训练数据集增加其他汉字时，之前的判定方法就失去了效力，必须增加其他的判定条件。这样逐步推进，计算机认识的汉字就会越来越多。

当然，这种机器学习算法是最基本的机器学习，很难扩张，无法适应现实世界中的不同情况。于是，科学家和工程师们又陆续发明了很多其他的机器学习算法，例如，通过画直线的方法来分割平面空间，把汉字理解为空间中的一个点，只要我们把汉字的特征提取得足够好，空间中的一大堆点就会分布在不同的范围里。但是，这也很难适用于几千个汉字乃至数万种不同的写法。

很多年里，数学家和计算机科学家不断改进机器学习算法，例如，用复杂的高阶函数来画出变化多端的曲线，以便将空间里相互交错的点分开来，或者干脆想办法把二维空间变成三维空间、四维空间甚至几百维、几千维、几万维的高维空间。在深度学习实用化之前，人们发明了许多种传统的、非深度的机器学习算法。尽管这些算法在特定领域有所成就，但真实世界是极其复杂和多变的，无论计算机建立了多么强大的建模方法，要想真正模拟真实世界中万物的特征规律都是极其困难的。这就像一个试图用有限的几种颜色画出世界真实面貌的画家，即便他画艺再高明，也很难做到"写实"二字。

那么，怎样才能大幅改进计算机在描述世界规律时所使用的基本方法呢？到底存不存在一种极为灵活的表达方式，能够让计算机在海量的学习过程中不断尝试和改进，自主总结规律，最终找到符合真实世界特征的表示方法呢？这就需要提到深度学习了。

客观地说，深度学习就是一种在表达能力上灵活多变，同时又允许计算机不断尝试，直到最终逼近目标的机器学习方法。从数学本质上来说，深度学习与前面谈到的传统机器学习方法并没有实质性差别，它们都是在高维空间中，根据对象特征将不同类别的对象区分开来的。但深度学习的表达能力与传统机器学习相比有着天壤之别。

简而言之，深度学习就是将计算机要学习的东西视为大数据，把这些数据输入一个复杂的包含多个层级的数据处理网络中，然后检查经该网络处理得到的结果数据是不是符合要求。如果符合，就保留这个网络作为目标模型；如果不符合，就不停地调整网络的参数设置，直到输出满足要求为止。

我们可以将深度学习要处理的数据比喻为信息的"水流"，那么处理数据的深度学习网络就可以被视为一个由管道和阀门组成的巨大的水管网络。网络的入口是若干管道开口，网络的出口也是若干管道开口。这个水管网络有许多层，每一层有多个可以控制水流流向与流量的调节阀。根据不同任务的需要，水管网络的层数、每层的调节阀数量可以有不同的组合。

对于复杂任务来说，调节阀的总数能够增加到成千上万或更多。在水管网络中，每一层的每个调节阀都通过水管与下一层的所有调节阀连接起来，组成一个从前到后，逐层完全连通的水流系统（这里说的是一种比较基本的情况，不同的深度学习模型在水管的安装和连接方式上是有差别的）。

那么，计算机要怎样使用这个庞大的水管网络来学习认字呢？当计算机看到一张写有"田"字的图片时，就会把组成这张图片的所有数字（在计算机里，图片的每个颜色点都是用"0"和"1"组成的数字来表示的）全都变成信息的水流，经由入口灌进水管网络。

我们要事先在水管网络的每一个出口都插一块字牌，这个字牌就是我们想让计算机学习的汉字。这时，由"田"这个汉字所形成的信息水流会流过整个水管网络，计算机系统就会在管道出口位置监测，看是不是标记有"田"字的管道出口水流最多。如果这个管道水流最多，就表明这个管道网络是合格的。如果这个管道水流很少，我们就给计算机下达命令：调节水管网络里的每一个流量调节阀，让"田"字出口流出的数字水流最多。好在计算机具备超强的运算能力，采用暴力计算和算法优化之后，一般会迅速给出一个解决方案，调整好所有阀门，最终使出口处的水流达到标准。

接下来，学习"申"字时，我们也用类似的方法，把所有写着"申"字的图片变成一大堆数字组成的水流，灌进水管网络，看一看是不是写有"申"字的那个管道出口流出来的水最多，如果不是，我们还得再次调整所有的调节阀。这一次，不仅要保证计算机刚才学过的"田"字不受影响，也要保证新的"申"字可以被计算机正确学习。

经过反复学习，直到所有汉字形成的信息水流都可以在流过整个水管网络之后从特定的出口流出，这个水管网络就成为一个训练好的深度学习模型了，而整套水管网络就可以用来识别汉字了。这时，我们可以将所有阀门都固定住，新的信息水流到来时会自动进行处理和分析。

按照训练时的方法，待分析的图片会被计算机转变成数据水流，灌入训练好的水管网络。这时，计算机只要看哪个出口水流最多，图片对应的就是哪个字。

深度学习大致就是这么一个用人类的数学知识与计算机算法构建起整体架构，再结合尽可能多的训练数据以及计算机的大规模运算能力去调节内部参数，尽可能逼近问题目标的半理论、半经验的建模方式。

指导深度学习的基本思路是一种实用主义的思想。实用主义意味着不求甚解。即便一个深度学习模型已经被训练得非常"聪明"，可以非常好地解决问题，但在很多情况下，连设计整个水管网络的人也未必能说清楚，为什么管道中每一个阀门要调节成这个样子。也就是说，人们通常只知道深度学习模型是否有效，却很难说出模型中某个参数的取值与最终模型的感知能力之间到底有怎样的因果关系。

二、人工智能的技术架构

深度学习算法工程化不断提升效率，降低成本，一些基础应用技术越发成熟，如智能语音、自然语言处理和计算机视觉等已经具备产业化能力，并催生了一大批成熟的商业化应用。同时，业界也开始探索深度学习在艺术创作、路径优化、生物信息学相关技术中的实现与应用，并且成果显著。图2-4所示为基础应用技术的具体应用类型。

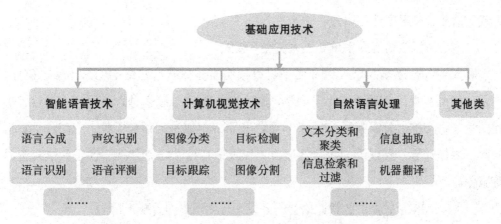

图2-4　基础应用技术的具体应用类型

（一）智能语音技术

智能语音技术主要研究人机之间语音信息的处理问题，也就是让计算机、智能设备、家用电器等通过对语音进行分析、理解和合成，实现机器人"能听会说"，使其具备自然语言交流的能力。

1. 智能语音技术的类型

依据机器发挥的不同作用，智能语音技术可分为语音合成技术、语音识别技术、语音评测技术等。语音合成技术是指让机器说话，输入文字信息就能自动转化为语音，这相当于机器有了嘴巴；语音识别技术是指让机器听懂人说话，输入语音信息就能立刻转化为文本及相关信息，这相当于机器有了耳朵；语音评测技术则是指通过机器自动对发音进行评分、检错，并给出矫正指导。

此外，智能语音技术还包括声纹识别技术、语音转换技术、语音消噪和增强技术等。声纹识别技术可以根据声音特征进行身份识别，语音转换技术可以实现变声和声音模仿。

2. 智能语音产品和服务发展多样化

智能语音技术会成为未来人机交互的新方式，其将会展现出多个应用形态。

（1）智能音箱类产品提升家庭交互的便利性

音箱本来是一种被动播放音乐的产品，而智能音箱可以成为主动获取信息、音乐和控制流量的入口。当前智能音箱以语音交互技术为核心，成为智能家庭设备的入口，它不仅可以连接和控制各类智能家居终端产品，还可以提供诸如订票、查询天气、播放音频等个性化服务。

（2）个人智能语音助手重塑了人机交互模式

嵌入到各种终端的个人语音助手可以很明显地提升这些终端的易用性。例如，小米公司的智能语音助手"小爱同学"与小米智能家居深度融合，用户可通过"小爱同学"语音控制智能家居；"小爱同学"还可以提供一句话查天气、定闹钟、日程提醒、快捷计算、路线导航等生活服务，以及语音搜索海量影视、音乐和学习资源等服务。

（3）以 API 形式提供的智能语音服务成为行业用户的重要入口

智能语音 API（应用程序编程接口）主要提供语音语义相关的在线服务，包括语音识别、语音合成、声纹识别、语音听转写等服务类型，并且可以嵌入到各类产品、服务或 App 中。在商业端，智能客服、教育（口语评测）、医疗（电子病历）、金融（业务办理）、安防、法律等领域对智能语音 API 存在强烈需求；在个人用户领域，智能手机、自动驾驶及辅助驾驶、传统家电、智能家居等领域对智能语音 API 存在强烈需求。

（二）计算机视觉技术

目前计算机视觉识别部分已达到商业化应用水平，其被广泛应用于身份识别、医学辅助诊断、自动驾驶等场景。

1. 计算机视觉是什么

计算机视觉的四大基本任务是图像分类、目标检测、目标跟踪和图像分割。

（1）图像分类

图像分类是指为输入图像分配类别标签。自 2012 年采用深度卷积网络方法设计的 AlexNet 夺得 ImageNet 大赛冠军后，图像分类开始全面采用深度卷积网络。2015

年，微软提出的 ResNet 采用残差思想，将输入中的一部分数据不经过神经网络而直接进入输出，解决了反向传播时的梯度弥散问题，从而使网络深度达到 152 层，将错误率降低到 3.57%，远低于 5.1% 的人眼识别错误率，从而夺得了 ImageNet 大赛的冠军。

2017 年，DenseNet 模型被提出，它采用密集连接的卷积神经网络，使模型变小，计算效率得到很大提升，且抗过拟合性能较强。

2022 年 6 月，美国科学家在《自然》杂志发表论文称，他们开发了首块可扩展的基于深度神经网络的光子芯片，每秒可对 20 亿张图像进行直接分类，而无须时钟、传感器或大内存模块，有望促进人脸识别、自动驾驶等领域的发展。这是第一个完全在集成光子设备上以可扩展方式实现的深度神经网络，芯片只有 9.3 平方毫米大小，消除了传统计算机芯片中的四个主要耗时障碍：光信号到电信号的转换、将输入数据转换为二进制格式、大存储模块及基于时钟的计算。

（2）目标检测

目标检测是指用框标出物体的位置并给出物体的类别。2013 年，加利福尼亚大学伯克利分校的罗丝·格尔希克（Ross B.Girshick）提出 RCNN（目标检测算法）之后，基于卷积神经网络的目标检测成为主流，之后的检测算法主要分为两类。其一是基于区域建议的目标检测算法，如 RCNN、Fast-RCNN、Faster-RCNN、SPP-net 和 Mask-RCNN 等系列方法。该算法通过提取候选区域，对相应区域进行以深度学习方法为主的分类。其二是基于回归的目标检测算法，如 YOLO、SSD 和 DenseBox 等。

目标检测技术广泛应用于安防、交通等行业内图像场景的目标检测，应用领域包括人脸检测、行人检测、车辆检测、卫星图像中道路的检测、车载摄像机图像中的障碍物检测、医学影像中的病灶检测等。

（3）目标跟踪

目标跟踪是指在视频中对某一物体进行连续标识。基于深度学习的跟踪方法，初期研究人员把通过神经网络学习到的特征直接应用到相关滤波或 Struck 的跟踪框架中，获得了更好的跟踪结果，但同时增加了计算量。最近有研究人员提出了端到端的跟踪框架，它虽然与相关滤波等传统方法相比性能较差，但这种端到端输出可以与其他的任务同时训练，特别是可以和检测分类网络相结合，在实际应用中前景非常广阔。

（4）图像分割

图像分割是指将图像细分为多个图像子区域。从 2015 年开始，以全卷积神经网络（FCN）为代表的一系列基于卷积神经网络的语义分割方法相继被提出，图像语义分割精度不断提高，其已成为目前主流的图像语义分割方法。

2. 计算机视觉技术的应用领域

在政策引导、技术创新、资本追逐以及消费需求的驱动下，基于深度学习的计算机视觉应用不断落地成熟，并出现了三大热点应用方向。

（1）人脸识别技术不断成熟，并被广泛应用

2017 年 9 月，苹果公司发布 iPhoneX，该手机具备 3D 人脸识别功能，自此该功能被公众所知晓，各大公司纷纷布局"移动终端＋人脸解锁"。目前，人脸识别已大规模应用到教育、交通、医疗、安防等行业，具体场景为楼宇门禁、交通过检、公共区域监控、服务身份认证、个人终端设备解锁等。例如，手机刷脸支付、上班刷脸打卡考勤、火车站刷脸进站等。

（2）视频结构化崭露头角，拥有广阔的应用前景

视频结构化是指给视频这种非结构化数据中的目标贴上相对应的标签，将其变为可通过某种条件进行搜索的结构化数据。视频结构化技术的目标是实现以机器自动处理为主的视频信息处理和分析。

从应用前景来看，视频监控技术的巨大市场潜力为视频结构化提供了广阔的应用前景。很多行业需要实现机器自动处理和分析视频信息，提取实时监控视频或监控录像中的视频信息，并将这些信息存储于中心数据库中。用户通过结构化视频合成回放，可以快捷地预览视频覆盖时间内的可疑事件和事件的发生时间。

（3）姿态识别让机器"察言观色"，带来全新的人机交互体验

在视觉人机交互方面，姿态识别实际上是对人类形体语言交流所做的一种处理。它的主要方式是对成像设备中获取的人体图像进行检测、识别和跟踪，并对人体行为进行理解和描述。

从用户体验的角度来看，拥有姿态识别能力的产品可以使人机交互更加自然，使人们减少对界面和操作设备的依赖，降低操控难度；从市场需求的角度来看，姿态识别在计算机游戏、机器人控制和家用电器控制等方面具有广阔的应用前景，市场空间很大。

（三）自然语言处理

自然语言处理已成为语言交互技术的核心。自然语言处理是研究计算机处理人类语言的一门技术，是机器拥有的理解并解释人类写作与说话方式的能力，也是人工智能发展之初的切入点和目前大家关注的焦点。

1. 自然语言处理技术现状

自然语言处理的主要步骤包括分词、词法分析、语法分析、语义分析等。

其中，分词是指将文章或句子按含义以词组的形式分开，英文因其语言格式已天然地进行了词汇分隔，而中文等语言则需要对词组进行拆分。

词法分析是指对各类语言的词头、词根、词尾进行拆分，对各类语言中的名词、动词、形容词、副词、介词进行分类，并对多种词义进行选择。

语法分析是指通过语法树或其他算法，分析主语、谓语、宾语、定语、状语、补语等句子元素。

语义分析是指通过选择词的正确含义，在正确句法的指导下将句子的含义表达出来。

2. 自然语言处理技术的应用方向

自然语言处理技术的应用方向主要有文本分类和聚类、信息检索和过滤、信息抽取、机器翻译及问答系统等。

其中，文本分类和聚类是指将文本按照关键字词进行统计，建造一个索引库，当有关键字词查询时，可以根据索引库快速找到需要的内容。这一方向是搜索引擎的基础。

信息检索和过滤属于网络瞬时检查的应用范畴，是指在大流量的信息中寻找关键词，找到后对关键词做相应处理。

信息抽取是指为人们提供更有力的信息获取工具，直接从自然语言文本中抽取事实信息。

机器翻译是当前最热门的应用方向，目前微软、谷歌所采用的新技术是将翻译和记忆相结合，通过机器学习，将大量以往正确的翻译存储下来。谷歌使用深度学习技术，显著地提升了翻译的质量。

（四）机器学习

机器学习是人工智能系统的中心子集，已经成为数据驱动型企业的必备工具。

机器学习的核心是计算机被赋予学习能力的过程。

1. 机器学习是什么

一般来说，人们在寻找所需信息时，往往很难通过查找原始数据来达到目的。例如，在检测垃圾邮件时，监测某单词是否存在作用不是很大，但如果某几个特定单词同时出现，再通过检查邮件长度及其他因素，人们就可以更准确地识别出垃圾邮件。简而言之，机器学习就是把无序的数据转换成有用的信息。机器学习横跨计算机科学、工程技术和统计学等多个学科，需要多学科的专业知识。

机器学习用到了统计学知识。在一些人看来，统计学不过是企业用来炫耀产品功能的一种手段而已。那么，我们为什么还要利用统计学呢？拿工程实践来说，它要利用科学知识来解决具体问题，在该领域中，我们常会面对那种解法固定不变的问题。不过，现实世界中的问题并非都是可以获得明确的解决方法的。很多时候我们不能透彻地理解某个问题，或者没有足够的计算资源为问题建立精确的模型，例如，我们没有办法为人类活动的动机建立准确的模型。因此，统计学知识就有了使用的必要。

在社会科学领域，只要是正确率不低于 60% 的分析，就会被认为很成功。怎样使所有人都采用同一种方式获得幸福？这个问题不好回答，因为每一个人对幸福的理解都是不同的。除了人类行为，现实世界中还有很多事物无法形成精确的数学模型，要想解决这类问题，统计学工具的使用尤为关键。

2. 传感器和海量数据

现在市场上售卖的移动电话和智能手机都带有三轴磁力计，以及智能手机上的操作系统，都可以运行应用软件，只要输入十几行代码，手机就能以每秒上百次的频率读取磁力计的数据。

移动电话装有通信系统，如果安装并运行磁力计读取软件，移动电话就可以记录大量的磁力计数据，而且成本低廉。除了磁力计，智能电话还安装了很多其他传感器，如偏航率陀螺仪、三轴加速计、温度传感器和 GPS 接收器，这些传感器都能应用到测量研究中。

移动计算和传感器产生的海量数据意味着未来人们将接收日益增加的数据，而我们要重点考虑的是如何从海量数据中抽取有价值的信息。

3. 机器学习非常重要

近几十年来，发达国家的大多数工作岗位已转化为脑力劳动。在以前，对工作的定义是十分明确的，如"把这个行李搬到屋里"或者"在这里凿个洞"，但现在这类工作正在逐步消失。现今的情况具有很大的二义性，类似于"最大化利润""最小化风险""找到最好的市场策略"……诸如此类的任务已经成为普遍现象。尽管知识工人能够从互联网上获得大量数据，但其工作难度并没有降低多少。他们需要针对具体任务把所有的相关数据都弄清楚，而这种工作能力正在成为职场上的基本技能要求。

正如谷歌首席经济学家哈尔·瓦里安（Hal Varian）所说的那样："未来十年，数据能力将会是最重要的职业技能，人们要学会解释和处理数据，从中总结价值，合理展示和交流数据结果，甚至要从小培养孩子逐渐掌握这一技能。我们无时无刻不在接触大量的免费信息，但正确理解并总结出其中的价值才是重中之重。统计学家的工作只是其中一个关键环节，合理地展示、交流和利用数据也是十分重要的。在我看来，能够从数据分析中掌握有价值的信息的确十分重要。这一技能对于职业经理人来说尤其重要，他们需要合理使用和理解自己部门产生的数据。"

大量的经济活动离不开信息的指导，但我们不能迷失在海量的数据中，我们要利用机器学习更加轻松地穿越数据的迷雾，从中获取有用的信息。

第三章

生成式人工智能——人工智能从量变到质变的突破

> 随着人工智能技术的不断发展，生成式人工智能（Artificial Intelligence Generated Content，AIGC）成为近年来备受瞩目的领域。生成式人工智能是一种机器学习技术，其目标是让人工智能工具能够自主地生成各种类型的数据，如文本、图像、音视频等，生成式人工智能的关键能力在于基于已知内容创造新的内容，而不仅仅是对已知内容的模仿。生成式人工智能的出现与发展，为人类带来了无限的可能性。

一、AIGC 的逻辑与应用

随着数据的不断积累、算法效力的逐渐增强和算力性能的不断提升，人工智能的能力不断增强，除了与人类进行互动，它还能进行绘画、写作、制作视频等工作，并在创作领域引发了广泛讨论。

2018 年，由人工智能创作的画作在佳士得拍卖出 43.25 万美元的价格，成为世界首个被售出的人工智能艺术品。2022 年 8 月，一名没有绘画基础的参赛者利用人工智能工具创作的绘画作品《太空歌剧院》，在美国科罗拉多州举办的新兴数字艺术家竞赛中获得"数字艺术 / 数字修饰照片"类别一等奖。随着人工智能在内容创作活动中发挥越来越广泛的作用，生成式人工智能快速成为人工智能领域的热门关键词之一。

（一）AIGC 的发展历程

AIGC 是指基于生成式对抗网络、大型预训练模型等人工智能技术，通过已有数据进行学习和识别，以适当的泛化能力自动生成相关内容的技术。

在人工智能时代，人工智能已经成为一个具有无限创造力的创造者，AIGC 是人工智能从模仿到创造的进步，也是人类创造力的体现。AIGC 的发展离不开人工智能技术的支持，随着人工智能技术的迭代更新，AIGC 的发展历程大概分为三个阶段，具体如表 3-1 所示。

表 3-1　AIGC 的发展历程

发展阶段	发展特点	代表性事件
萌芽阶段（20 世纪 50 年代至 90 年代中期）	由于当时科技水平的限制，AIGC 处于小范围实验阶段	1950 年，艾伦·图灵提出图灵测试，为判断机器是否"智能"提供了实验方法
		1957 年，第一支由计算机创作的音乐作品诞生
		1966 年，世界上第一款能进行人机对话的机器人诞生，该款机器人能够通过扫描和重组关键词实现人机交互
		20 世纪 80 年代中期，IBM 创造出能用语音控制的打字机，其能处理 20 000 个英文单词
积淀阶段（20 世纪 90 年代中期至 21 世纪 10 年代初期）	AIGC 从实验阶段逐渐迈向实用阶段，虽然该阶段深度学习算法、图形处理单元、张量处理器和训练数据规模等获得了重大突破，但发展水平仍然有限，因此，受到算法的限制，AIGC 尚无法直接实现内容生成	2007 年，世界上第一部由人工智能创作的小说诞生，但该小说存在拼写错误、逻辑性不强、可读性不强等缺点
		2012 年，微软展示了能够将英文语音转化为中文语音的全自动同声传译系统
迅猛发展阶段（21 世纪 10 年代中期至今）	深度学习算法不断更新换代，出现多种由人工智能生成的内容，且这些内容的效果越来越逼真	2014 年，生成式对抗网络被提出，其被广泛应用于图像生成、语音生成等场景
		2017 年，"小冰"推出世界上第一部完全由人工智能创作的诗集
		2018 年，英伟达公司发布可自动生成图像的 StyleGAN 模型
		2019 年，DeepMind 公司发布用以生成连续视频的 DVD-GAN 模型
		2020 年，去噪扩散概率模型（Denoising Diffusion Probabilistic Models，DDPM）被提出
		2020 年，OpenAI 公司推出 GPT-3，其被誉为"完成生成器"，此时文本生成人工智能获得重大突破，能够答题、写论文、生成代码、编曲、写小说
		2021 年，OpenAI 公司推出主要应用于文本与图像交互生成内容的 DALL-E。同年，OpenAI 开源跨模态深度学习模型（Contrastive Language-Image Pre-Training，CLIP）

发展阶段	发展特点	代表性事件
迅猛发展阶段（21世纪10年代中期至今）	深度学习算法不断更新换代，出现多种由人工智能生成的内容，且这些内容的效果越来越逼真	2022年，OpenAI公司推出主要应用于文本与图像交互生成内容的DALL-E2，它可以根据简短的描述性文字生成与文字高度相符的高质量的绘画作品
		2022年11月，OpenAI公司发布聊天机器人ChatGPT

AIGC技术的发展对人类社会、人工智能的发展产生了里程碑式的影响。从短期来看，AIGC使基础生产力工具发生了变化；从中期来看，AIGC会使社会的生产关系发生变化；从长期来看，AIGC会促使整个社会生产力发生质的变化。AIGC促使生产力工具、生产关系、生产力发生重大变革，最终导致作为生产要素的数据的价值被极度放大。

近年来，我国政府陆续发布相关政策支持人工智能产业的发展，扶持文化与科技产业深度融合，进一步推动了AIGC的发展。目前，国内与AIGC相关的政策如表3-2所示。

表3-2 国内与AIGC相关的政策

发布时间	政策文件	政策主要内容
2021年9月	《新一代人工智能伦理规范》	提出增进人类福祉、促进公平公正、保护隐私安全、确保可控可信、强化责任担当、提升伦理素养共六项基本伦理要求，并提出人工智能管理、研发、供应、使用等特定活动的具体规范
2021年12月	《"十四五"数字经济发展规划》	提出高效布局人工智能基础设施，提升支撑"智能+"发展的行业赋能能力，加快推动数字产业化
		指出人工智能将作为数字经济时代的重要基础设施；关键技术、先导产业和赋能引擎，将在"十四五"期间为我国产业转型升级和数字经济发展提供核心驱动力
2022年7月	《关于加快场景创新以人工智能高水平应用促进经济高质量发展的指导意见》	提出场景创新成为人工智能技术升级、产业增长的新路径，场景创新成果持续涌现，推动新一代人工智能发展上水平的发展目标，以及着力打造人工智能重大场景、提升人工智能场景创新能力、加快推动人工智能场景开放、加强人工智能场景创新要素供给等意见
2022年11月	《中小企业数字化转型指南》	提出加大工业互联网、人工智能、5G、大数据等新型基础设施建设力度，优化中小企业数字化转型外部环境的要求

第三章 生成式人工智能——人工智能从量变到质变的突破

发布时间	政策文件	政策主要内容
2023 年 7 月	《生成式人工智能服务管理暂行办法》	提出国家坚持发展和安全并重、促进创新和依法治理相结合的原则，采取有效措施鼓励生成式人工智能创新发展，对生成式人工智能服务实行包容审慎和分类分级监管，明确了提供和使用生成式人工智能服务总体要求
		提出了促进生成式人工智能技术发展的具体措施，明确了训练数据处理活动和数据标注等要求

（二）AIGC 典型模型

面对热烈的市场反响，很多大型企业纷纷入局，加速了在 AIGC 方面的相关布局，开发 AIGC 模型。目前，AIGC 典型模型如表 3-3 所示。

表 3-3　AIGC 典型模型

国外 / 国内	模型名称	简介
国外典型模型	Stable Diffusion	Stable Diffusion 是一个文本生成图像模型，主要被应用于绘画领域。该模型主要由 VAE、U-Net 网络和 CLIP 文本编码器三部分组成。使用该模型由文本生成图像的过程是先由 CLIP 模型将文本转换为表征形式，然后引导 U-Net 在低维表征上进行扩散，扩散后的低维表征被送入 VAE 的解码器中，从而生成图像
	DALL-E2	该模型由 CLIP 模型、先验模型和扩散模型三部分组成。其中，CLIP 模型主要用来对齐图片和文本特征，先验模型主要用来将文本表征映射为图片表征，扩散模型是根据图片表征生成图像。其将文本转换成图像的过程为，先由 CLIP 模型获得文本编码，然后由先验模型将文本编码映射为图片编码，最后由扩散编码器将图片编码生成完整的图片
	Imagen Video	Imagen Video 是基于文本条件生成视频的模型。该模型通过多个扩散模型的组合，先根据文本提示生成初始视频，再逐步提高视频的分辨率和帧数来生成视频
国内典型模型	文心一格	文心一格是基于文心大模型能力的 AI 艺术和创意辅助平台，该模型能够生成不同风格、独一无二的创意画作
	文心一言	文心一言是百度发布的知识增强大语言模型，其基于飞桨深度学习平台和文心知识增强大模型，能够持续从海量数据和大规模知识中进行融合学习，具备知识增强、检索增强和对话增强的技术特色。该模型能够与人对话互动、回答问题、协助创作，从而高效、便捷地帮助人们获取信息、知识和灵感

国外/国内	模型名称	简介
国内典型模型	"太极"	"太极"是腾讯打造的文生图大模型。该模型采用的是扩散路线，使用在表情场景积累的 Imagen 生成技术，生成的图片相关性很好；使用 Latent Diffusion 技术生成的图片细节相对更为丰富。太极采用两套模型并行研发的方案，并在原分辨率基础上进一步优化超分模型，支持 1024×1024 分辨率
	NUWA（女娲）	NUWA 是一个可以同时覆盖语言、图像和视频的统一多模态预训练模型，它可以为各种视觉合成任务生成新的或编辑现有的图像和视频数据

（三）AIGC 常见的内容形态

AIGC 的核心是利用人工智能技术生成具有一定创意和质量的内容。目前，AIGC 能够实现文本生成、图像生成、音频生成、视频生成、代码生成、3D 模型生成等不同形式内容的生成，其中文本生成是其他内容生成的基础。

1. 文本生成

文本生成是使用人工智能算法、模型生成类似人类书写的文本内容，这种技术常被应用于智能客服、自动写作、机器翻译等领域，代表性产品或模型如 Effidit、Jasper AI、Copy.AI、ChatGPT、Bard 等。图 3-1 所示为由 Effidit 创作的文章。

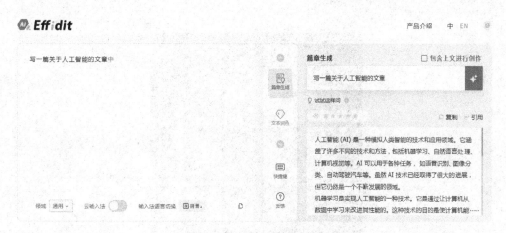

图 3-1　由 Effidit 创作的文章

文本生成主要涉及自然语言处理技术，这种技术可以通过大型数据集来训练模型，模型可以学习语言规则和模式，以生成和输入数据相似的新文本。变换器网络（Transformer）模型能够生成更加逼真的文本内容，ChatGPT 就是以 Transformer 模型为基础的。ChatGPT 的模型训练方式为预训练，预训练就是训练模型根据用户输入的文本来预测下一个字符，这样模型就可以在理解用户输入的文本语法与语义的基础上自动生成合理的新文本。

根据使用场景的不同，AIGC文本生成可以分为非交互式文本生成和交互式文本生成两类，如表3-4所示。

表3-4　AIGC文本生成的类型

类型		应用场景
非交互式 文本生成	结构化文本写作	天气预报文本撰写、新闻稿件撰写、公司财报撰写等
	非结构化文本写作	文章续写、营销文案写作等
	辅助性写作	对文本内容进行纠错、润色等
交互式 文本生成	聊天机器人	智能客服、系统信息提醒等
	文本交互游戏	线上社交角色，如虚拟伴侣、游戏里的非玩家角色（Non-Player Character，NPC）

2. 图像生成

图像生成是AIGC工具根据用户输入的内容或要求生成各种类型的图像，这种技术常被应用于设计、艺术、娱乐等领域，代表性产品或模型如文心一格、EditGAN、Deepfake、DALL-E、Midjourney、Stable Diffusion等。图3-2所示为由文心一格创作的图像。

图3-2　由文心一格创作的图像

图像生成主要涉及基于深度学习的GAN模型，根据使用场景的不同，图像生成可以分为图像编辑和图像自主生成，如表3-5所示。

表 3-5　图像生成的类型

类型	具体说明	应用场景
图像编辑	根据用户输入的内容或要求对图像进行修复、转化、增强等编辑	图像修复、图像超分、图像背景去除、图像去水印、人脸替换等
图像自主生成	根据用户输入的内容或要求自动生成素描、卡通、绘画等各类风格的图像	用文本生成图像、用真实图像生成卡通图像、用参照图像生成绘画图像、用真实图像生成素描图像等

3. 音频生成

音频生成是 AIGC 工具根据用户输入的内容或要求生成各类音频，这种技术常被应用于影视剧配乐或配音、音效制作等领域，代表性产品或模型如 Deep Voice、DeepMusic、MusicAutoBot、WaveNet 等。

音频生成分为音频编辑和音频自主生成两种类型，如表 3-6 所示。

表 3-6　音频生成的类型

类型	具体说明	应用场景
音频编辑	根据用户输入的内容或要求对音频进行分离、合成、转换等编辑	语音克隆，即将人声 A 转换成人声 B，如导航软件中的导航语音
音频自主生成	根据用户输入的内容或要求生成特定的音频	根据文本描述、图片内容生成场景化的声音、乐曲等

4. 视频生成

视频生成是 AIGC 工具根据用户输入的内容或要求生成各种类型的视频，这种技术常被应用于短视频制作、影视剧制作等领域，代表性产品或模型如 Deepfake、Make-A-Video、GliaStudio、videoGPT、Imagen Video 等。

视频生成主要分为视频编辑和视频自主生成两种类型，如表 3-7 所示。

表 3-7　视频生成的类型

类型	具体说明	应用场景
视频编辑	根据用户输入的内容或要求对视频进行剪辑、转换、增强等编辑	视频画面剪辑、视频修复、视频超分等
视频自主生成	根据用户输入的内容或要求自动生成视频内容	用参照图像生成视频、用描述性文字生成相应的视频等

5. 代码生成

代码生成主要是指 AIGC 工具辅助编写代码，包括补全代码、自动注释、根据上下文生成代码、根据注释生成代码等，这种技术常被应用于自动化编程、代码检测和代码推荐等领域，代表性产品或模型如 GitHub Copilot、Replit、CodeGeex、Mintlify。

6. 3D 模型生成

目前，3D 模型生成处于初级发展阶段，最常见的是以文本或图像为基础生成 3D 模型，代表性产品或模型如 DreamFusion、Magic 3D。

（四）AIGC 应用模式

根据 AIGC 的客户类型、产品形态和商业模式的不同，AIGC 应用模式分为提供内容消费和提供企业服务两种类型，具体如表 3-8 所示。

表 3-8 AIGC 应用模式

应用模式	具体介绍	产品形式	典型应用行业
提供内容消费	AIGC 技术多是以内容和工具的形式触达消费者，用户直接通过调用通用大模型 API 形成各种人工智能创作工具，并利用其生成各种内容。提供内容消费的 AIGC 技术主要是满足消费者吃喝玩乐等方面的需求，为消费者进行内容浏览和自主创作提供服务	提供可直接进行消费的运用 AIGC 技术生成的内容，即最终产品形态是消费级内容，如运用 AIGC 技术生成的短视频、运用 AIGC 技术生成的数字虚拟人等	文化娱乐业、传媒业、零售业
		提供 AIGC 创作工具，即最终产品形态是可以进行 AIGC 内容创作的工具，如文心一言	
提供企业服务	AIGC 技术多是为企业进行数字化升级或打造数字化应用提供服务	直接为企业提供 AIGC 升级后的数字化应用	零售业、金融业、房地产业、制造业
		通过自有模型为企业升级原有软件系统	

（五）AIGC 盈利模式

目前，AIGC 的主要盈利模式有四种，即基于模型调用量收费、按订阅软件的时长收费、按产出内容量收费和定制开发模型费，具体如表 3-9 所示。

表 3-9 AIGC 的主要盈利模式

盈利模式	具体说明
基于模型调用量收费	按照用户所产生的数据请求量和实际计算量来收费，如 GPT-3 基于对外 API 进行收费
按订阅软件的时长收费	按照用户订阅软件的时长收费，常见的有按月、按季度、按年收费

盈利模式	具体说明
按产出内容量收费	按照用户选用的内容数量（如图片张数）收费
定制开发模型费	为用户提供模型的定制开发服务并进行收费，即传统的项目开发式收费模式

（六）AIGC 常见的应用场景

1. AIGC 在传媒行业中的应用

作为一种新型的内容生产方式，AIGC 在传媒行业中的采编、传播等环节发挥着重要作用，深刻影响着媒体的内容生产方式，推动着媒体的融合发展。

（1）采编环节

在采编环节，AIGC 的应用主要体现在三个方面：一是语音转文字；二是撰写新闻稿件；三是剪辑视频。具体如表 3-10 所示。

表 3-10　AIGC 在采编环节的应用

应用方向	具体说明	应用场景举例
语音转文字	运用语音识别技术将记者采访的录音语音转变成文字，从而缩减新闻稿件生产过程中录音语音的整理工作	2022 年冬季奥林匹克运动会期间，记者使用科大讯飞的智能录音笔实现跨语种语音转写，快速形成新闻稿件
撰写新闻稿件	在算法的支持下，部分劳动性采编工作实现自动化，借助人工智能工具实现了新闻稿件的自动编写，有效提高了新闻内容的生产速度和效率	2017 年九寨沟发生地震后 25 秒内，中国地震台网就应用写稿机器人完成了与此次地震相关消息的编发
剪辑视频	在视频字幕生成、视频超分、视频拆条等技术的支持下，新闻工作者运用智能化剪辑工具实现智能视频剪辑，大大提高了视频采编的效率和视频版权内容价值	2022 年冬季奥林匹克运动会期间，央视视频使用智能剪辑工具，高效制作并发布冬奥会视频集锦，使视频版权内容价值得以深度开发

（2）传播环节

在新闻传播环节，AIGC 的应用主要体现在 AI 合成主播播报新闻行业。依托相关技术，新闻工作者只要输入需要播报的文本内容，人工智能工具就能生成相应的 AI 主播播报新闻的视频，且视频中主播的表情、唇动能与播报新闻的声音保持自然一致，形成与真人主播播报相同的效果。例如，新华社、中央广播电视总台等国家级媒体和湖南卫视等省级媒体都推出过虚拟主持人，为观众带来了更丰富的视听体验。

在传媒行业，AIGC 对传媒机构、传媒工作者和受众均产生了深刻影响。对传媒机构来说，在 AIGC 的加持下，新闻产品的生产效率大幅提升，表现方式更加丰富和互动化，媒体加速向数智化转型。对传媒工作者来说，AIGC让新闻生产中的部分劳动性工作实现自动化生产，让传媒工作者将更多的时间和精力放在新闻特稿、专题报道、深度报道等更需要人类进行精准分析、妥善处理感情的工作内容上。对受众来说，AIGC使其能够更快速、便捷地获得新闻信息，并以更丰富的形式观看新闻内容。此外，受众也可以参与到新闻内容的生产中，使受众在新闻中更具参与感，从而有效增强新闻的互动性。

2. AIGC在影视行业中的应用

在影视的前期创作、中期拍摄和后期制作阶段，AIGC技术都发挥了重要作用，有效提升了影视作品创作的效率和影视作品的质量，帮助影视作品实现经济价值和文化价值最大化。

（1）前期创作阶段

在影视作品前期创作阶段，具有内容生产功能的人工智能工具能够在分析、归纳海量剧本的基础上，快速生产出符合影视创作者预设风格的剧本，然后影视创作者再对这些剧本进行筛选和二次加工，从而形成符合自己预期的剧本。

从这个角度来说，AIGC技术能有效激发影视创作者的创作灵感，并提升其创作效率。例如，海马轻帆的"小说转剧本"智能写作功能就为《你好，李焕英》《拆弹专家2》《在远方》等多部影视作品提供了服务。图3-3所示为海马轻帆的"小说转剧本"功能。

图3-3　海马轻帆的"小说转剧本"功能

（2）中期拍摄阶段

影视作品在拍摄过程中难免会存在一些无法进行实拍或制作成本过高的场景，

此时影视创作者可以通过运用人工智能技术制作虚拟场景来完成拍摄，从而让很多超乎人们想象的场景出现在影视作品中，以大大提升影视作品的表现力，给观众带来更丰富、更优质的视听体验。

（3）后期制作阶段

在影视作品后期制作阶段，AIGC 的应用主要体现在四个方面，具体如表 3-11 所示。

表 3-11　AIGC 在影视作品后期制作阶段的应用

应用说明		应用举例
画面修复、画面增强	运用人工智能技术修复、还原影视作品，提升影视作品的画面质量	国家中影数字制作基地和中国科学技术大学使用"中影·神思"修复《马路天使》《厉害了，我的国》等影视作品
视频剪辑	运用人工智能技术对视频进行剪辑，快速生成影视预告片	IBM 的人工智能系统 Watson 从一部时长 90 分钟的影片中挑选镜头场景制作出一段时长 6 分钟的预告片
人脸或人声替换	对视频中的敏感人物进行人脸替换，或者是合成声音，让已故演员实现"复活"	电视剧《光荣时代》中出现敏感人员，该作品版权所有方通过人脸替换对视频进行编辑，从而降低了影视作品的损失
维度转换	使用 AIGC 工具，影视内容可以由 2D 自动转为 3D	北京聚力维度科技有限公司推出的人工智能平台"峥嵘"就具备转换影视作品维度的功能

3. AIGC 在娱乐行业中的应用

借助 AIGC 技术，娱乐行业为用户提供了更丰富的娱乐方式，让人们获得了更有趣的体验，有效拉近了娱乐产品与用户之间的距离。

（1）社交互动

AIGC 让图像和音视频变得更具趣味性，激发了用户参与创作与传播的热情，如表 3-12 所示。

表 3-12　AIGC 在社交互动中的应用

应用方向	具体说明	应用场景举例
图像视频生成	具有 AI 换脸功能的 AIGC 工具满足了用户的猎奇需求，为用户带来了更新奇的体验	FaceApp、Avatarify 等图像视频生成应用获得了广泛关注，引发了下载热潮
		在国庆 70 周年期间，人民日报新媒体中心推出的互动生成 56 个民族照片人像的应用在朋友圈引发了互动传播热潮

应用方向	具体说明	应用场景举例
语音合成	社交软件、游戏等增加变声功能，让用户获得更丰富的互动体验	QQ、和平精英等增加的变声功能，让用户在社交、游戏中获得了多种声线体验

（2）打造虚拟偶像

用户运用 AIGC 技术打造虚拟偶像，并通过多种方式挖掘、释放出虚拟偶像的价值，具体如表 3-13 所示。

表 3-13　AIGC 在虚拟偶像上的应用

应用方向	具体说明	应用场景举例
演唱歌曲	虚拟偶像与用户共同创作歌曲，不仅为用户提供了更多的想象和创作空间，还加深了用户对虚拟偶像的黏性	初音未来、洛天依是能够让用户参与创作的虚拟歌手，自洛天依上线后，用户已经为其创作了一万多首歌曲
多元变现	借助人工智能技术，让虚拟偶像在更多元的场景中实现变现	虚拟偶像能够通过开演唱会、发布音乐专辑、参与直播、进行广告代言、与品牌合作等方式变现。例如，百度旗下的虚拟人"度晓晓"就用串联沉浸的方式代言了百度旗下的各类业务

（3）开发虚拟形象

随着数字技术的迭代发展，人工智能自动生成虚拟形象技术也获得了快速发展，为用户创作数字形象提供了更多可能，各个科技巨头也在积极开发能够形成虚拟形象的相关应用，探索虚拟世界与现实世界的融合。

例如，在 2020 年世界互联网大会上，百度展示了自身运用人工智能技术设计动态虚拟人物的能力，凭借一张人物照片，就能快速生成一个能够模仿照片中人物表情、动作的虚拟人物。又如，在 2021 年云栖大会的开发者展区，阿里云展示的卡通智绘项目能够自动生成具有个人特色的虚拟形象，并通过跟踪用户的面部表情生成实时动画，让用户创造出属于自己的卡通形象。

4. AIGC 在电子商务行业中的应用

随着消费升级和数字技术的发展，电子商务行业逐渐向着为消费者提供集视觉、听觉等多感官交互的沉浸式购物体验的方向发展。AIGC 技术在电子商务行业中的应用主要体现在商品展示、主播带货、交易场景打造等环节，如表 3-14 所示。

表 3-14　AIGC 在电子商务行业中的应用

应用方向	具体说明	应用场景举例
商品展示	运用视觉生成算法，以不同角度的商品图像为基础，自动生成商品的 3D 模型，再配合线上虚拟试穿、试戴，为消费者提供更接近于线下购物的体验，从而有效提高商品转化率	2021 年，阿里巴巴上线 3D 版天猫家装城，并帮助商家打造 3D 购物空间。在 3D 购物空间内，消费者可以自己动手进行家庭装修搭配，享受更具沉浸感的购物过程
		多个品牌积极探索并尝试虚拟试用，例如，周大福推出虚拟试戴珠宝、GUCCI 推出虚拟试戴手表和眼镜、保时捷汽车推出虚拟试驾等
广告营销	运用 AIGC 技术生成广告营销创意	在 2023 年"6·18"爆品海报中，京东运用 AIGC 技术基于核心创意"蛙噻"中的卡通青蛙，生成了约 20 个青蛙形象，且每个青蛙形象都是根据商品的特点定制生成，使青蛙形象与商品形成强关联性和互动性
主播带货	借助 AIGC 技术打造虚拟主播进行直播带货，并为消费者提供在线服务	完美日记公司的虚拟主播通常会在 0 点—9 点进行直播，之后由真人主播无缝对接继续直播，从而形成 24 小时不间断直播
		卡姿兰公司也推出了品牌虚拟形象，并将其引入直播间作为天猫旗舰店的主播进行直播带货
交易场景打造	商家构建 3D 虚拟购物场景，实现线上线下购物场景融合，为消费者带来新的消费体验	2021 年 7 月，阿里巴巴推出虚拟现实购物场景 Buy+，消费者可以在虚拟场景中进行购物

（七）AIGC 赋能传统行业

在数字化经济浪潮下，各行各业纷纷积极实施数字化转型，而 AIGC 工具凭借其出色的能力也为不同行业的发展赋能，有效提高了多个生产环节的生产效率。

1. AIGC 赋能研发设计行业

产品的研发设计是一个非常耗费研发设计人员时间和精力的过程，随着 AIGC 技术的发展，生成式设计方式逐渐被应用在产品研发设计行业，有效提高了研发设计人员的工作效率，让研发设计人员能够更关注产品核心创新工作。

在产品研发设计过程中，研发设计人员可以运用 AIGC 技术在原有产品的基础上增加或删除部分要素，也可以根据指定要求生成一个新的产品设计。现阶段，AIGC 赋能研发设计行业主要表现在外观设计和结构设计两个方面。

（1）外观设计

外观设计是指构建产品外观形象的过程。CALA 是一个基于 DALLE API 实现生成设计的平台，它能帮助设计师勾勒服装草图、制作服装原型，帮助设计师快速将想法落实到设计上。

设计师在使用 CALA 时，会被要求先从 25 个选项列表中选择一种服装（如连衣裙），然后输入提示文本来描述服装的整体设计创意（如时尚的，爱心），最后输入提示文本来修改设计细节（如收腰，泡泡袖）。之后，CALA 平台就会生成六个连衣裙设计方案，设计师可以从这六个设计方案中选择一个，并将其插入 CALA 设计工作台做出进一步修改，从而形成更加完善的设计创意。

虽然 CALA 具有强大的生成设计功能，但它并非一键式设计平台，设计师需要具备相应的设计能力才能更好地挖掘并使用 CALA 的功能。

（2）结构设计

结构设计是指为了实现产品的性能而进行的产品内部构造的设计。AIGC 赋能产品结构设计常见的就是汽车零部件结构设计。

近年来，3D 打印技术已经大量应用于汽车制造行业。3D 打印是一种快速成型技术，又称增材制造，它是一种以数字模型文件为基础，运用粉末状金属或塑料等可粘合材料，通过逐层打印的方式来构造物体的技术。

随着人工智能技术的发展，3D 打印技术和 AIGC 技术相结合能够进一步提升汽车零部件的生产效率。汽车生产方可以运用 3D 打印技术打印出零部件模型，然后运用 AIGC 工具对该模型展开进一步的调整设计，AIGC 工具可以分析评估所有可能的设计方案，并根据计算结果推荐最佳设计方案，从而让汽车零部件更符合生产需求。

2. AIGC 赋能生产制造行业

目前，很多行业实施智能化升级，利用工业机器人实现自动化生产，从而大大提高了生产效率。工业机器人通常是由一些预设的程序来控制的，当生产活动发生变化时，往往需要人们为工业机器人编写新的程序。

目前，大部分工业机器人是采用空间定位控制手段来进行工作的，即通过预设程序实现一系列固定、重复性动作。对于特定环境下的自动化生产活动来说，这种控制手段能发挥很好的作用，但是一旦生产活动发生变化，机器人的运行就容易出现错误。例如，工件的位置发生变化，可能会导致机器人无法再准确抓取工件，后续的工作也无法进行。

虽然有人尝试为工业机器人增加视觉感知能力，让工业机器人通过视觉感知来自动识别工件的位置，进一步适应复杂的生产活动，但这种优化也仅适用于相对简单的场景。现在的生产制造过程对工业机器人能力的要求越来越高，工业机器人需要具备能够应对多样化生产活动的性能。

AIGC 技术的出现为生产制造行业带来了新的智能化改造思路，它能让工业机器人通过模型来学习如何更加灵活地工作，而不是仅仅依靠预设的程序来完成工作。

3. AIGC 赋能供应链管理

供应链是指生产及流通过程中，涉及将产品或服务提供给最终用户的上游与下游企业所形成的网链结构，即将产品从商家送到消费者手中的整个链条。

在传统的供应链管理中，通常由专门的管理人员或企业运用 ERP（企业资源计划）、WMS（仓储管理系统）等专业的信息化系统来实施供应链管理。但由于一些供应链管理人员经验有限，他们凭经验做出的判断很可能不准确，而一旦出现决策失误，就容易造成企业产生成本的浪费。虽然 ERP 和 WMS 能降低人的主观性失误，但这些系统只能忠实地记录数据，并不能为企业提供供应链管理意见。

在数字化浪潮下，一些大型企业开始在供应链管理中使用人工智能技术创建智能仓库，有效提高了管理效率，降低了管理成本。在智能化仓库中，AIGC 技术主要在需求预测、库存管理两个方面发挥重要作用。

（1）需求预测

供应链管理应该以市场需求为导向，而需求预测能在一定程度上反映市场需求，所以需求预测在供应链管理中占据着重要地位，是企业应该重点关注的环节。

传统的需求预测通常是依靠人的主观经验，或者是基础统计方法来实施的，这些方法工作量大、成本高，但预测的准确度却较低。人工智能基于海量数据进行需求预测，不仅能节省人力和资金成本，还能提高预测准确度。而 AIGC 技术能够更加准确、快速地赋能需求预测，即在不同销售地点、不同时间，对不同商品进行需求预测，从而降低需求预测的复杂度，进一步提高需求预测的准确度。

（2）库存管理

库存管理的主要内容是通过分析和建模对库存策略进行评估。有效的库存管理能使企业各方面的资源得以平衡利用，有效识别供应链中不确定因素导致的缺货、滞销风险。在库存管理中，人工智能尤其是 AIGC 技术可以通过算法和学习，在综合考虑商品历史销量、季节、促销等因素的基础上，对库存进行动态化的预测与管理，并根据市场变化趋势制定最优库存管理方案。

4. AIGC 赋能市场营销

随着 AIGC 技术的突破性发展，它在市场营销中的应用也越来越广泛。AIGC 技术凭借其强大的生成能力正在渗透品牌营销的各个环节，包括提升内容生产效率、优化内容传播效果、加强团队协作等。此外，AIGC技术推动了品牌与消费者沟通方式的变革，它能在消费者购物的不同阶段生成不同形式的内容，并通过对话的方式激发消费者对商品的兴趣，加深消费者对品牌的认知。

百度营销推出的营销产品品牌BOT是一款基于百度文心大模型的智能营销对话机器人，它旨在帮助品牌快速识别消费者的意图，并做出准确的回复。品牌BOT能够在消费者购物的整个过程中为消费者提供全面的信息服务和深度沟通，帮助品牌与消费者建立高效互动通道，推动品牌从传统营销方式转向人工智能营销方式，将"吆喝式"的营销转变为"生成式"的营销。

首先，在AIGC技术的加持下，品牌BOT能够根据消费者提出的问题直接生成答案，从而使消费者的疑问得到更全面的解答。在对话过程中，消费者接收的信息不再只是品牌想让他们知道的信息，还包括符合不同消费者个性化需求的信息。

以汽车行业为例，消费者在买车时，仅对一款车型就需要经过了解性能、了解并对比价格、查找门店、预约试驾、了解售后服务等复杂流程才会下单。在百度营销体系中，当消费者对某个汽车品牌和某款车型产生兴趣时，可以直接用语音在百度搜索中进行提问，品牌BOT会与消费者展开交互式的对话，帮助消费者了解各方面的信息。当消费者对某款车型表示出兴趣时，品牌BOT会为消费者提供与该款车型相关的详细的信息，如价格、保修政策等，同时为消费者提供最近门店的位置信息等，帮助消费者预约试驾，一步一步引导消费者做出购买决策。

其次，品牌BOT整合了百度的开屏广告、百度知道、百度数字人、百家号等多种产品，且支持品牌定制专属数字人形象，多样化的营销形式和可定制化的形象，让消费者获得了更有趣、更生动的互动体验，有效拉近了品牌与消费者的对话距离。

生成式营销能够让品牌拥有长期记忆能力，即让品牌对消费者的搜索历史和对话历史保持长期的记忆，从而为消费者提供一对一的长期线上咨询服务。总之，在AIGC赋能下，营销将会更好地实现千人千面。

二、ChatGPT，生成式人工智能的典型

2022年11月30日，OpenAI公司发布ChatGPT，随后ChatGPT迅速引起了人们的广泛讨论，其发布仅仅5天，注册用户数量就超过了100万户，2023年1月，

ChatGPT 推出仅 2 个月，其月活用户已经突破 1 亿人次，成为史上用户数量增长速度最快的消费级应用程序。

（一）ChatGPT 是什么

ChatGPT 是一款基于自然语言处理技术的人工智能应用程序，它具有极高的自然语言处理能力，基于深度学习技术，它能使用预训练语言模型生成与人类类似的对话文本，甚至能写邮件、写视频脚本、写文案、写代码、写论文等。

作为一个由人工智能训练的语言模型，ChatGPT 的优势主要表现在以下四个方面。

- 知识储备大：ChatGPT 经过大量预训练，拥有大量知识储备，能回答多种类型的问题。

- 回答速度快：ChatGPT 可以快速回答用户提出的问题，无须用户再花费大量的时间去研究问题。

- 自然语言处理能力强：ChatGPT 具备很强的自然语言处理能力，能对人类语言中的复杂概念做出比较准确的理解。

- 生成文本速度快：ChatGPT 可以快速生成文本，帮助人们提高工作效率。

基于以上优势，ChatGPT 可以帮助人们完成以下工作。

- 解答问题：帮助人们解答关于历史、技术、文化、科学、娱乐等方面的问题。

- 生成文本：生成故事、诗歌、论文、新闻稿件等各种类型的文本。

- 分析数据：分析各种数据并生成相应的数据分析报告。

- 完成自动化任务：帮助人们完成多种自动化任务，如提取信息、收集数据等。

ChatGPT 的出现反映出了人工智能发展的新趋势，即人工智能正在从感知智能向认知智能快速发展。

（二）ChatGPT 的核心技术

对于 ChatGPT 的核心技术，我们可以从其训练模式和模型架构两个方面来理解。

1. ChatGPT 的训练模式

ChatGPT 是在 GPT3.5 架构上开发的，OpenAI 公司微调了 GPT3.5 系列中的一个模型，然后采用人类反馈强化学习的方法对微调后的模型进行训练，并优化数据收集设置。简单来说，OpenAI 公司主要是通过大量自然语言文本数据来对 ChatGPT 进行训练的。

具体来说，ChatGPT 的模型训练模式主要包括以下三个步骤。

第一步：构建初始模型

基于 ChatGPT 从其他模型中微调训练一个初始模型。在构建初始模型前，需要收集大量自然语言文本数据，包括真实的人与人之间的对话数据和由人工编写的对话语料数据。OpenAI 公司构建 ChatGPT 的初始模型时收集的是真实的人与人之间的对话数据，即 OpenAI 请来一些标注人员，由这些人员分别扮演用户和聊天机器人进行对话，从而产生一定数量的带有人工标注的对话数据。虽然这些对话数据的数据量不是很大，但这些数据带有标注，且内容多样化、对话的质量较高，更重要的是这些数据都来自真实世界，因此它们极具参考价值。

第二步：对初始模型进行迭代优化

这一步是根据收集到的对话数据进行训练，运用机器学习算法构建模型，并对其进行不断优化，使模型能更好地模拟人类语言交流。

模型随机抽取一定数量的提示，用从其他模型中微调的那个模型产生不同的回答，标注人员对这些回答进行排序，并根据个人对回答完成度的评价形成训练数据对，然后使用 Pairwise Loss 函数训练奖励模型对模型参数进行优化，从而使模型能预测出标注人员更喜欢的输出内容，奖励模型会在不断地对比中给出比较精确的奖励值。通过这一步的操作，可以使 ChatGPT 由按照命令运行向按照自己的意图运行进行转变。

第三步：多次迭代

这一步是使用 PPO 算法对第一步的模型进行微调，随机抽取新的提示，然后用第二步训练的奖励模型对第一步微调后的模型所产生的回答进行打分。通过分数回传对模型的参数进行更新，可以让整个过程实现多次迭代，直到模型收敛。

在训练模型的过程中，ChatGPT 会在不断学习用户沟通习惯和语言表达方式的基础上构建对话模型。此外，ChatGPT 还会根据沟通语境、场景的不同来调整对话策略，以便更好地回答用户提出的问题。

完成模型训练后，ChatGPT 就能非常智能化地与用户进行对话了，它能自动理解用户的表达方式、沟通习惯，从用户的需求出发为用户提供信息和服务。

2. ChatGPT 的架构

ChatGPT 的架构包括三个模块，即自然语言处理模块、知识库模块、学习模块。这三个模块各自具有不同的地位，并发挥不同的作用，具体如表 3-15 所示。

表 3-15 自然语言处理模块、知识库模块、学习模块的地位和作用

模块名称	地位	作用
自然语言处理模块	相当于中央处理器,是 ChatGPT 的核心部分,决定了 ChatGPT 针对用户的提问所生成的答案是否正确	对用户输出的语言做出准确、深入的理解,并在分析沟通语境和场景的基础上判断用户的实际需求,从而生成能够对用户做出合理回答的内容
知识库模块	相当于存储器,是 ChatGPT 的辅助部分	存储各类知识、信息,包括各个领域的专业知识、日常生活常识、新闻资讯、娱乐信息等
学习模块	ChatGPT 的重要组成部分	持续不断地学习用户的沟通习惯和语言表达方式,并在此基础上构建对话模型,不断提高自身的对话能力

在 ChatGPT 的整个架构中,自然语言处理模块、知识库模块、学习模块各有分工,并相互配合,让 ChatGPT 具有了精准理解自然语言的能力、丰富的知识储备和强大的不间断学习的能力,从而让 ChatGPT 能够为用户提供高效、便捷的服务。

(三)ChatGPT 的主要应用场景

ChatGPT 是一个功能强大的人工智能助手,它具有十分广泛的应用场景。目前,ChatGPT 的主要应用场景有以下三种。

1. 聊天机器人

作为一种基于自然语言处理的智能对话模型,ChatGPT 可以采用类似人类对话的方式,为人们提供各种信息。因此,聊天机器人是 ChatGPT 最主要的应用场景,只要是机器与人对话的场景,ChatGPT 就能发挥作用,如表 3-16 所示。

表 3-16 ChatGPT 在聊天机器人场景中的应用体现

应用体现	具体说明
智能客服	ChatGPT 通过自主生成的文本回答并解决用户提出的问题,记录用户的信息和需求偏好,为用户推荐符合其需求的产品
教育辅助	与学生进行知识问答,帮助学生高效复习,辅导学生作业,根据学生具体的学习情况和需求生成个性化的学习计划,并向学生推荐合适的学习资料
医疗咨询	根据用户输入的症状、对疾病的描述,为用户提供指导和建议,让用户更好地了解和管理自己的健康问题

2. 编写、调试程序

ChatGPT 可以为程序员编写、调试程序提供参考意见,提高程序员的工作效率。这种应用场景主要体现在六个方面,如表 3-17 所示。

表 3-17　ChatGPT 在编写、调试程序中的应用体现

应用体现	具体说明
解释代码	程序员将代码输入 ChatGPT，然后询问相关问题，ChatGPT 就能说明代码定义的函数，代码被调用时发送的命令和请求，代码被调用时做出的反馈操作
添加注释	为代码逐行添加注释
编写代码	帮助程序员按照规定的样式编写代码
改进和简化代码	根据程序员的描述，对已有代码进行改进或简化
审查代码	检查代码中的错误并修改错误
探索最优解	帮助程序员寻找能更好地实现代码性能的最优解

3. 生成文本

ChatGPT 可用于生成各种类型的文本，目前这种应用场景主要体现在五个方面，如表 3-18 所示。

表 3-18　ChatGPT 在生成文本中的应用体现

应用体现	具体说明
提炼信息	从篇幅较长的文本中提取精炼的信息，让文本所体现的观点更加清晰，从而帮助用户快速阅读并理解文本内容
撰写报告	帮助用户撰写报告文献综述、拟定报告标题、撰写报告框架、润色报告内容、提取报告内容摘要
撰写文章	根据用户提供的主题或关键词生成文章或段落，如广告文案、新闻稿件
创作文学作品	生成小说、故事、诗歌，为用户提供创作灵感
生成视频脚本	帮助用户生成短视频脚本、广告宣发脚本

ChatGPT 的应用场景不限于以上介绍的几种，随着人工智能在算力、数据、算法等方面的不断进步，ChatGPT 也会不断迭代，从而更好地为人们提供更丰富的服务，并在更多领域或行业得以应用。

任何工具都有利有弊，ChatGPT 也不例外。ChatGPT 在具体应用中也存在一些局限和弊端：有时缺乏上下文理解，从而导致问题回答得不够准确，甚至存在胡诌的情况，用户需要对答案进行判断；ChatGPT 不具备情感体验，有时不能对人们的情绪和意图做出准确的理解；ChatGPT 是基于大量已有数据训练的，所以它给出的回复可能会受到数据中偏见的影响；ChatGPT 可能会生成与已经存在的作品相似的内容，所以使用 ChatGPT 生成的内容存在侵犯原创作者版权的风险。面对 ChatGPT 呈现出的双面性，人们需要做的是学会如何合理地使用它，推进人工智能的发展，仍然任

重而道远。

（四）ChatGPT未来产业化的方向

任何工具想要获得盈利就需要投入市场，结合ChatGPT的优势与功能，ChatGPT的产业化方向主要集中在普通消费者市场和企业市场。

在普通消费者市场，ChatGPT可以被应用于各种消费者级别的产品和服务中。例如，它可以作为智能助手被装入智能手机、智能手表、智能音响等智能化设备中，为用户提供个性化的语音交互和服务；还可以被嵌入各种社交媒体平台中，为用户提供智能化的聊天和信息推荐服务。

在企业市场，ChatGPT可以被应用于各种企业级别的产品和服务中。例如，它可以用来构建智能助手、客服机器人、智能问答系统等，或者被嵌入企业的客户服务系统中，帮助企业为客户提供智能化的在线客户服务，从而提高客户的消费体验；还可以被用于企业开展市场调研和数据分析，收集并分析客户对话，从中获得客户反馈和意见，为企业制定运营策略提供参考。

此外，ChatGPT在图像生成、代码开发等领域也有着广阔的产业化前景。

第四章

人工智能＋医疗——人工智能助力打造智慧医疗

　　近年来，由于不断探索发展人工智能技术的相关应用，医疗行业正逐步迈入智慧医疗阶段。智慧医疗是指通过运用人工智能技术，以大数据为依据，为医生和患者提供系统化、精准化的医疗服务。如今，人工智能技术已经在医疗健康领域得到了较为广泛的应用。根据应用场景来分，相关应用主要包括医学影像、虚拟助理、生物技术、药物挖掘、健康管理、风险管理、可穿戴设备等多个领域。医疗领域对人工智能技术的应用使诊疗模式、数据处理方式、前瞻性健康管理等各个方面发生了巨大变革，促进了现代医疗智慧、精准和高效地发展。

一、中国人工智能医疗发展历程

　　人工智能医疗是通过打造健康档案区域医疗信息平台，利用先进的物联网（IoT）技术，实现患者与医务人员、医疗机构、医疗设备之间的互动，逐步达到信息化。

　　表 4-1 显示了我国人工智能医疗的发展历程。

表 4-1　我国人工智能医疗的发展历程

发展阶段	医疗数据发展特点	人工智能医疗行业发展特点
萌芽阶段（1978—2015 年）	◆ 各部门、各医院的数据比较孤立，数据管理有待展开，人工智能技术很少应用于临床 ◆ 人工智能医疗产品主要为辅助医生进行诊疗的程序，人工智能技术很少应用于临床	人工智能医疗行业刚刚萌芽

发展阶段	医疗数据发展特点	人工智能医疗行业发展特点
起步阶段（2016—2021 年）	◆ 初步开始医疗数据建设，建立了一些疾病标准数据，基于深度学习的感知智能应用兴起 ◆ 开展医疗大数据建设，升级医疗信息系统 ◆ 基于深度学习的影像应用发展较快，建立了眼底与肺部影像的标准数据	人工智能医疗行业的商业模式处于初步探索阶段，尚未形成可行性模式
探索阶段（2022 年至今）	◆ 进一步开展医疗数据互联互通建设 ◆ 医院内部各科室之间、医院与医院之间、医院与当地国家卫生健康委员会之间的数据建设由改造信息系统转向数据治理阶段 ◆ 影像应用向疾病诊疗领域拓展	◆ 个别赛道竞争加剧 ◆ 可行性差的商业模式被淘汰

我国在 20 世纪 80 年代初开始研究人工智能，尽管起步的时间比发达国家晚，但发展十分迅速。早在 1978 年，北京中医医院关幼波教授就与计算机科学领域的专家合作开发了"关幼波肝病诊疗程序"，这是我国传统中医领域第一次应用医学专家系统。

在诊疗方面，具有代表性的人工智能产品应用包括"林如高骨伤计算机诊疗系统""中国中医治疗专家系统"和具有咨询与辅助诊断性质的"中医计算机辅助诊疗系统"等。进入 21 世纪以后，医疗人工智能在更多领域取得了长足发展。

百度一直走在人工智能医疗的前沿，其打造了百度医疗大脑、百度健康、灵医智惠等人工智能医疗产品。随着 ChatGPT 爆火带来的技术浪潮，百度也及时入场，想要迅速抓住这次难得的机遇，增加自己在医疗领域的筹码。百度成功并购中国医疗信息数据提供商 GBI，获得了 GBI 的海量药械数据。此外，百度将文心一言全面接入百度大健康事业群，百度健康、灵医智惠、GBI Health 等与文心一言深度融合后，百度大健康事业群将打造出一个面向医疗行业的人工智能应用模型。

腾讯以微信的大量数据作为依托，对医疗人工智能开展探索。例如，腾讯与中山肿瘤南山医院开展合作，在广东汕头地区试点食管癌早期筛查系统。通过人工智能图片处理，腾讯帮助医生开展食管癌前期筛查，这项活动不仅提升了医疗机构的医疗能力，还大大减少了人工成本。腾讯的人工智能实验室还与卓建、医联两家公司展开合作，开发复诊系统。

阿里健康是阿里巴巴集团整合线上、线下医药和健康行业资源，提供一站式医疗解决方案的旗舰平台。在数字化医疗服务领域，由阿里健康联合熙牛医疗科技

（浙江）有限公司共同打造的"未来医院"信息系统成功助力浙江大学医学院附属第一医院旗下的四个临床院区核心信息系统全部搬迁上"云"，各院区的信息互联互通，大幅度提升了医院的运营效率和质量。患者不用再完全按照传统的流程就医看病，整个就医流程都可以实现智能化诊疗。2020年11月，双方合作的全国首个县域"云上医共体"在浙江省台州市天台县上线。天台县120家医疗机构实现了"一家人、一本账、一盘棋"，全面打通、统一调配医共体内所有医疗资源。

医疗行业不断融入的人工智能和传感技术等高科技手段，医疗服务不断突显的智能化特征，推动了我国医疗事业的蓬勃发展。

二、智能医疗的应用场景

智能医疗的应用场景包括洞察与风险管理、医学研究、医学影像与诊断、生活方式管理与监督、精神健康、护理、急救室与医院管理、药物挖掘、虚拟助理、可穿戴设备等。从当前人工智能在医疗领域的应用来看，其研究主要集中在以下五个方面。

（一）虚拟助理

总体来说，医疗领域的虚拟助理和一般的虚拟助理具有相同的任务目标，即通过人机对话来解决问题。但细究起来，其中还是存在不少区别的。

医疗虚拟助理是利用语音识别、自然语言处理技术，将患者描述的症状与标准医学知识库进行对比，从而完成患者自诊、导诊、咨询等服务的信息系统。

一般的虚拟助理在与用户对话时，用户可以自由表达，而虚拟助理可以自主地理解用户的真实意图，只不过理解能力还需要进一步加强。但是，当用户与医疗虚拟助理对话时，如果大多数用户说不出标准的医学术语，说出来的话无法与标准医学知识库进行对比，就无法让医疗虚拟助理得出结论。因此，医疗虚拟助理往往采用选择题的方式与用户沟通，了解用户存在的问题并分诊，这样才能与标准医学知识库进行对比，从而得出结论。

（二）医疗影像识别

医疗影像识别是将人工智能技术应用在医疗影像诊断上。人工智能在医疗影像诊断上的应用主要分为两个方面：一是图像识别，属于感知环节，主要用于分析影像，收集有意义的信息；二是深度学习，属于学习和分析环节，在这一环节主要运用大量影像数据和诊断数据来不断训练神经元网络进行深度学习，提升其诊断能力。

其中，图像识别市场分类多、空间大，人工智能技术在医学图像处理中的应用十分广泛，涉及医学图像分割、图像配准、图像融合、图像压缩、图像重建等多个领域。医疗影像识别按照应用领域，可以分为放射类、放疗类、手术类及病理类影像识别。

1. 放射类

医疗影像识别通过射线成像了解人体内部的病变情况，对该影像进行智能识别，其目的在于标注病灶位置。

2. 放疗类

医生要通过成像设备定位靶区，形成医学影像，这样做是为了自动勾画靶区位置，然后才能制定放疗方案。因为放疗会杀死细胞，所以病变区域越精确越好，这就对医疗影像识别的准确率提出了非常高的要求。

3. 手术类

医疗影像识别通过 3D 可视化等技术对 CT 等影像实施三维重建，以协助医生在手术前做好规划，从而保证手术精确无误。

4. 病理类

病理诊断可以进行最终确诊，MRI、CT、B 超等影像诊断的准确性要结合病理诊断的结果做综合分析和判断。以前医生在检验病历时是通过显微镜直接读取病历涂片的，而现在借助数字化病理系统，人工智能读取病历涂片也具备了可行性。

（三）智能药物研发

智能药物研发是指在药物研究中应用深度学习技术，通过大数据分析等手段快速、准确地挖掘和筛选出合适的化合物或生物，从而缩短新药的研发周期，降低新药的研发成本，提高新药研发的成功率。

人工智能通过计算机模拟，可以预测药物活性、安全性和副作用。通过进行深度学习训练，人工智能已在心血管药、抗肿瘤药和常见传染病治疗药研发等多个领域取得了很大的进展。例如，智能药物研发在抗击埃博拉病毒中作用显著。

以往的药物研发总是耗费大量的人力、物力，研发时间很长，但成功率非常低。药物研发是一个漫长的工程，要经历靶点的发现与验证、先导化合物的发现与优化、候选化合物的挑选及开发、临床研究等多个阶段。

根据 Tufts 药物研发中心的统计，研发每个新药大概需要花费 25.58 亿美元，研发时间长达 10 年，其中有 6 ～ 7 年都是临床试验阶段，且只有 12% 的药物可以通过临床验证。人工智能将深度学习模型应用于药物临床前研究，能够达到加速药物研发过程、降低人力和物力成本、提高药物研发成功率的目的。

人工智能可以参与到药物研发的不同环节中。在设计和筛选新型药物时，已知的靶点是完成这一工作的基础，所以筛选药物靶点就成为药物研发的一个重要过程。靶点筛选是否能够成功，会对后期药物的相关研究产生直接影响，所以许多研究人员想方设法来提高靶点的筛选效率。

靶点筛选是目前发现新药的瓶颈和核心，通过搭建算法模型，利用大规模的算力可以将市面上已曝光的药物及人身上的 1 万多个靶点进行交叉研究及匹配；在药物挖掘过程中，已尝试利用深度学习开发虚拟筛选技术以取代高通量筛选，或者利用人工智能图像识别技术优化筛选过程；在药物优化阶段，借助人工智能能够以直观的方式定性推测生理活性物质结构与活性的关系，进一步提升药物构效关系分析的速度，快速挑选最具安全性的化合物。

除了以上环节，服药依从性管理、患者识别与招募、药物晶体预测等环节均能利用人工智能技术缩短时间，安全、高效地达到目的。

（四）智能健康管理

智能健康管理是将人工智能技术应用到健康管理的具体场景中，目前主要集中在风险识别、虚拟护士、精神健康、移动医疗、健康干预及基于精准医学的健康管理方面。

1. 风险识别

获取用户的健康信息，并运用人工智能技术进行分析，检测到用户是否有患病风险，并提出降低患病风险的措施。

2. 虚拟护士

利用人工智能技术分析患者的锻炼周期、饮食和用药习惯等生活数据，据此判断病人的健康状况，以协助患者做好生活规划。

3. 精神健康

利用人工智能技术分析语言、表情、声音等数据，以识别人的情感状态。

4. 移动医疗

运用人工智能技术提供远程医疗服务。

5. 健康干预

运用人工智能技术分析用户体征数据，并以此制订健康管理计划。

由于健康管理注重预防和调养，实行个性化管理，因此健康管理日趋成为预防医学的主要组成部分。受益于互联网的不断发展，大数据在 POCT（point-of-care testing，即时检验）设备、个人病历、手机 App、各类健康智能设备等媒介中大量出现，我国储存了大量的医疗健康数据，假如可以对其进行合理的分析，获得的数据在一定程度上可以起到控制疾病发生的作用。

人工智能技术可以从健康数据中挖掘出更多的价值，这是健康管理的一个发展趋势，该行业的创业公司可以在大数据算法和人工智能领域投入研发精力。

健康管理产业的各个环节都十分需要新的数据处理技术：医疗健康险的盈利需要以良好的险种制定和保险控费为前提，所以健康管理企业需要提供人群健康的大数据；健康管理公司需要对体检机构得出的结果做细化的数据分析和纵向历史对比；病种管理则更是需要以数据分析为基础，设计科学的管理流程。

（五）医疗机器人

机器人技术在医疗领域应用广泛：医生可以使用智能假肢、外骨骼和辅助设备等技术修复病人的受损身体，可以添置医疗保健机器人，在医护人员工作时提供辅助。目前，实践中的医疗机器人主要集中在以下两个方面。

（1）智能外骨骼——这是一种可以读取人体神经信号的可穿戴型机器人。

（2）具备手术或医疗保健功能的机器人，IBM 开发的达·芬奇手术系统是这一方面的典型代表。

对医疗机器人研发生产的支持一直是有关部门关注的重点，《"十四五"医疗装备产业发展规划》《"十四五"机器人产业发展规划》等均对医疗机器人行业的发展做出了明确的规划与指导，医疗机器人行业发展前景广阔。

三、人工智能在医疗领域应用的典型案例

从全球创业公司的实践情况来看，"人工智能＋医疗"的具体应用包括洞察与风

险管理、医学研究、医学影像与诊断等诸多方向，但其实际应用领域主要集中在以下几个方面。

（一）智能外骨骼：助力运动康复

俄罗斯 ExoAtlet 公司生产了两款"智能外骨骼"产品，分别为 ExoAtlet I 与 ExoAtletPro。ExoAtlet I 的应用场景主要集中在家庭，它可以在生活中帮助下半身瘫痪的患者。只要患者的上肢基本健全，使用这款产品就可以行走、爬楼梯，或做出特殊的训练动作。ExoAtletPro 的应用场景主要集中在医院，它不仅具有 ExoAtlet I 的功能，还增加了更多医疗功能，如测量脉搏、电刺激、设定既定的行走模式等。

日本厚生劳动省已经正式将"机器人服"和"医疗用混合型辅助肢"列为医疗器械，在其国内销售，以改善肌萎缩侧索硬化症、肌肉萎缩症等疾病患者的步行机能。

（二）医学大模型：多形式赋能医疗行业

灵医 Bot 是百度灵医智惠推出的医疗行业大模型应用，其基于文心大模型能力，融合全国几百家医院和上千家基层诊疗机构的智慧医疗服务经验，为医疗场景人工智能应用带来全新服务体验。

在医院管理和医生服务方面，灵医 Bot 可提供文献速览、辅助诊疗、行业洞察等服务；在患者管理和教育方面，灵医 Bot 在诊前、诊中、诊后实现双向贯穿，可以为患者提供智能分导诊、预问诊、用药咨询等服务，为医生提供健康宣教、医患对话病历生成、复诊续方及随访管理等服务。

（三）人工智能健康管理专家：让人们进行前瞻性健康管理

当聚焦于辅助诊断的人工智能产品仍在医院场景求出路时，"人工智能＋健康"管理模式似乎已经找到了一条更广阔的路径。人工智能健康管理模式的具体应用主要有以下几个方面。

1. 风险识别

风险预测分析公司 Lumiata 通过其核心产品——风险矩阵（Risk Matrix），在获取大量的健康计划成员或患者电子病历和病理生理学等数据的基础上，为用户绘制患病风险随时间变化的图形，并利用 Medical Graph 图谱分析迅速而有针对性地对病人做出诊断，从而将分诊时间缩短了 30% ~ 40%。

2. 精神健康

美国 Ginger.io 公司在 2011 年开发的分析平台可以通过分析用户智能手机数据来发现用户精神健康的微弱变化，据此推测用户的生活习惯是否发生改变，并根据用户习惯主动提问。当情况发生变化时，平台会向用户身边的亲友甚至医生推送报告。

Affectiva 公司开发了情绪识别技术，利用网络摄像头接收人们的表情信息，据此分析、判断人的情绪状况。

3. 移动医疗

Babylon Health 公司开发的在线就诊系统，能够根据用户病史与用户说出的症状做出初步诊断，并提出具体的应对措施。

AiCure 是一家做智能健康服务 App 的公司，其产品可以提醒用户按时用药。它采用的技术是移动技术和面部识别技术，可以通过这两项技术判断患者是否按时服药，再通过 App 获取患者数据，用自动算法识别药物和药物摄取。

4. 健康干预

Welltok 公司与可穿戴设备公司 MapMyFitness 和 FitBit 开展合作，后两者向其提供用户体征数据，而 Welltok 公司通过旗下的 CaféWell 健康优化平台，运用人工智能技术分析这些用户体征数据，并根据每个用户的情况对其生活习惯进行干预，为其制订预防性健康管理计划。

（四）人工智能影像筛查：高精度诊断糖网病

糖尿病性视网膜病变，简称糖网病，是常见的视网膜血管病变，也是糖尿病患者的主要致盲眼病。中国的 2 型糖尿病患者数量位居世界首位。随着糖尿病患者越来越多，糖尿病性视网膜病变的发生率和致盲率也逐渐攀升，该病症是目前人类第一位的致盲性疾病。循证医学研究证明，高血糖、高血压、高血脂是糖尿病性视网膜病变发生的重要危险因素。

糖网病可以预防，只要及时发现病情，并进行合理的治疗和健康管理，治愈率高达 95%。人工智能利用深度学习技术发挥出卓越性能，改变了医学影像和诊断行业的规则。2018 年 4 月，美国 FDA 批准了首款使用人工智能检测糖尿病患者轻微视网膜病变的医疗设备——IDx-DR，成为人工智能应用于医疗诊断的一个重要里程碑。

IDx-DR 设备是由 LDx-LLC 集团生产的首个可以上市销售的医疗设备。它可以提供筛查结果，不需要临床医生对图像进行解释。因此，非眼科专家也能够轻而易举地使用该设备。

首先，医生用 IDx-DR 软件将患者的视网膜数字图像上传到云服务器；然后，IDx-DR 对这些视网膜图像进行分析。只要图像质量符合要求，该软件就会为医生提供以下两个结果中的一个：一是"轻度以上糖尿病性视网膜病变，要进一步咨询眼科专业医师意见"；二是"阴性或轻度以上糖尿病性视网膜病变，要在 12 个月后重新筛选"。

（五）虚拟助理：病人与护士的双赢

Next IT 公司开发了一款 App——慢性病患者虚拟助理 Alme Health Coach，这款虚拟助理产品是专为特定疾病、药物和治疗设计配置的。它可以通过绑定用户的闹钟来触发"睡得怎么样"等问题，还能按时提示用户服药。

这款产品的设计思路是通过收集医生可用的可行动化数据来提高与病人对接的效率。该款 App 主要用于慢性病患者的健康管理，通过对可穿戴设备、智能手机、电子病历等多渠道的数据进行综合分析来评估病人的病情，然后有针对性地提供相应的健康管理方案。

四、智能医疗行业未来发展趋势

智能医疗是信息技术与医疗技术的深度整合，涉及医药公司、医院、医务人员、患者等各个环节。智能医疗发挥了数据科技和机器人技术的高效性和准确性，在服务优化、技术发展、成本控制等方面具有十分深远的意义，它缓解了老龄化社会和医疗资源有限的压力，符合精准医疗、个性化医疗的发展趋势，是人工智能发展最快、规模最大的领域之一。

（一）统一标准，推动人工智能与医疗深度融合

2020 年 7 月 27 日，国家标准化管理委员会、中央网信办、国家发展改革委、科技部、工业和信息化部联合印发《国家新一代人工智能标准体系建设指南》，明确要建设智能医疗行业应用标准，在智能医疗行业，围绕医疗数据、医疗诊断、医疗服务、医疗监管等，重点规范人工智能医疗应用在数据获取、数据隐身管理等方面内容，包括医疗数据特征表示、人工智能医疗质量评估等标准；重点开展医疗数据监

测与获取、医疗数据隐私与数据交换、医疗数据标注、医疗数据特征识别、医疗数据噪声识别与质量评价、医疗辅助诊断与风险评估诊断、医疗监管智能化等标准制定工作。

1. 人工智能＋辅助医疗

在医生开展诊疗时，往往会涉及各个方面的复杂因素，只有将人工智能与医疗深度融合，综合判断患者的各项信息，才能找到最适合患者的治疗对策。人工智能的使用可以极大地减少医生的工作量，使其摆脱烦琐、费力的工作，将主要精力放在核心业务上，从而快速提高自己的诊疗能力。

具体来说，人工智能在医疗领域的应用，如语音识别和电子病历等，能使医生不陷入繁重的病例记录工作中，同时可以通过人工智能使传统病历和患者病情描述这些非结构化数据转变为结构化数据，为大数据分析奠定基础。该领域发展领先的公司，国际上有 Nuance、飞利浦等，我国有百度、科大讯飞等。

人工智能在影像学辅助诊断方面有着更为显著的作用。医学影像是医生进行诊断最重要的依据，同时也存在海量的数据。人工智能则能够利用大数据分析能力，通过分析海量数据建立模型，帮助医生进行准确诊断。

2. 人工智能＋疾病管理

慢性病是我国乃至世界面临的重大医疗难题之一，糖尿病、帕金森病、阿兹海默症等慢性病的早期发病症状不太明显，很难被察觉，而在晚期确诊后往往需要大量的人力、物力来照料与护理患者，同时患者的身体健康和生活质量也会呈断崖式下降。

慢性病管理主要体现在患者自身的管理和医生定期的管理上。大量实践结果证明，患者自身管理的效果并不太好；尽管各国在慢性病管理控制方面早已对医生定期管理达成基本共识，但也存在医生数量太少，无法进行实时监控的问题，这就导致医生很难对患者做出合理的治疗决策。无数医务工作者都对慢性病的管理和预测无计可施，毫无对策，但这种局面在人工智能进军医学领域后逐渐被打破。

在可穿戴设备中植入医疗数据实时监控系统，使人工智能辅助进行慢性病管理成为可能。而针对慢性病明确的指标体系和相应的工具，则为人工智能的介入创造了有效的决策模型。这种介入既包括软性的介入，如行为提醒、用药提醒、风险提示等；也包括硬性的介入，如直接给药和治疗。

3. 人工智能＋监管控费

医疗费用的不可持续增长已成为世界性问题，甚至已经严重影响到整体经济的健康运行。基于大数据的人工智能可以在患者出现疾病症状之前就提供医疗服务，从而重新定义了医疗服务的价值及其支付机制：从以治疗疾病为核心的支付模式过渡到以疾病有效管理和患者健康效果为核心的支付模式。

要想成功实现转化目标，医疗服务提供者就要掌握其所服务患者的多种数据信息，如历史诊疗数据、基因数据、行为数据、流行病数据等，然后通过大数据分析判断其所服务人群的主要健康风险和疾病诱因，进而通过疾病发生之前的有效健康管理来预防疾病的发生。

患者出院后，医疗机构还可以通过监控其日常数据来了解患者的疾病情况，并及时介入，尽最大努力防止患者再次生病入院。

在治疗方面，现有的药品、器械和耗材的定价大多数取决于生产机构自身开展的临床试验和药物经济学数据，引入大数据和人工智能则能对医保的准入进行更加科学的分析和判断，同时通过在治疗过程中对患者数据进行分析，可以对药品的有效性进行更加科学的大数据评估。

与此同时，人工智能通过对海量的患者病历、处方信息、医学影像、药品信息和药品使用过程中的反馈信息进行有效的信息分析和整合，进而形成用药效果的系统性分析。这种结论既可以对医生处方行为进行有效的辅助，同时也可以应用到医保智能审核的系统流程中，对临床合理用药进行有效管理。

4. 人工智能＋药品研发

药品研发是医药工业中的核心竞争力之一，而我国医药工业在全球市场竞争中并不占优势。近几年，全球创新药物研发的效率不及预期，通过高额投入来研发新药的模式不再奏效，人工智能技术的应用可以提高早期筛选药物的成功率，从而极大降低研发新药的成本。

虽然"人工智能＋药品研发"的发展形势不断向好，但是我们也要看到，通过人工智能技术推动药品研发获得重大突破依然任重道远。一方面，人工智能技术需要不断升级；另一方面，人工智能药品研发的标准化建设以及相关法规正在不断完善之中。

（二）推进医疗影像应用的重点突破

对于"人工智能＋医疗影像"的未来发展，香港中文大学博士陈浩表示："人工智能的前身就是计算机辅助分析，它的两项核心是病灶检测和定量分析，它能够减轻医生的负担，提高工作效率，减少错误发生，辅助影像诊断，实现患者最终获益。"

1. 医学影像人工智能辅助诊断系统

该诊断系统分三个方向：放射辅助诊断系统、放疗辅助诊断系统、人工智能病理辅助诊断系统。其中，放疗归属于放射方向，因此该系统主要有两大方向，即放射辅助诊断和病理辅助诊断系统，通过对病理影像的处理，如病灶的标注、定性判断、定量测量、三维建模等来辅助医生。

2. 构建远程诊断平台

通过这个平台，模块化的工具能够使医生和专家紧密结合，从而为全国各级医院的患者提供远程医疗服务。

3. 与 PACS（医学影像储存和传输系统）厂商、影像设备厂商以及第三方平台合作

建设相关平台，建设医学影像运算中心和大数据中心。通过建设医学影像运算中心，之前一个月才能得出的结果，现在半天就能得出。

目前，人工智能医疗影像面临的挑战包括数据质量、临床嵌入、贴近临床使用及泛化能力。对于算法或公司的研发人员来说，不同的医院、不同的厂商、不同的设备扫描出的图像泛化能力究竟如何，这是目前研究得最多的。同时，技术设备维护要简单，符合医生的实际需要及其使用习惯。

（三）提升传统医疗器械服务水平

现在医院的医疗水平日益提高，医疗设备与器械更新换代的速度也很快，各项功能变得越来越完善，已经实现了智能化、功能化。由于医疗器械属于医疗系统的基础设施构成部分，因此其对于全面的智能化医疗服务具有极其重要的意义。

1. 行业并购整合与平台化

医疗器械行业有众多细分领域，但行业增长很容易触顶，很多细分市场的规模只有几十亿，平台化发展将是主流。罗氏、美敦力等国际巨头公司均通过并购壮大，国内的医械类公司并购案例也在大幅增加，从同类产品并购、产业链并购到平台化收购，行业整合大潮已经到来，新的龙头企业将不断产生。

2. 由器械产品向服务延伸

未来要应用"产品＋服务"的商业模式，单纯的生产销售企业以后将很难生存，

只有不断提供更优质的服务才能发展壮大。

3. 产品单点创新与突破

通过单点创新推动器械公司占领细分市场。以二代测序仪的鼻祖 Solexa 为例，其在 1998 年就开始专注于可逆测序技术，2007 年被 Illumina 公司以 6 亿美元收购，至今仍是全球测序仪占比最高的公司。

4. 医疗器械的智能互联网化

未来医疗器械服务将向大数据平台和智能设备（包括可穿戴设备和医疗机器人）的方向发展。医疗器械制造企业拓展医疗信息化、健康大数据、慢性病管理平台将是未来的大趋势。

在 IT 和互联网的推动下，人工智能在医疗领域的应用正在逐步走入正轨。全球医疗器械行业是多学科交叉、知识密集、资金密集型的高技术产业，它综合了各种高新技术成果，将传统工业与生物医学工程、电子信息技术和现代医学影像技术等高新技术相结合，具有高壁垒、高集中度的特点，是体现国家制造业和高科技发展水平的标准之一。

随着人工智能技术的不断进步，其将应用到更多的医疗应用场景中，在预防、诊断和治疗各种疾病方面发挥更大的作用。虽然还有很多问题等待解决，但这不会成为发展的瓶颈，而是未来的主攻方向。

总之，人工智能激发了智慧医疗产业的活力，进一步优化了医疗产业链，使医疗行业效率、层次更高。医疗智能化时代将全面开启。

第五章

人工智能＋生活——科技赋予房子以"生命"

近年来，得益于人工智能技术的不断发展，智能家居产业发展迅速，产业生态逐步完善，智能家居市场发展如火如荼。传统家电企业与互联网、科技巨头竞相布局，创新型企业不断涌现，各方展开了十分激烈的竞争，美好的智慧新生活已经成为可能。

一、智能家居发展现状

智能家居是以住宅为载体，融合自动控制技术、计算机技术、物联网技术，将家电控制、环境监控、信息管理、影像音乐等功能有机结合，通过对家居设备的集中管理，提供更具有便捷性、舒适性、安全性、节能性的家庭生活环境。智能家居不单指某一独立产品，而是指一个广泛的系统性的产品概念。

2014 年，谷歌以 32 亿美元收购 Nest，引爆了全球智能家居产业；同年，美国 CES（国际消费类电子产品展览会）上韩国的三星和 LG 也推出了各自的智能家居平台。

国际智能家居热潮很快涌入我国。家电企业、消费电子公司、互联网公司和运营商等产业链中的关联方陆续入场，有的企业自己研发智能硬件设备，有的企业布局生态平台。不同类型企业之间的跨界合作和开放生态逐渐成为智能家居市场的主流。

亚马逊公司开发的智能音箱 Echo 在上市后大获成功，这让国内市场开始把目光投向智能音箱这一入口级产品，2017 年下半年，各大公司展开了入口争夺战，这一现象反映的是巨头公司对整个智能家居生态的发展布局。表 5-1 总结了中国智能家居行业的主要发展历程。

表 5-1　中国智能家居行业的主要发展历程

年份	事件	历程
2004 年	6 月，海尔主导成立家庭网络标准产业联盟 "e 家佳"	互联网时代→移动互联网时代→万物互联时代
2012 年	3 月，龙头企业、科研院所、产业基地联合发起成立中国智能家居联盟	
2014 年	1 月，谷歌以 32 亿美元收购 Nest；3 月，海尔发布 U+ 智慧生活平台；美的发布 M·Smart 智能家庭战略	
2015 年	4 月，京东联合科大讯飞成立灵隆科技，并于 8 月推出首款叮咚音箱；5 月，阿里巴巴成立智能生活事业部；12 月，华为发布 HiLink 智能家居战略体系	
2016 年	3 月，小米生态链发布独立品牌 "米家"；9 月，150 余家企业在工业和信息化部指导下共建中国智慧生活产业联盟	
2017 年	2 月，百度收购渡鸦科技，成立智能家居硬件事业部；7 月，天猫精灵首款智能音箱硬件产品发布，小米人工智能音箱 "小爱同学" 发布	
2018 年	3 月，百度联合小鱼在家发布 "小度在家" 智能视频音箱，阿里巴巴全面进军物联网；4 月，腾讯智能音箱 "腾讯听听" 上市	
2020 年	8 月，海尔智家发布了行业首个场景品牌 "三翼鸟"	
2021 年	4 月，华为首次发布全屋智能产品；10 月，华为发布全屋智能战略	
2022 年	5 月，海尔智家三翼鸟推出 "智家大脑屏"；7 月，华为发布全屋智能 2.0 无线后装套装	
2023 年	5 月，华为推出新一代全屋智能 4.0，发布了业界首款空间穿越屏——智能中控屏 S2	

智能家居在发展初期多是单一设备的智能化。例如，在智能电视、智能音响等设备上整合多种媒体；远程控制与调节灯光、窗帘等。然而，由于缺乏统一的通信协议和平台，不同设备的接入和配置存在壁垒，不同设备之间尚未实现协同工作。

智能家居产品的互联互通是智能家居行业发展的关键。2022 年 10 月，连接标准联盟（Connectivity Standards Alliance，CSA）及其成员包括苹果、谷歌、亚马逊、三星和其他智能家居制造商，宣布推出 Matter 1.0 智能家居配件标准。该标准支持多种协议，任何兼容 Matter 协议的智能家居设备都可以将其设置在支持 Matter 的平台上使用，从而实现不同厂商、不同类型的智能家居产品互联互通。2023 年 5 月，CSA 发布 Matter 1.1 版本。

Matter 标准为智能家居产品的互联互通提供了统一的解决方案。该标准也受到了国内众多公司的支持和关注。例如，欧瑞博的 MixDimmer 智能调光开关、Smart Switch 智能开关、Sopro 智能壁灯、家居智能语音屏 MixPad7 均已支持 Matter。2022

年 11 月，魅族科技旗下的智能家居品牌 lipro 宣布将全面支持 Matter 1.0 智能家居通用协议。同月，美的 U 型窗式空调成功获得全球首批 Matter 认证。

未来智能家居行业将以更为开放和互联互通的姿态发展，向着新的发展阶段前进。

二、智能家居应用场景

智能家居已经为普通家庭带来便利，覆盖了各种应用场景，满足了用户家庭生活中的各种需求。多种多样的智能家居解决方案得到成功应用，也让那些观望的潜在用户改变了对智能家居的成见。如今，智能家居能覆盖哪些应用场景呢？

（一）智能门禁系统

智能门禁系统的应用场景包括智能化大厦写字楼公司办公管理，智能化小区出入管理控制，政府办公机构、医疗医院系统、电信基站和供电局变电站管理，以及智能电梯控制等。

1. 门禁在智能化大厦写字楼公司办公中的应用

在公司大门上安装门禁系统，能够最大限度地防止外来的推销人员打扰日常办公，也可以避免外来闲杂人员进入公司，从而确保公司及员工的财产安全；智能门禁系统可以提高公司的管理效率，例如，通过配套的考勤管理软件有效地管理员工考勤，公司不再需要购买打卡钟，考勤结果更加客观、公正，而且统计速度快，准确无误，能够减轻人事部门的负担；避免离职人员随意进出公司；一人一卡，可以方便、灵活地安排门禁权限和开门时间，且安全性比钥匙更高。

在公司领导办公室的门上安装门禁系统，可以保障领导办公室的资料和文件不被窃取、偷拍或偷看，领导能够在一个较安全、安静的私密环境中工作；在开发技术部门安装门禁系统，可以保障核心技术资料的安全，防止无关人员到开发技术部门串岗；在财务部门安装门禁系统，可以防止公司财物和财务资料丢失；在生产车间大门上安装门禁系统，可以有效地避免非工作人员进入生产车间，从而排除安全隐患。

2. 门禁在智能化小区出入管理控制中的应用

在小区大门、栅栏门、电动门，以及单元楼的铁门、防火门、防盗门上安装门禁系统，对小区进行封闭式管理，可以防止闲杂人员进入小区。保安在判断进入小区的人是不是外人时，往往要依赖记忆来判断，十分不准确、不严谨：如果是小区业主，新来的保安阻拦会引起业主的反感；如果是外来人员，保安也许会因为记忆出错而未加阻拦或未要求登记，从而带来一定的安全隐患。智能门禁系统可以改善这一出入管理控制方式。

安全、科学的门禁系统可以提高物业的服务档次，开发商在推广楼盘时会更顺利，业主也会从科学、有效的出入管理中受益；智能门禁系统有利于保安监控所有大门的进出情况，如果发生事故或案件，可以很方便地查询进出记录，为办案人员提供证据；智能门禁系统可以与楼宇对讲系统和可视对讲系统结合使用，也可以和小区内部消费、停车场管理等实现一卡通。

3．门禁在政府办公机构中的应用

智能门禁系统可以为政府办公机构营造一个安全的办公环境与和谐的办公秩序，阻止外部人员闯入政府办公部门，保护工作人员的人身安全。

4．门禁在医疗医院系统中的应用

智能门禁系统可以阻止外人进入传染区域和精密仪器房间；可以阻止非医护人员将细菌带入手术室等无菌场合；可以阻止不法群体攻击医院的管理部门，损坏公物和伤害医护人员。

5．门禁在电信基站和供电局变电站的应用

电信基站和供电局变电站均有以下特点：基站数量多，系统容量大，分布范围广，方圆几百平方千米都有自己的网络进行联网，有的地方无人值守，需要中央调度室随时机动调度现场的工作人员。因此，电信基站和供电局变电站可以采用网络型门禁控制器，通过局域网或者互联网进行远程管理。

6．门禁在智能电梯控制上的应用

门禁电梯又称刷卡电梯、IC 卡电梯，只有授权的用户才能进行呼梯、按楼层。例如，深圳多奥科技智能控制系统为电梯专门设计了控制电路，形成了专有的电梯门禁控制系统，该系统被越来越多的智能化小区所采用。

（二）智能照明

灯光是许多家庭做智能设计时的常见诉求。以往灯光主要用来照明，而现在除了照明的需求，很多家庭还追求灯光营造的气氛和装饰效果。使用 LED 光源，不仅能使灯光的装饰性更强，还能与智能设计相配合，大大降低能耗。

在全屋灯光智能设计中，用户不仅能够使用手机来开灯和关灯，还可以根据不同需求选择不同的灯光模式。例如，选择"回家模式"，用户在下班的途中可以一键打开所有必要的照明灯光；选择"会客模式"，当客人到访时，灯光会变得明亮、通透；选择"浪漫模式"，则只打开气氛灯，使整个房间充满浪漫气氛；选择"影音模式"，就会在看电影、看电视时打造最佳的灯光效果……通过选择不同的灯光模式，用户可以获得更精致化的生活体验。

（三）智能安防管理系统

安防是智能家居的一个重要功能。当智能设备被用异常的方式打开时，用户的手机会接收到系统发出的警报，从而使用户知道安全隐患；系统还会询问是否需要报警或联系物业方，从而保障居家安全。同时，安装在家里的摄像头具有实时跟踪的功能，必要时可以将监控录像作为证据。

（四）智能场景模式

智能场景模式（见图 5-1）是为了充分满足用户生活中的各类需求，借助一系列智能家居设备所打造的各种可调整、灵活性强、支持多场景应用的家居模式。它集合了一系列家居功能，可以帮助用户大大减少烦琐操作带来的麻烦，节省生活成本。

图 5-1　智能场景模式

1. 早餐模式

早上 6 点，面包机、咖啡机开始准备早餐。早上 6 点半，当主人还在熟睡时，卫生间内的取暖设备、热水器已开始工作。

2. 起床模式

早上 7 点，当早已设定好的"起床情景"启动，主卧室的窗帘慢慢打开，轻缓、柔和的背景音乐自动播放出来，室外柔和的阳光洒进屋内，主人便知道该起床了；主人起床后开始洗漱，等洗漱完，香气四溢的面包已经制作完成。

3. 离家模式

人们每次出门时，关窗户、拉窗帘、关空调或风扇都是必须要做的事情。对于忙碌的现代人来说，犯"健忘症"而忘记关上门窗是常事，这无形中增加了许多不必要的生活成本。

设定智能场景，早上 8 点出门上班，按下"离家模式"，所有的设备将进入预先设置的状态。所有的灯光自动关闭，不需要待机的设备会自动切断电源，同时安防系统启动：门磁、红外人体感应器、烟雾报警器开始进入工作状态，用户此时便可以放心地出门了。

当有外人闯入时，其会触动门磁或者红外人体感应器，用户则会立刻接收到系统发来的提醒。一旦发生火灾，烟雾报警器或可燃气探测器会发出警报，并且可以本地联动自动解决安全问题，用户可通过网络摄像头看到家里的具体情况。

当用户在上班时，如果家里的老人感觉身体难受或者家中突发紧急情况，老人可以按钮呼救，向用户的手机发出警报，这样用户就能及时了解家中的情况。

4. 就餐模式

当和家人一起享用晚餐时，用户可一键启动"就餐模式"，空调会根据室温自动调节到合适的温度，客厅、卧室的灯自动关闭，餐厅背景灯自动打开，并调至合适的色温、亮度，自动播放舒缓的音乐。用户与家人可以享受舒适、愉悦的就餐时光。

5. 影院模式

就餐完毕，一家人可以坐在沙发上，把主机切换到控制系统，一起畅玩网上游戏，家里有小孩的也可播放儿童教学动画片；如果想要在家里感受电影院的观影效果，则可以启动"影院模式"，接下来客厅的灯光将会自动变暗，影音设备也会自动开启，此时一家人便可以陶醉在电影世界中了。

6. 守护模式

老人岁数大了，身体不如以前结实、轻快，如果总是起来开关电灯，肯定会十分不方便。启动智能家居的守护模式后，老人就不必再那么麻烦了，只要坐在沙发上或躺在床上，不用起身就可以用遥控器或者语音轻松控制家里所有的灯光和电器。对于听力不好的老人，在出现紧急情况时还可以通过灯光闪烁及时报警，消除各种安全隐患。

7. 娱乐模式

背景音乐是家庭调节气氛的首选，一边做家务，一边听着音乐，是一件十分悠闲的事情。智能家居背景音乐子系统可实现背景音乐随时、随地、随意控制，能够营造良好的家庭氛围。

8. 睡眠模式

只要一句口令，"睡眠模式"便可自动开启，用户再也不需要离开被窝去关各种家电设备了。此时家里的灯会依次熄灭，窗帘自动拉上，不用的电器依次关闭，安防系统开始启动，用户可以安心地进入梦乡。夜间起夜，当用户的脚踩到地面上时，卧室的地脚灯会自动亮起，同时卫生间、走廊的灯光也会随之亮起来；当用户回到床上时，所有灯光自动缓缓变暗，用户可以继续享受舒适的睡眠。

智能家居方案设计以实际需求为出发点，基本控制包含安防系统、通信系统、室内灯光、家电控制、背景音乐及环境监测，通过定时控制、移动感应结合控制，能够节约能源和降低运行费用，易于管理。例如，当光线逐渐变得昏暗时，光线感应器可自动打开泛光照明设备；等到深夜时分，几乎没人外出活动时，其中部分灯光便会自动关闭。一旦有人进入该区域，相关区域的照明灯便会自动打开；当人离开后，灯光自动关闭。

（五）环境监测

目前，智能家居中的环境监测系统主要包括室内温湿度探测、室内空气质量探测、室外气候探测及室外噪声探测。一个完整的智能家居环境监测系统主要包括环境信息采集、环境信息分析及控制和执行机构三个部分，其系统组成包括温湿度传感器、空气质量传感器、光线环境光探测器、室外风速探测器及无线噪声传感器。

例如，通过一体化温湿度传感器，采集室内温湿度，为空调、地暖等设备提供控制依据；通过太阳辐射传感器、室外风速探测器、雨滴传感器采集室外气候信息，为电动窗帘提供控制的依据；通过无线噪声传感器采集、监控噪声信息，为电动开窗器或背景音乐控制提供依据；通过空气质量传感器、无线 PM2.5 探测器采集室内空气污染信息，为净化器、电控开窗器提供是否换气或去污的依据。

三、智能家居代表性企业

随着物联网、云计算、大数据分析和人工智能等技术的融合，智能家居产业迎来了蓬勃发展时期。经过多年的实践，众多参与者越来越清晰地看到了发展方向，产业协同发展已备受各大厂商认可，大家共同致力于消费升级，推动智慧生活逐渐走进普通大众的生活场景之中。

巨大"蛋糕"吸引了无数企业参与，传统家居厂商纷纷选择向智能家居转型，一大批国内外优秀的智能家居品牌迅速崛起。科技巨头（如苹果公司）加大了 HomeKit 智能家居平台在中国的推广力度；小米公司也在积极推进智慧生活落地，联合百度以"人工智能 +IoT"构建生态体系，使人们实现智慧生活。

（一）华为：鸿蒙智联

为了解决各智能终端之间互联互动问题，华为开发了智能家居开放互联平台 HUAWEI HiLink，该平台主要包括智能连接、智能联动两部分。2021 年 8 月 18 日，华为将 HUAWEI HiLink 与 Harmony OS 全面升级为鸿蒙智联（Harmony OS Connect）。

鸿蒙智联是华为消费者业务面向生态智能硬件的全新技术品牌，鸿蒙智联认证的产品能够成为"超级终端"的一部分，通过极简连接、万能卡片、极简交互、硬件互助等方式，给消费者带来全场景智慧生活新体验。例如，在智能家居场景中，消费者只需碰一碰手机就可以实现美的空调一键智能调温，美的除湿机一键智能恒温。总之，经过鸿蒙智联认证的智能设备可以更好地让消费者体验到智能产品的智能特性，体会智慧化的生活方式。

依托鸿蒙智联，华为积极推出"1+2+N"模式的全屋智能解决方案，为用户打造丰富的智慧场景体验。该方案内容如表 5-2 所示。

表 5-2　华为"1+2+N"模式的全屋智能解决方案

模式简称		具体说明
1	1 个智能主机	人工智能、互联双中枢，全屋总指挥，搭载 HarmonyOS AI 引擎，让家拥有集学习、计算、决策、控制于一体的智慧大脑。针对空气、阳光、水等家居条件进行动态预判，照顾用户生活起居的各处细节

模式简称		具体说明
2	2 种交互方式	中控屏＋智慧生活 App，集中管理，自然交互，实现全场景一致体验
N	N 个子系统	依托鸿蒙智联，照明、遮阳、安防、冷暖新风、网络、影音娱乐、用水、能耗、家电、家私十大子系统实现互通互联，覆盖家的不同角落

（二）小米：米家

小米在智能家居上发力最早开始于 2013 年，其在 2016 年推出了全新的"米家"品牌。小米所培育的智能硬件生态链上的企业依托"米家"这个平台，打造了一个超大规模的智能家居生态环境，其生产的各种智能设备覆盖了人们的日常生活，只要用户愿意，完全可以基于小米和生态链企业产品搭建智能家居生活。

小米开发了小米 IoT 开发者平台，该平台是小米面向消费类智能硬件领域的开放合作平台，开发者借助该平台开放的资源、能力和产品智能化解决方案，可以用非常低的成本迅速提升产品的智能化水平，满足不同用户对智能产品的使用需求和体验要求，与加入小米 IoT 的其他开发者共同打造极致的智能生活体验。

目前，小米 IoT 开发者平台连接智能设备数超过 3.74 亿台，5 件及以上 IoT 产品用户数超过 740 万人，连接的产品服务全球 6 800 万个家庭；平台已接入 2 700 多款产品，其中数十个品类的销量在行业中居于领先位置。

（三）海尔：三翼鸟

2020 年 9 月，海尔发布全球首个场景品牌三翼鸟。三翼鸟打破了产业和行业的界限，开辟了从卖产品到卖场景的新赛道，集成智能家电、智能家居、智能家装，为用户提供个性化智慧场景解决方案。

2022 年 5 月，三翼鸟实现从"全屋智能"到"全屋智慧"的跨越，围绕智慧生活方式构建了"1+3+5+N"全屋智慧全场景解决方案。其中，"1"是指智家大脑，"3"是指三套全屋专业系统解决方案，"5"是指客厅、厨房、阳台、卫浴、卧室五个空间，"N"是指依托以上布局带来的场景化体验。

以智慧厨房为例，三翼鸟并不只会向消费者推荐智能冰箱，它会根据消费者的需求提供场景化的解决方案，如根据消费者追求轻松烹饪、健康食材的需求，为消费者推荐相应的智能冰箱、智能烤箱等商品。图 5-2 所示为三翼鸟提供的场景式解决方案。

无界 | 光年·轻食生活
轻松烹好味，随食享健康

无界 | 光年·烹饪中心
打造更符合国人习惯的烹饪空间

无界 | 光年·厨下空间
为空间减负，给健康加码

图 5-2　三翼鸟场景式解决方案

四、智能家居产品案例

智能家居行业发展越来越兴旺，更多的智能家居产品和系统已开始得到大规模推广和普及，很多消费者已开始安装并体验智能家居。

（一）智能水杯，让饮水更健康

智能化时代让一切都成为可能。近几年，智能水杯作为一个新兴产品，逐步走进了大众视野。从最智能化的千元级别带屏幕设计的杯子，到最简单化的百元级带提示设计的杯子，都拥有很大的消费市场。

1. 嘿逗智能水杯

图 5-3 所示为嘿逗智能水杯，其具有多方面用途。

图 5-3　嘿逗智能水杯

下面我们将嘿逗智能水杯与传统保温杯做个比较。

（1）水温显示——避免烫伤危险

传统保温杯不会显示水温，所以很多人在喝水时都经历过被烫到的情况。嘿逗智能水杯具有水温显示功能，可以将水温实时显示在水杯屏幕上，用户可以时刻清楚地知道水温是多少度，从而加以注意，防止被烫伤；如果水温过高，会有醒目的红色图标进行高温预警提示。

（2）水质检测——关注饮水安全

随着社会的发展，经济水平不断提升，与此同时，环境污染、空气污染、水污染等现象也越来越严重。我们无法用肉眼辨别饮用水的质量，传统保温杯也不具有水质检测功能。嘿逗智能水杯的水质检测功能就如同给我们增加了一道安全保障，它可以帮助我们检测出饮用水的 PPM 值（水的硬度值），并把 PPM 值显示在水杯屏幕上，让用户喝水更安全、更放心。

（3）饮水提醒——科学饮水

现在的人们处于快餐化时代，很多人在两三分钟就快速地吃完一顿饭，更别说放慢节奏来喝水了。智能水杯的目标用户通常是那些忙碌的上班族和学生，特别是加班族，他们常常忙碌到忘了喝水。根据医学观点，一个人每天应该饮用 2 升水，而且不要等到口渴了再补充水分。当感到口渴时再喝水，此时身体已经缺失 2% 左右的水分了。嘿逗智能水杯通过芯片中内置的程序，能够贴心提醒用户及时喝水，帮助用户养成科学的饮水习惯，并且能够记录每次的饮水量。

（4）社交互动——水杯也能很有趣

传统水杯只是用来盛水，除此之外没有其他功能。如今智能水杯拥有越来越多的功能，不再像传统水杯那样只能用来喝水，而是一杯多用、一杯多能。用户在使用智能水杯时，可以通过 App 将趣味表情或饮水提醒发送到好友的水杯上，与好友远程干杯，十分有趣。而且，你来我往的互动可以促进人际间的情感交流，让朋友的问候和牵挂通过饮水提醒来传达。

2. 米家 316 智能水杯

小米旗下的米家有品（现为小米有品）曾经推出过一款"有点酷"的 316 智能水杯（见图 5-4）。316 智能水杯最大的特点是具有两色温度指示灯，可以让用户安全地饮用热水，而且杯身具有很好的保温效果。这款 316 智能水杯的外观设计十分简洁，杯身采用白色哑光不锈钢，杯盖是原色金属，杯底使用炫彩测温灯，十分受人喜爱。

图 5-4　米家 316 智能水杯

这款智能水杯具有以下特点。

（1）便携

316 智能水杯的容量为 360ml，携带方便，在外出游玩和在办公室工作时使用都十分方便。杯身采用倒梯形设计，与咖啡店的咖啡杯敞口设计很相似，非常适于握持。

（2）安全

杯盖的材料是铝合金，颜色为金属原色，与杯身的颜色搭配和谐。杯子内层的内罩和内塞采用食品级 PP 材料，并使用食品级硅胶来提高防水密封性能，这使该水杯在使用时具有更高的安全性。很多保温杯的杯口采用不锈钢材质，而 316 智能水杯的杯口采用耐高温食品级 PP 材料制成的防烫圈，可以防止用户在喝水时被烫伤。

（3）有温度提示

这款水杯的底部装有多彩测温灯，这也是这个产品的主要特色。杯内放置的温度传感器和重力传感器会监测水杯的动态，当水杯被抬高 10 厘米或者倾斜角度达到 45° 时，测温灯就会亮起来，以显示水温。

测温灯有两种颜色，分别表示两种水温，橙色灯亮起，表明杯内水温在 55℃～100℃；蓝色灯亮起，表明杯内水温在 55℃以下，通过亮起相应颜色的灯就能提示用户杯内的水是否适合饮用。很多人有过这样的经历：把热水倒在杯中后，喝到嘴里才发现水温太高，有些烫嘴。有了测温灯的提示，这种情况就能避免。当测温灯为蓝色时，用户可以放心喝水。测温灯采用一块 CR2032 3V 纽扣电池供电，一块电池可以供电半年的时间，用户不必为电量担忧。

（4）材料安全质量高

很多保温杯的内胆采用 304 不锈钢材质，而 316 智能水杯的内胆采用 316 医用级不锈钢材质，与前者相比具有更强的抗腐蚀性和耐酸碱性，因此饮水更健康、安全。水杯底部采用的是环保 PC 和 ABS 材质，防滑性较强。此外，水杯除了能装热水，还能装茶水、咖啡等饮料。

（5）保温性好

这款智能水杯采用双层不锈钢真空杯身，内层为 316 医用级不锈钢，外层为 304 不锈钢，可以达到很好的保温效果。杯盖内的硅胶圈能够起到十分有效的密封作用，把杯子灌满水后，拧上杯盖，不管是倾斜还是倒置，杯口处都不会漏水。

（二）空气净化器，打造清新健康呼吸

为提升室内空气的质量，空气净化器逐渐走进了千家万户。随着市场越来越完善，空气净化器的技术不断提升。空气净化器已经不只具有净化空气的作用，而且有提高空气舒适度和促进健康的作用。

1. 斐纳 TOMEFON 空气净化器

室内空气除了来自外界的大气污染，还有室内各种家具建材挥发出来的污染物质。为了不损害身体健康，必须努力改善室内的空气质量。在激烈的市场竞争中，全球知名品牌德国斐纳（TOMEFON）空气净化器强势问鼎（见图 5-5）。斐纳空气净化器拥有多层吸附过滤、超大风量、安静噪声低等强大功能。

图 5-5　斐纳 TOMEFON 空气净化器

2. 瑞肯 V8 款空气净化器

德国瑞肯研发了一款高效负氧离子空气净化器，该产品能够产生大量的负氧离子，让室内空气更加清新。

空气中有许许多多的成分，如二氧化碳、氧气、负氧离子等物质，其中对人体最有益的就是负氧离子。长时间处于大都市的密闭房间内，人们很容易产生头昏脑胀的感觉，而在森林、海边、瀑布等地方时，人们就会觉得十分舒服，这就是负氧离子带来的好处。负氧离子也叫空气负离子，是指获得多余电子而带负电荷的氧气离子，它是空气中的氧分子结合了自由电子而形成的。自然界的放电（闪电）现象、光电效应、喷泉、瀑布等都能使周围空气电离，形成负氧离子。负氧离子在医学界享有"维他氧""空气维生素""长寿素""空气维生素"等美称。

为了让人们在城市中的家里也能够呼吸到如同森林、瀑布、海边般的空气，瑞肯通过对负氧离子的研究，采用纳米技术研发了负氧离子发生器，它能模拟自然界中负氧离子产生的原理，释放出大量的负氧离子成分。该技术运用到瑞肯推出的 V8 款空气净化器（见图5-6）中，结合超强过滤技术，能使室内空气增加大量负氧离子。

瑞肯 V8 款空气净化器采用智能化操作系统，能够自动识别室内空气的污染程度和污染类型，从而通过技术进行高效过滤。

图 5-6　瑞肯 V8 款空气净化器

为了更好地满足负氧离子的发生原理和超强的净化效果，瑞肯采用了顶部出风窗设计。该出风窗口通过模拟风量穿透力学的设计，不会干扰和破坏空气中负氧离子发生迁移的速度，并且能够尽快出风，推动室内空气内部循环。该设计在恰到好处地满足空气污染净化原理的同时，还最大可能地保证了负氧离子发生迁移，将其负氧离子功能发挥得十分出色。

（三）智能门锁，让生活更安全

随着消费需求不断升级，智能门锁获得了广泛的应用，为人们带来了前所未有的体验。智能门锁与传统机械锁有很大的不同，在用户识别、安全性、便捷度、管理性方面更加智能化，为广大用户带来了更为舒适、安全的生活。

1. 小米智能门锁

门锁最重要的价值体现在安全性上，小米智能门锁的安全性能非常高，其采用最安全的 C 级锁芯，我们从解锁时间上就能看出该锁的安全性。小米智能门锁安全性能的有关指标如表 5-3 所示，资料来自《机械防盗锁》（GA/T73—2015）标准。

表 5-3　小米智能门锁防破坏净工作时间

（单位：分）

级别	防钻	防锯	防撬	防拉	防冲击	防技术开启	密码式机械防盗锁防技术开启
A	10	5	10	10	10	1	1200
B	15	5	15	15	15	5	1440
C	30	30	30	30	30	10	

小米智能门锁除了在物理结构上保证安全性，还利用科技手段加强了安全性。当有东西插进门锁时，若停留时间过长或反复插入，警报就会响起。面板也是如此，当有人撬面板时，警报也会响起，如图 5-7 所示。即便用户开门以后忘记关门，它也会及时地发出提醒，从而更好地保证家里的安全。

图 5-7　小米智能门锁发出警报

对于有小孩的家庭，小孩很容易误碰反锁物件。为了防止出现这个情况，其反锁的按钮需先压一下才能转动实现反锁。反锁的安全性在于，当密码泄露时，只有管理员才能打开，其他人就算输入密码也无法打开。

门上留的猫眼本来是为住户提供方便的，但对于盗窃的人来说，这也是一个可以利用的地方。因此，为了防止盗贼通过猫眼开门，用户可以开启防猫眼开锁功能，该功能一旦开启，在室内不光需要转动门把，还要先按动门把以后再转动才可以把门打开，这样盗贼就无法从猫眼入手了。

如果家里有其他小米设备，可以和门锁达成一个联动的作用。例如，用户家里安装了小米智能灯，就可以通过门锁设置一个专属场景，即回到家灯光自动打开；家里安装了智能窗帘，回家后自动地拉上窗帘，这些操作能让我们的生活变得更加方便、舒适。

在智能门锁市场中，几乎所有的门锁都是在识别成功以后，往下转动门把才可以打开门，关门时同样需要重复这个操作。但是，小米这款智能门锁就不一样，其在识别成功以后，锁芯里面的锁舌不需要用户转动门把，其会自动伸缩，所以开门时会更加简捷。

2. 丁丁掌门智能门锁

丁丁掌门智能门锁（见图5-8）的出现，不仅改变了传统的门锁管理方式，更给人们带来了另一种生活方式，提升了家居生活的安全性能。

图 5-8　丁丁掌门智能门锁

（1）便利性

与一般的机械锁不同，智能锁具有自动电子感应锁定系统，只要门处于关闭状态，智能锁就能感应到，然后自动上锁，开启门锁的方式包括指纹、触摸屏、门卡等。如果不方便使用指纹锁密码／指纹登记等功能，特别是在老人和小孩使用时，可以开启语音提示功能，操作更加简单、便捷。

（2）安全性

一般的指纹密码锁很容易泄露密码，风险性极大。丁丁掌门智能门锁采用虚位密码技术，用户可在登记的密码前后输入任意数字作为虚位密码，在开启门锁的同时避免泄露登记密码带来的危险。

丁丁掌门智能门锁手掌触摸屏幕可显示密码的设置状态、门锁的开关状态、密码或门卡的登记数量，还能提示更换电池、锁舌阻塞、低电压等情况。

（四）智能餐具，用餐也可以充满科技感

在智能化设备中，涌现出各类智能餐具，例如，智能平衡汤勺可以帮助病人均衡进食，智能叉子可以帮助肥胖人群建立良好的饮食习惯，智能筷子可以检测地沟油，保护人体健康。

1. 百度筷搜

作为一款智能筷子，从外观上来看，百度筷搜（见图 5-9）和普通筷子几乎一样，可以放置在一个筷托上。只要用筷子或筷托触碰食品，百度筷搜就可以检测地沟油、水的 pH 值，还能知道水果的原产地。筷子安装着一个基于传感器的测量器，筷托中则装有基于红外光谱的分析器。当筷子尾部的 LED 灯为蓝色时，表明检测结果合格；如果 LED 灯显示为红色，则表明检测结果不合格。

图 5-9 百度筷搜

2. 减肥神器 HAPIfork

HAPIfork 是一款智能叉子（见图 5-10），其内置蓝牙、传感器、振动马达等部件。当用户在用餐时，其内置的传感器会监测用户的饮食速度，然后把数据传送到用户的手机上，并且会提前规划好一顿饭摄取的热量。一旦摄取的热量超标，HAPIfork 就会以震动和亮灯的方式来提醒用户，从而辅助用户控制饮食。

图 5-10 HAPIfork

3. 谷歌的智能汤勺 LIFTware

谷歌的智能汤勺（见图 5-11）可以利用主动消除震颤技术，帮助帕金森病人更好地自主就餐。智能汤勺的工作原理是，其传感器可精确地检测到病患的移动信号，然后传输到内置的小型计算机中，计算机再根据病患的震颤情况，指示汤勺朝另外一个方向移动，以此消除掉 70% 的手部颤动。

图 5-11 智能汤勺

五、智能家居行业未来发展趋势

目前，我国智能家居行业从市场培育阶段进入推广阶段，众多企业陆续入场，生产出了很多智能家居终端产品，而且功能和质量越来越完善，也更人性化。在未来，我国智能家居行业将呈现以下发展趋势。

（一）逐渐走向全屋智能

我国智能家居行业将会朝着全屋智能的方向发展，我国全屋智能市场在产品、技术、服务能力上均呈现快速发展态势，多个领域的头部企业，如海尔、华为、小米等纷纷入局全屋智能，开发自己的全屋智能解决方案。

（二）语音交互市场潜力巨大

语音交互是人工智能发展的一大趋势，在未来，语音交互也将进一步与智能家居融合。目前，一些智能家居领先企业均推出了具备语音助手的智能音箱，并以智能音箱为语音控制中枢实现对智能家居产品的语音控制，如百度的小度、小米的小爱同学、阿里巴巴的天猫精灵等。语音交互在智能家居方面有着非常大的市场潜力，智能家居语音助手市场渗透率将不断提高。

（三）设备安全性能提升

智能家居产品在运行过程中需要采集并存储大量的用户信息，智能家居产品的逐渐普及也会加深用户信息泄露的风险。因此，为了更好地让智能家居得以应用，未来，智能家居生产商将会不断提升智能家居的信息安全水平，以保障用户信息安全。

第六章

人工智能＋金融——人工智能拓展金融服务的广度与深度

近年来，一些知名的金融机构纷纷开展人工智能的研发和应用，从美国的智能投顾平台 Wealthfront、Betterment、Personal Capital，到中国招商银行的摩羯智投、蚂蚁金服的刷脸支付、腾讯的微众银行等，其中都有人工智能技术的身影。智能客服、智能投顾、智能量化交易……人工智能在金融领域的应用拥有广阔的发展前景。

一、人工智能与传统金融产业链融合的三个阶段

纵观金融行业的发展历程，其每一次商业模式的变革都是因为受到科技赋能与理念创新的巨大影响。依据金融行业在不同时期的代表性技术与核心商业要素，可以将金融行业的发展划分为三个阶段，即"IT＋金融"阶段、"互联网＋金融"阶段和正在经历的"人工智能＋金融"阶段，这三个阶段相互叠加，相互影响，形成一种融合上升的创新格局。

（一）"IT＋金融"阶段

"IT＋金融"阶段的时间为20世纪50年代到1990年。在这一阶段，金融行业通过信息系统实现了办公业务的电子化与自动化，提高了数据交互能力和服务效率。这一阶段的代表性事物有20世纪50年代出现的磁条信用卡技术、1969年出现的ATM机以及70年代出现的POS机和CRM系统。

（二）"互联网＋金融"阶段

"互联网＋金融"阶段的时间为 1990 年到 2016 年。在这一阶段，金融机构利用互联网平台与移动智能终端汇集海量用户数据，打通各参与方的信息交互渠道，并变革金融服务行业。这一阶段的代表性事物有网上银行、手机银行、无卡支付、互联网信贷和互联网个人理财等。

（三）"人工智能＋金融"阶段

目前 IT 信息系统稳定可靠，互联网发展环境较为成熟，正是在此基础上才得以进入"人工智能＋金融"阶段，对金融产业链布局与商业逻辑本质进行重塑。在这一阶段，科技力量对行业的改变比之前各阶段都高得多，对金融行业未来发展的影响会更加深远。

"人工智能＋金融"阶段基于新一代人工智能技术，助力金融行业转型。该阶段削弱了信息不对称性，可以有效控制风险，降低交易决策成本，充分发挥客户个性化需求与潜在价值。这一阶段的代表性事物有智能网点、刷脸支付、机器人客服与智能定价等。

二、人工智能在金融领域的应用

随着技术的不断进步和应用场景的不断扩展，人工智能被越来越广泛地应用到金融领域的各个环节中。

（一）智能客服：高效、准确、专业的智慧服务

人工智能技术的快速发展使金融领域出现了一大热点，即智能客服和机器人客服。金融机构利用自然语言处理技术来了解客户的需求，掌握客户的想法，并通过知识图谱建立机器人客服的理解和答复能力，从而提升金融机构的服务效率和服务质量，并节省大量人力客服成本。

2016 年，韩国《金融时报》推出一款"人工智能记者"程序，该程序可以根据证交所的各项交易数据，在 0.3 秒的时间内写出一篇介绍当日股市行情的新闻报道，且超过一半的记者在阅读该报道后无法辨别出这是由程序编写的。

我国交通银行的智能客服实体机器人"娇娇"（见图 6-1）由南京大学旗下的江

苏南大电子信息技术股份有限公司牵头，由科沃斯、捷通华声等多家机器人产业链企业合作研发而成，它基于智能语音、智能图像、智能语义和生物特征识别等全方位的人工智能技术进行人机交流，分担部分大堂经理的工作，如引导客户、介绍各种银行业务等。

图 6-1　交通银行的智能客服实体机器人"娇娇"

（二）风险控制与管理：提高审核效率与质量

人工智能的风险管理优势更多地体现在消费金融领域。消费金融风控的合理实现需要人工智能和大数据同时发力。很多消费公司通过知识图谱、自然语言处理和机器学习等人工智能技术，提供借款人、企业和行业等不同主体间的有效信息维度关联，并深度挖掘企业子母公司、上下游合作商、竞争对手和高管信息等关键信息。

在整个消费金融领域，大数据和人工智能紧密联系，成为消费金融竞争的核心技术。信而富是将人工智能和大数据风险管理优势应用于消费信贷服务中的典型。针对没有信贷数据和征信记录的"爱码族"，信而富推出了基于大数据、人工智能算法的消费信贷市场战略，专门为这些人群提供消费信贷服务。

信而富的预测筛选技术（PST）主要是基于人工智能技术，通过建立模型来筛查海量数据，以确定对方的身份。在用户申请借款并提交材料时，信而富通过机器对其资料进行审核，并辅以相应的问题，可以在 5 分钟内完成授信。

（三）智能投顾：让机器人担任理财顾问

智能投顾是人工智能在金融领域应用落地的第一站，也是在金融行业应用最深入的领域。智能投顾的应用场景主要是在大数据基础上，结合人工智能的算法技术、机器学习技术，根据历史经验和新的市场信息来预测金融资产的价格波动趋势，并以此构建符合客户风险收益的投资组合。

美国是智能投顾市场的发起者，也是落地行动最迅速的践行者。全球知名的智能投顾平台 Wealthfront、Betterment、Personal Capital 等均诞生于美国。

其中，Wealthfront 是美国早期机器人投顾平台之一，其平台是在高盛的人工财富管理模型基础上构建电子化和自动化应用，利用大数据引擎技术、自然语言处理技术以及人工智能和算法模型，预测包括美国股市、外汇、贵金属及期货等市场的行情走向，为客户提供包括股票配置、股票期权操作和债权配置等资产投资组合建议。Wealthfront 凭借其优质低价的投资管理咨询服务迅速占领了市场。

Betterment 是美国另一个比较火爆的智能投顾平台，该平台将最基础的马科维茨资产组合理论及其衍生理论模型应用于产品和服务中，通过大数据和智能算法，快速批量地完成各种数据运算，再根据用户倾向定制差异化的资产配置方案。用户在进入 Betterment 网站平台，填写投资目的、金额和风险偏好等基本信息后，网站就会根据用户个人状况推荐资产配置方案。Betterment 以客户为导向，致力于开发更多个性化和更有针对性的理财产品。例如，Betterment 针对美国的退休储蓄计划 401（k）发布了平台产品 Betterment for Business，帮助客户制定差异化的退休储蓄和投资方案。

随着金融科技的深入发展，我国的一些金融机构开始布局智能投顾，比较有名的智能投顾平台如弥财、蓝海智投、同花顺财经等。其中，弥财将经典的投资理论与前沿的互联网技术相结合，为普通大众提供智能、高端的定制投资服务。

我国金融机构和 BAT 等互联网巨头也在着手搭建和运营智能投顾平台，如招商银行的摩羯智投、阿里巴巴的蚂蚁聚宝、腾讯的微众银行、百度的股市通等，它们在一些功能设置上都有智能投顾的身影。

（四）智能搜索：智能甄别和筛选信息

在金融搜索引擎中应用人工智能，可以极大地减少信息不对称现象，更准确地满足客户需求，提升交易效率。知识图谱技术可以为客户提供各种信息之间的关联，以减少信息不对称问题；经过深度学习，金融搜索引擎可以更快地进行迭代升级，记录用户的历史信息及风险偏好，从而以客户需求为依据为其提供相应的金融产品；以深度神经网络、机器学习技术为基础而建立的网络知识库系统与智能化推荐算法，可以帮助客户预测产品风险和收益。

三、人工智能应用于金融领域的优势与"瓶颈"

人工智能参与了整个金融流程，包括前台的客户服务、中台的金融交易和后台的风险防控。与互联网相比，人工智能对整个金融行业的影响将更为深远。不过，我们要认清人工智能在金融领域的应用有哪些优势，又存在哪些"瓶颈"。

（一）人工智能在金融领域的应用优势

人工智能在金融领域的应用优势主要体现在差异化服务、大数据风控模型的优化和金融服务效率的提升三个方面。

1. 通过引入智能技术，智能投顾平台可以为大众提供差异化的投顾服务

传统的投顾模式由于服务成本的限制，只服务于少量的高净值群体，并且多按照一对一的模式提供服务，这就使传统投顾的业务受众面很狭窄，投资门槛很高，知识结构比较单一。

而智能投顾的投资门槛比较低，管理费用也较少，方便快捷，客观公正，能够为普通大众投资者提供个性化的投顾服务。

2. 人工智能助力大数据风控模型的优化

金融领域应用人工智能技术，不只是为了获得利益，风险控制才是重中之重，首要目标是将可控风险降到最低。控制风险的关键路径有两个：一是对投资者心理底线的了解；二是确保能在这个底线之上运行的风险管理能力（也称风险定制能力）。

在投资者分析方面，智能机器人通过搜索技术为用户画像，了解账户的实际控制人和交易的实际收益人及其关联性等，并对客户的身份、常住地址或企业所从事的业务进行充分了解，用以识别欺诈行为。

在风险管理方面，大数据风控技术、机器学习和独有的风控模型等技能，能够深入地对基金产品、固收产品、保险产品和另类投资等资产进行风险再平衡分析。

大数据与人工智能技术的结合将更好地帮助金融机构实现对风险的量化，从而更好地实现风险可控操作。

3．"人工智能＋大数据"有助于提升整个金融行业的效率

互联网和大数据的快速发展可以使人工智能更高效地分析处理范围更广的市场信息，同时提高金融服务的专业性和准确性，并取代人力，使业务流程更标准化、系统化和模型化，简化流程，提升服务效率。

例如，北京银行针对对公客户的贷款融资推出了全流程线上化操作模式——"普惠速贷"。该模式运用人脸识别技术，通过引入工商大数据，实现企业信息的一键接入，通过参考企业大数据进行贷款审批和匹配额度，最快在几分钟内就可完成整个流程，大大提高了工作效率。

（二）人工智能在金融领域的应用"瓶颈"

人工智能在金融领域的应用发展得非常迅速，效果也很显著，但人工智能的应用不可能一步到位，目前还面临以下应用"瓶颈"。

1．信息安全问题

智能化的金融服务平台需要用到互联网，但互联网容易受到诸多因素的影响，极不稳定，系统性风险很大。例如，网站一旦遭到黑客攻击，客户的信息随时有可能被泄露，客户财产面临损失的风险；网络应用程序一旦发生故障，用户将会面临信息导入错误程序，进而引发经济损失的风险。

2．依附于大数据问题

人工智能要想发挥其优势，必然要依靠海量的数据支撑。如果离开大数据，人工智能就无能为力了。随着互联网技术的发展和普及，金融领域产生了大量数据，但距全量数据还有很大的距离。

3．监管缺失问题

人工智能所有的操作技能都以程序为基础，所以很有可能发生故障。人工智能学习、决策机制的产生等行为无法追溯，这种情形加大了开发人员人为造成恶意行为的可能性。但是，在现有的法律和监管体系下，很难界定人工智能因故障或行为引发的社会责任问题。

在互联网、大数据和云计算的联合推动下，人工智能在金融领域的应用有了突破性的进展。人工智能技术的引进，提供了更加个性化、差异化的金融服务，提升

了整个金融行业的效率，提高了量化风险模型分析的精准性。

然而，由于存在信息安全、大数据及监管缺失等问题，人工智能短期内在大多数金融应用领域还无法取代人力，只是起到辅助的作用，帮助人们提高服务效率。但从长远来看，"互联网+"—"大数据+"—"人工智能+"将会成为金融智能化、数字化转型的重要方向，其技术应用会进一步深入渗透到金融的每一个领域。

四、人工智能对金融发展的影响

人工智能对金融发展的影响日益广泛。在数字化程度更高的金融科技领域，人工智能提质增效、降成本的作用变得越来越明显。

（一）增强金融机构对客户的吸引力

处于飞速发展阶段的人工智能可以在很大程度上取代人力进行工作，实现批量人性化和个性化地服务客户，这将会对处于服务价值链高端的金融业带来十分深刻的影响，人工智能将成为银行与客户沟通、发现客户金融需求的重要手段。它将促进金融产品、服务渠道、服务方式、风险管理、授信融资和投资决策等方面进行新一轮的变革。

人工智能技术在不同的端口，其作用不同，在前端用于服务客户，在中台可以支持授信、各类金融交易和金融分析中的决策，在后台可以进行风险防控和监督。人工智能在金融科技领域的应用将大幅改变金融行业的现有格局，提升金融服务的个性化和智能化程度。

例如，浦发银行的"网贷通"借助大数据及专家系统技术，建立信用体系及评估模型，借款人提出申请后，由系统根据数据库中申请人的交易流水、个人征信记录等信息进行综合分析判定，实现对申请人的综合评价与风险定价。借款人从提出申请到贷款支用仅需5分钟。

在传统的人工审批方式下，由于银行和借款人之间存在信息不对称的情况，客户经理需要上门收集借款人的相关信息资料，然后提交给审批人进行审批，从收集资料到放款至少要花费两天时间。人工智能的应用可以使客户经理批量审批贷款申请人的信息资料，按照既定的程序处理，贷款审批效率有了很大程度的提升，客户的服务体验也提升了不少，因此更容易受到客户的认可。

（二）智能技术降低银行运营成本

互联网线上服务能够大幅减少实体店铺的租金成本。人工智能技术通过语音识别提供智能机器服务，使银行成为智力密集型行业，其不仅提升了银行的服务质量，还降低了银行的经营成本，有利于银行增加营收与利润。

此外，银行的部分岗位由机器人替代，可以降低运营成本，提高办事效率。

（三）为客户带来更好的服务体验

人工智能可以随时随地和银行用户在线互动，使用户更加了解银行的产品和服务，而银行也能更好地了解用户，全天候24小时提供服务。互动式咨询或银行理财服务满足了消费者与企业融资贷款的多元服务需求。例如，中国建设银行依托互联网、大数据、人工智能和生物识别等技术，推出"惠懂你"一站式移动金融服务平台，为客户提供无接触"7×24小时"服务。

智能技术能根据客户的个性化需求来提供产品和服务，提升贷款理财服务的个性化和定制化水平。客户可随时随地在终端上打印电子发票，了解银行利率、银行理财产品等信息。例如，在平安普惠陆慧融App上，客户可通过语音方式说出个人的基本信息和需求，系统会立刻为客户匹配相应的贷款方案。在这个过程中，智能客服"小慧"还可以详细解答客户提出的问题，帮助客户解决贷款过程中遇到的困难。

在未来，机器人很有可能替代大堂经理为客户提供咨询服务。当客户进入银行大厅后，可以接受机器人提供的咨询服务，只需点击机器人身上的按钮或者使用终端设备进入银行网络，客户就可以舒服地坐在银行的沙发上查询银行理财信息，并通过与机器人的实时互动来了解更多理财服务。

（四）提升金融服务的安全系数

云服务与人脸识别技术可以提高安全系数。人工智能技术结合人脸识别技术，可以多维度获得用户数据，从而对数据进行整合，对企业用户信用进行评级评估，提高银行贷款、理财服务的安全性。

（五）加速金融普惠化

普惠金融的本质在于有效地降低连接、信息和计算的成本，同时降低金融门槛。

在各行各业都积极融合人工智能的背景下，普惠金融与人工智能的结合势在必行。

传统金融的高成本运营模式导致我国未被传统金融服务覆盖的人群较多，从而阻碍了金融普惠化的发展。但伴随着人工智能等新技术的应用，金融机构获得客户及风控的成本逐步降低。未来，我国金融普惠化进程有望加速推进。

近年来，我国大力推进普惠金融的发展。2016年国务院印发的《推进普惠金融发展规划（2016—2020年）》指出，到2020年，建立与全面建成小康社会相适应的普惠金融服务和保障体系，特别是要让小微企业、农民、城镇低收入人群、贫困人群和残疾人、老年人等及时获取价格合理、便捷安全的金融服务，使我国普惠金融发展水平居于国际中上游。

2023年，监管部门发布《关于2023年加力提升小微企业金融服务质量的通知》，进一步强调发展普惠金融工作的重要性，明确要求尽快形成与实体经济发展相适应的小微企业金融服务体系，在继续提高服务覆盖面的基础上，着重做好提质增效工作，努力形成稳定运行机制，以高质量的普惠金融服务促进经济全面恢复和持续繁荣。

随着金融服务业务规模的逐渐扩大，我国传统金融发展显现出一些现实困境，阻碍了金融普惠化的发展。首先，传统金融的线下运营成本太高，从而无法满足用户的需求；其次，我国的信用体系尚有待完善，传统风控模型无法覆盖次级用户，同时也很难服务次级人群；最后，传统金融专注于优质客户群体，从而忽视了大部分的次级用户。

以人工智能、机器学习和大数据等新技术为手段的金融科技提供了多元化的金融服务，从而加速推动了金融普惠化的发展。以人工智能为手段来开展的金融服务，抓住了两点核心：一是提升运营和服务效率，从而降低获得客户的流量成本；二是解决金融风控成本问题。倘若流量成本和风控成本都在降低，金融机构就可以为更多的用户提供服务，金融普惠化的发展道路就会更加畅通。

金融科技公司要善于利用新技术，变革金融服务模式。例如，专注于人工智能、机器学习等技术手段，对业务进行全流程改造，并实现精细化运营，如智能投放精准获客、客群细分匹配产品、风控审批信用评级等。这些新场景能够覆盖传统金融无法服务的人群，推动普惠金融的发展。

第七章

人工智能＋教育——人工智能推进教育教学创新

在人工智能、大数据等技术迅猛发展的背景下，教育智能化成为教育行业发展的方向。智能教育正在改变着现有的教学方式，扩展了教师资源，教育理念与教育生态也正在发生深刻的变革。同时，在人工智能技术的支持下，教育培训产品不断地更新换代，以适应不断变化的教育需求。人工智能不断发展并日趋成熟，必将重塑教育新格局，为未来教育形式开创新的可能性。

一、驱动"人工智能＋教育"发展的因素

受政策因素、消费因素、技术因素等多方因素的驱动，"人工智能＋教育"已经成为当下科技发展的热点领域之一。

（一）政策因素驱动

从政策支持方面来讲，国家在教育科技政策与教育财政投入方面双管齐下，为"人工智能＋教育"的发展打下了良好的基础。

1. 教育科技政策的支持

一直以来，国家各部委不断出台相关政策积极支持运用人工智能推动教育事业的发展，国务院印发的《新一代人工智能发展规划》中就曾明确提出智能教育项目的发展，强调了开展全民智能教育的重要性，以及在中小学设置人工智能相关课程的规划。

2022年8月，科技部发布《科技部关于支持建设新一代人工智能示范应用场景

的通知》，提出充分发挥人工智能赋能经济社会发展的作用，围绕构建全链条、全过程的人工智能行业应用生态，支持一批基础较好的人工智能应用场景，加强研发上下游配合与新技术集成，打造形成一批可复制、可推广的标杆型示范应用场景。

首批示范应用场景包括智能教育，即针对青少年教育中"备、教、练、测、管"等关键环节，运用学习认知状态感知、无感知异地授课的智慧学习和智慧教室等关键技术，构建虚实融合与跨平台支撑的智能教育基础环境，重点面向欠发达地区中小学，支持开展智能教育示范应用，扩大优质教育资源覆盖面，助力乡村振兴和国家教育数字化战略实施。

2023年5月，教育部等十八部门联合印发《关于加强新时代中小学科学教育工作的意见》，提出深化学校教学改革，提升科学教育质量；探索利用人工智能、虚拟现实等技术手段改进和强化实验教学。

不仅如此，完善人工智能教育体系学科布局也被列入规划中，即在大学设置人工智能专业，推动人工智能领域一级学科的相关建设，形成"人工智能+X"复合专业培养新模式。在教育部发布的《普通高中课程方案和语文等学科课程标准（2017年版2020年修订）》中，将人工智能初步设计为高中信息技术课程中的选择性必修课，学生可以根据自身的发展需要进行选学。

随着人工智能、大数据和机器人等技术的发展以及产业的落地，高等教育也在加快跟进相关专业的设置。2023年2月，教育部等五部门关于印发《普通高等教育学科专业设置调整优化改革方案》的通知；2023年4月，教育部发布最新《普通高等学校本科专业目录》，在2023年新增的备案本科专业中，"数字""智能"成为高频词。据统计，在2023年，全国70所高职院校成功备案智能机器人专业，77所高校新增数字经济专业，59所高校新增人工智能专业。

2. 教育财政的支持

我国在教育上的投入一直不断增加。自2012年以来，财政性教育经费占GDP的比例持续5年超过4%。2014年全国财政教育支出22 906亿元，同比增长4.1%。2016年，我国财政性教育经费高达31 396.3亿元。2018年，全国财政教育支出32 222亿元，同比增长6.7%。2022年，全国教育经费总投入为61 344亿元，同比增长6%，其中国家财政性教育经费为48 478亿元，同比增长5.8%。

（二）消费升级驱动

当前，我国居民的整体生活水平及消费能力都在不断提高，家长和学生日益重视教育方面的支出，以及学校的教学质量。2022 年，全国居民人均教育文化娱乐消费支出为 2 469 元，占人均消费支出的 10.1%，家庭教育投入的增加对教育的发展提出了新的要求。

随着学习竞争的加剧，家长和学生对教师能力的要求越来越高，但由于受到师资分配不均现象的影响，家庭对课外补习的需求日益旺盛。

此外，随着教育理念的逐渐增强及人们消费水平的不断提高，家长和学生对自适应学习（自适应学习是指通过教育科技的辅助，使每位学生根据自身的学习情况、接受程度等，接受个性化教学）的接受度和需求日益增加。

（三）技术驱动

互联网和信息技术的快速发展，为人们创造了跨时空的生活、工作和学习方式，使人们获取知识的方式发生了根本的变化。通过应用信息科技和互联网技术，在线教育的内容传播和学习可以突破时空限制，不管是老师教学还是学生学习，都能不受时间、空间和地点条件的限制，学生可以更灵活地选择适合自己的知识获取渠道。

在人工智能技术方面，随着深度学习算法在语音和视觉识别上的不断突破，以及从语音识别的英语语音测评到以图像识别为支撑的情绪分析，人工智能产品不断在教育领域实现创新和突破。

二、"人工智能＋教育"的应用场景

当前教育还没有进化到其终极形态，教育的未来是属于"智慧"的时代，是智能化技术带来的人工智能革命。教育将与语音语义识别、图像识别、增强现实／虚拟现实、机器学习和区块链等更多技术相结合，这些技术被统称为智能化技术。智能化技术已经开始并且持续加速与教育产业相结合，教育产业的智慧化升级正在加速进行中。

（一）自适应／个性化学习

自适应学习致力于通过计算机手段检测学生当前的学习状态和学习水平，并根据检测结果相应地调整学生在将来的学习内容和路径，以帮助学生提高学习效率。简单地说，自适应学习就是通过收集学生的学习数据，用人工智能技术分析出学生的学习方式和学习特点，然后智能化地为学生调整教学的内容、方式和节奏，使每位学生都能找到最适合自己的学习方式，高效地提升学习效果。

在国外，自适应学习产品在早幼教、小学、初中、高中、大学和职业领域等各个学习阶段都有应用，并已覆盖多个学科。早幼教领域的 Kidaptive、K12 领域的 Knewton、企业培训领域的 Area9、素质类培训领域的 Newsela 及语言培训领域的 Lingvist 等都是比较有代表性的产品。

以分布于美国和澳大利亚的 Smart Sparrow 公司为例，这家公司始终致力于为学校和教师开发自适应教学工具。它们构建了一款智能在线学习平台，该平台具有课程设计、在线学习、智能辅导、实时反馈、大数据分析、自适应学习及在线合作学习等多项功能。

在该平台上，教师可以使用相关工具和内容库进行课程设计。在教学中，教师可以在各个环节加入与学生互动的元素，让学生通过完成课程中设置的一些"任务"来掌握所学的知识。系统可以随时通过这些互动收集学生的学习数据，对学生的学习进度进行追踪，并发现学生在学习中遇到的困难和瓶颈，从而为教师和学生提供实时的反馈信息与强化学习方案。

例如，系统在一些互动练习中发现一名学生对概念 A 和 B 的认识有些混淆，于是会立即跳出区分这两个概念的页面，并指出学生可能没有理解的要点。学生表示理解后，系统会为其提供更多不同形式的互动，帮助其强化理解，直至学生完全理解这两个概念为止。同时，教师也可以随时对学生的学习轨迹进行追踪和分析，从而及时调整教学进度。

对于学得快的学生，教师可以为其设计更深刻的学习内容，或者加快该学生的学习进度；对于在学习中存在困难的学生，教师可以为其提供特别辅导，并适当调整其学习内容，不会让学生在学习中感到力不从心。

对于教师来说，这个平台不仅能让他们以一种轻松的方式为学生提供个性化的教学，还能为他们提供学生学习情况的实时数据和自动分析结果，帮助他们更深入地了解每位学生的学习情况和学习特点。

另外，该平台还可以为教师不断改进教学内容提供参考，让他们可以根据班级整体特点和每位学生的实际情况做出更精准的教学规划，这在为他们节省时间的同时，也使其教学更有针对性。

目前，能够提供自适应学习产品的公司有很多，虽然每家公司的产品都具有不同的特色，但是"让教育更高效、更有趣、更个性"是这些公司的共同追求。

对年龄偏小的学生，一些公司还在自适应学习系统中加入了游戏元素，以增强学习的趣味性，提升学生的学习兴趣。美国的 DreamBox Learning 公司不但用游戏的形式组织数学课程，而且设计了一个让学生边玩边学的平台。学生通过做游戏，以及与平台进行互动来练习数学，平台会根据学生的表现推进学习进程，根据学生的进度适当调整学习和练习的内容，使学生轻松掌握所在年级的所有数学知识。

（二）虚拟导师

虚拟导师是一种自适应学习系统，其注重的不是课堂教学，而是在课后帮助学生自学和答疑。以英国的 Whizz Education 公司为例，它们的产品 Maths Whizz 就是一款能够帮助学生进行数学在线辅导的软件。该产品设计有一套与学校进度相吻合的课后学习课程，学生可以在学习的过程中随时提问，虚拟导师会为其进行解答，并且根据其反馈变换成更适合学生理解的讲解方式，直到学生完全学会为止。

同时，系统的家长端为父母提供了实时数据汇报，使他们能够随时掌握孩子的学习情况，了解孩子能否跟上学校的进度，发现孩子在学习中存在哪些困难等；家长还可以通过在线互动的方式鼓励甚至奖励孩子，使家长对孩子的监督也变得有趣。

目前，虚拟导师尚处于早期发展阶段，语音语意的识别，以及数据的进一步采集和分析是推动该领域进一步发展的关键技术。或许虚拟导师在几年内无法完全替代真人辅导，但会在课后辅导行业中占据越来越大的比重。

（三）教育机器人

教育机器人是一款以教育为重点，形状酷似人的机器，它除了具有机器人机体本身，还有相应的控制软件和教学课本等，能够和学生进行互动，为学生解答各种疑问。

位于纽约的 Elemental Path 公司推出了一款名叫 CogniToys Dino 的智能早教机器人，它可以直接和孩子对话，在听到孩子提的问题之后自动连接网络寻找答案，为孩子解惑。此外，它还能通过和孩子的交流逐渐学习和了解孩子的情绪和个性。通过增加与孩子交流的次数和频率，机器人可以更深刻地了解孩子，并更有针对性地与孩子沟通，逐渐贴近孩子的喜好。当然，这些对话要受到严密监控，以防止出现机器人误导孩子的情况。

（四）以编程和机器人为基础的科技教育

编程教育以编程语言的学习与计算思维的培养为目的，帮助学生学习编程语言的核心逻辑、算法、语法和结构。编程教育因为学生群体年龄跨度较大，会分阶段、有针对性地设计课程，让每个孩子在不同阶段收获不同的编程技能。此外，编程教育是基于软件项目开发设计的课程，其中会涉及与硬件的交互，通过可视化图形编程、代码编程和机器人编程，孩子可以选择适合自己的语言进行游戏、网页、App、动画、音乐和 AR/VR 等设计活动。

位于伦敦的 Primo Toys 公司针对 3 岁左右的幼儿设计了一款名为 Cubetto 的"木制机器人"（见图 7-1）。这是一款集教育和娱乐于一体的玩具，整套玩具有一个模块拼板、一些地图、一本故事书和一些代表不同指令的木制模块。孩子通过按照故事书中的描述在拼板上组合不同的模块来控制机器人，使其在地图上游历到故事中描述的不同地方。孩子通过自己动手"创造"机器人并使其在故事中进行旅行，在游戏中学会了动手，同时接受了最早期的编程启蒙教育。

图 7-1　木制机器人 Cubetto

同样，加拿大的 EZ-Robot 公司把注意力放在了大孩子甚至成人身上，它们出售的机器人产品高度模块化，并且配有详细的教程。无论是学校老师还是校外教育机构，甚至是学生自己，都可以用它们的产品作为学习编程和机器人设计的工具。即使是完全没有编程基础的人，也可以使用产品配套的可视化操作系统来设计自己想要的机器人。

（五）基于 AR/VR 的场景式教育

AR（增强现实）/VR（虚拟现实）也是一种得以普遍应用的智能化技术。AR/VR 技术在教育领域的应用最大的贡献是虚拟教学场景的呈现。虽然 AR 技术诞生了不短的时间，但是该技术最近才开始应用到教育领域。AR 技术非常适用于教育领域，因为它很好地匹配了情景教学和建构主义教育思想。

AR 技术提升了学习者探索各种学习材料的自主性，而且即便在做实验时出错也不会导致严重后果。学习者通过 AR 技术进入一个和现实高度相仿的环境，动态地进行交互式学习。由于虚拟和现实相互交融，学习者可以在正式和非正式的学习场景之间自由切换。

AR 技术在教育行业应用广泛，包括虚拟场景培训、AR 图书、AR 游戏学习和 AR 建模等。尤其是在职业教育领域，如医疗和建筑等领域的技能培训，AR 技术已经有了比较深入的应用。

爱尔兰的 Immersive VR Education 公司专注于开发 VR/AR 教学内容，"阿波罗 11 号 VR"是其中一款旗舰产品。只要戴上 VR 眼镜，用户就可以身临其境地体验阿波罗 11 号登月的整个过程。

Alchemy VR 公司与三星、谷歌、索尼、BBC、英国国家自然博物馆和澳大利亚悉尼博物馆等多家机构合作制作 VR 教育内容，提升了 VR 场景的逼真程度。在制作"大堡礁之旅"时，Alchemy VR 公司选择与 BBC 纪录片团队合作。该产品为世界各地的学生们提供了潜入澳洲湛蓝海水体验珊瑚礁生态环境的机会。

当前人们还在积极探索人工智能在教育科技领域的应用，但我们有理由相信，教育行业在未来将会出现教师与人工智能协作共存的情况，教师与人工智能发挥各自优势，在协作过程中实现个性化的教育、包容的教育、公平的教育与终身的教育，使学生得以全面发展。

（六）教育营销

对教育企业来说，营销获客是其面临的难题之一。很多中小型教育机构通常采用线下发传单或地推的方式推广课程，这种推广方式所产生的人工成本和资金成本较高，但转化率较低，且后期难以对转化效果进行追踪。一些大型教育机构有实力在线上开展付费营销，但需要在保证投资回报率的前提下，平衡好广告投放的量与质。

当前，AIGC 技术已经能够通过挖掘和分析教育机构内部的数据来了解教育机构目标用户的需求，并以此为依据制定精准营销方案，对营销效果进行追踪和评估，帮助教育机构更高效、更精准地实施营销推广。

以百度营销为例，百度营销基于文心一言大模型推出 AIGC 教育行业营销解决方案，将"轻舸""擎舵""商家 BOT"三项利器巧妙结合，在 AIGC 技术的支持下，为教育机构提供覆盖营销全链路的营销方案。"轻舸"依托自然语言交互技术，重构营销表达方式，减轻教育机构创编营销文案的压力；"擎舵"侧重用户触达环节，用户输入简单的创意需求，就可以生成精美的营销素材；"商家 BOT"覆盖从线索获取到到店的后链路，帮助教育机构提高使用百度营销工具的效果。百度的"轻舸""擎舵""商家 BOT"三项工具能够让教育机构从枯燥、重复地制作广告营销素材中解放出来，实现更高效的营销。

三、"人工智能＋教育"产品的具体应用

整个教育流程涉及教育机构、教师和学生三大主体，各个主体承担着不同的职责和任务，教育机构负责教育的运营和管理，教师负责教学工作，学生负责学习。在人工智能技术不断应用于教育产业的过程中，我国已经出现了一些"人工智能＋教育"产品，并且它们对教育机构、教师的部分工作起到了替代或辅助作用。

（一）教育机构管理中对人工智能产品的应用

学校和教育培训等相关机构的工作主要包括学校管理、人事行政管理和教务管理，而在一些工作中，人工智能可以起到替代和辅助作用，具体内容如表 7-1 所示。

表 7-1　教育机构的主要工作内容及人工智能可替代和辅助的工作

工作类型	具体工作内容	人工智能可替代和辅助的工作
学校管理	包括招生、咨询，基础建设规划，学校教育资产管理，设备管理，饮食服务，图书馆管理，安防、保卫工作，校医院服务管理等	包括招生、咨询，图书馆管理，安防、保卫工作

工作类型	具体工作内容	人工智能可替代和辅助的工作
人事行政管理	包括人才规划，人员流动，人才的招聘、引进、考核，职工薪资、福利、考勤管理，学生考勤管理，离退休职工工作管理等	学生考勤
教务管理	包括专业设置规划，教学发展规划，教学管理，教师培训，教学质量评价，学生成绩管理，教材建设，学生注册运行、选课、排课、分班，学生升学管理，学生职业规划，考试安排等	包括选课、排课，分班；学生升学管理，学生职业规划

在教育机构管理中，对人工智能的应用还比较少，尚未形成系统的闭环管理状态。目前，教育机构管理工作中应用的人工智能产品形态包括招生和咨询管理、智能分班排课、智能图书馆、智能考勤、智能升学和职业规划，以及智能校园安防，具体如图 7-2 所示。

智能图书馆
根据学生的学习兴趣和学习内容等为学生提供智能推荐书目服务

智能考勤
包括学生人脸识别考勤，人脸识别考试、监考等

智能分班排课
根据学生成绩、选课情况及教师教学质量等进行智能分班和排课

智能升学和职业规划
为学生升学、留学和求职提供智能规划和申请服务，如备考、报考、估分、职业能力测评等

招生和咨询管理
智能咨询服务类似于智能客服，根据招生结果对营销渠道进行分析，将人群标签与广告投放进行智能匹配

智能校园安防
包括校园视频监控、防盗监测、环境监测、火灾监测、漏水监测等

图 7-2 人工智能产品在教育机构管理中的应用形态

对学校来说，为学生进行分班和排课是一大难题。新高考改革后（语文、数学、外语为必考科目，物理、化学、历史、地理、生物、政治六科限选三科进行考试，成绩计入高考，并取消文理科考试区别），各个学校开始实施自主选课、分层走班、教师匹配的机制。这对行政班制度造成了很大的冲击，市场逐渐涌现出一些能提供智能分班排课的公司，如校宝在线、科大讯飞、课程帮、上海易教等公司都开发了此类产品。图 7-3 为校宝在线平台提供的智能排课解决方案。

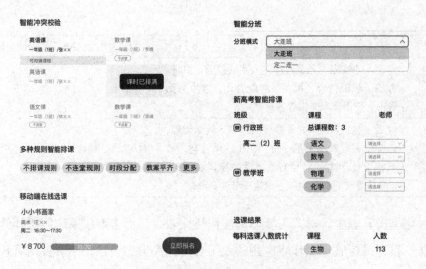

图 7-3　校宝在线平台提供的智能排课解决方案

在学生升学、职业规划中，针对高考后选择学校、留学学校选择以及就业规划指导等困扰学生和家长的关键问题，校宝在线、科大讯飞、百度教育和申请方等公司开发了智能升学、职业规划的智能服务，图 7-4 所示为申请方平台首页。

图 7-4　"申请方"平台首页

（二）教师工作中对人工智能产品的应用

对教师来说，日常的工作内容主要是教研、教学、学生管理及测评等。教研即教学研究，是指教师通过总结教学中遇到的问题及教学经验，研究出适合学生的教学方法，并开展科学的课前教材分析，制订科学的授课计划、考试计划等。教学工作是指教师为学生开展授课答疑，并为学生布置课后作业。学生管理是指教师对课堂、班级日常生活、学生学习情况开展的一系列管理工作。测评是指教师对学生作业、考试情况进行批改与分析。

目前，人工智能已经能够替代教师完成一部分工作（见表7-2），从而使教师的精力和压力得到一定程度的缓解，使教师能更好地对学生开展个性化教学和辅导，让学生更好地实现自适应学习。

表7-2　教师的主要工作内容及人工智能可替代和辅助的工作

工作类型	具体工作内容	人工智能可替代和辅助的工作
教研	包括教学分析、授课规划、习题规划、教学实验规划、考试规划和分析、学生学习心理分析等	包括授课规划、习题规划、考试规划和分析、学生学习心理分析
教学	包括授课、课后答疑、课后作业布置等	包括授课、课后答疑、课后作业布置
学生管理	包括课堂管理、班级日常生活管理、学生学习情况分析等	包括课堂管理、学生学情分析
测评	包括作业批改和分析、考试评分和分析、艺术学习陪练等	包括作业批改和分析、考试评分和分析、艺术学习陪练

目前，市场上能够对教师工作起辅助作用的人工智能产品主要有图7-5所示的五类。

图7-5　应用于教师工作中的人工智能产品

除了以上五类产品，还有一些产品能够提供学情分析、情绪识别等智能服务。学情分析是指通过对学生的学习习惯、学习进度和学习成绩等情况进行智能分析，给出相应的分析报告，为教师实施学生学情管理提供数据支持，协助教师设计个性化教学方案。

目前，学情分析服务主要是兼容在以上五类产品中，对学生学习情况进行分析和反馈。情绪识别是指运用图像识别技术来识别学生课堂表情，并对其进行分析，协助教师了解学生学习集中度、知识兴趣点及学习困难点，目前相应的产品有

VIPKID、好未来等。

1. 英语语音测评

在我国，英语学习是学生学习任务的重要组成部分。我国中高考改革方案对英语口语的重视程度越来越高，很多省份已经将英语口语考试成绩纳入中考和高考总分，这刺激了市场对英语口语学习的需求，市场上应运出现了一些促进英语口语学习的产品，如流利说、云知声等。

人工智能运用语音识别、自然语言处理等技术，可以让用户在学习英语口语的过程中实现对语音语调标准、口语流利度的测评，进而提高自身的口语表达能力。目前，市场上的英语语音测评类人工智能产品的形态主要有智能口语考试系统和智能口语老师两类。

（1）智能口语考试系统

智能口语考试系统针对的主要是教育机构，它能为教育机构提供系统的英语学习、教学和考试方案。以驰声科技的英文口语评测产品为例，其提供的主要服务如图 7-6 所示。

图 7-6　驰声科技英文口语评测产品提供的主要服务

（2）智能口语老师

智能口语老师通过运用语音识别和自然语言处理技术，为用户提供口语学习和测评服务，其工作原理如图 7-7 所示。

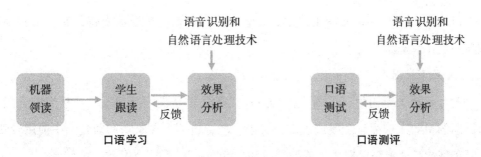

图 7-7 智能口语老师的工作原理

以流利说 App 为例,它既能为用户提供日常口语学习训练(即日常口语老师),也能为用户提供口语模拟考试(即应试口语老师)。日常口语老师能够为用户提供日常口语学习训练,帮助用户矫正发音,培养语感,精准定位用户英语口语水平,为用户量身定制系统课程,且实现学习数据全追踪,让用户全面掌握自身学习进程(见图 7-8);应试口语老师能够为用户提供真实的口语考试场景,帮助用户准确评估考试成绩,考试后为用户逐句扫描分析口语错误,并形成详细的分析报告(见图7-9),为用户提出改进和指导意见。

图 7-8 英语口语学习数据追踪

图 7-9 考试分析报告

当前市场上的英语语音测评类产品其功能涵盖了多种口语学习和考试类型,如音标发音、短文朗读、看图说话、口头作文等,大大降低了教师为学生提供口语陪练及口语考试测评和评分的工作量，为教师因材施教提供数据支持，有效地提高了教师的工作效率。

2. 教育机器人

教育机器人是由生产厂商专门开发的以激发学生学习兴趣、培养学生综合能力为目标的机器人成品、套装或散件。目前，教育机器人在家庭和幼儿园中使用较多，主要实现的是儿童陪伴娱乐、辅助学习和生活助手等功能，如图 7-10 所示。

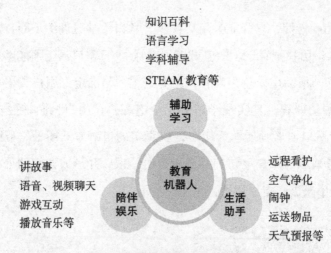

图 7-10　教育机器人的主要功能

在学校里，教育机器人可以为教师的教学工作提供辅助，有效地增加了课堂的趣味性和生动性。在家庭中，教育机器人能扮演儿童家庭教师的角色，在陪伴孩子的同时更能为孩子提供简单的一对一教育服务。具体来说，教育机器人所发挥的作用主要表现在以下三个方面。

（1）成长陪伴

对于大多数父母来说，由于工作的需要，他们无法长时间陪伴在孩子身边。当父母无法陪伴孩子时，教育机器人则可以帮助父母承担一定的陪护责任，与孩子进行互动聊天、游戏互动、娱乐互动等。

（2）趣味学习

教育机器人内置大量百科知识、英语发音跟读系统、算术题、唐诗宋词、童话寓言故事等，能够实时回答孩子提出的各种问题，通过互动教学，提升孩子的学习兴趣。

（3）记录孩子成长

教育机器人运用拍照、视频等功能，根据与孩子的日常互动，实现对孩子的生活习惯、兴趣爱好等成长记录，协助家长和教师了解孩子的成长轨迹和成长特点。

3. 智能陪练

智能陪练类产品主要是针对素质教育，如音乐、美术、书法等。人工智能陪练能帮助学生分析自己的学习程度，并为学生进行智能纠错，生成学情报告，帮助学生改进学习方案，提高学习效果。当前，我国已实现智能陪练的素质类教育领域主要集中在音乐陪练。

音乐智能陪练产品通过运用知识图谱、数据挖掘等技术，可在练习者演奏练习时发现并纠正其中的错误，还可以对练习者的日常练习展开个性化测评，并生成测评分析报告，然后以此为依据生成个性化的练琴方案，帮助练习者自主学习音乐。

智能陪练类产品的特点如图 7-11 所示。

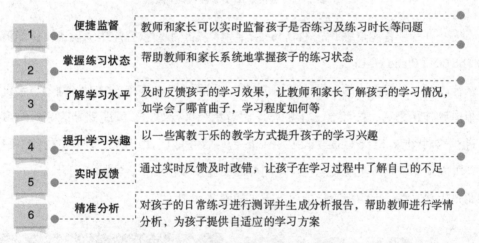

1	便捷监督	教师和家长可以实时监督孩子是否练习及练习时长等问题
2	掌握练习状态	帮助教师和家长系统地掌握孩子的练习状态
3	了解学习水平	及时反馈孩子的学习效果，让教师和家长了解孩子的学习情况，如学会了哪首曲子，学习程度如何等
4	提升学习兴趣	以一些寓教于乐的教学方式提升孩子的学习兴趣
5	实时反馈	通过实时反馈及时改错，让孩子在学习过程中了解自己的不足
6	精准分析	对孩子的日常练习进行测评并生成分析报告，帮助教师进行学情分析，为孩子提供自适应的学习方案

图 7-11　智能陪练类产品的特点

以音乐笔记为例，其旗下的"大眼睛钢琴陪练"采用硬件与 App 结合的方式，能够为 4～12 岁琴童提供智能化的陪练服务。孩子在练琴的过程中佩戴智能腕表，智能腕表系统通过肌肉电采集孩子的练习数据，从音准、节奏、双手配合、指法、乐句、放松程度、触键力度和演奏方法八个维度对孩子的练习效果进行评测（见图 7-12）。随后 App 上会标出孩子在练习中存在的薄弱点，然后通过设计关卡，为孩子推荐下一步学习内容。

此外，音乐笔记还同时提供线上一对一真人直播课程，利用智能硬件采集学生的手部动作与钢琴键盘图像，通过人工智能技术对采集到的数据进行分析，从而分析学生的整个学习过程。

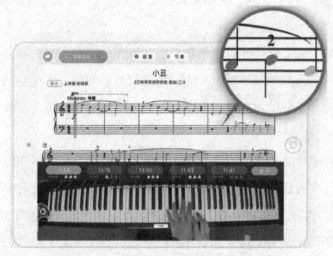

图 7-12　音准、节奏智能实时纠错

另一款音乐智能陪练产品 The one 智能钢琴推出了两款智能陪练设备：智能钢琴和 The ONE Piano Hi-Lite。

智能钢琴是智能化的钢琴（见图 7-13），它能与 App 连接，学生将钢琴与手机或平板电脑连接之后，按照 App 上的指示跟着钢琴进行练习。智能钢琴能够对练习效果进行实时纠错。The ONE Piano Hi-Lite 是一款智能硬件产品，其安装在传统钢琴上，可以使传统钢琴实现智能化。它同样需要连接手机或平板电脑，配合 App，实现智能分析和反馈，推荐定制化学习方案，如图 7-14 所示。

图 7-13　智能钢琴

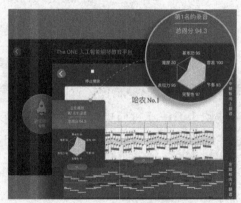

图 7-14　智能测评

4. 智能批改 + 习题推荐

智能批改 + 习题推荐类产品主要运用的是图像识别、自然语言处理、数据挖掘等技术，其具体运作流程如图 7-15 所示。

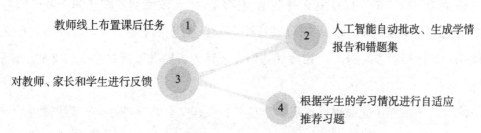

图 7-15　智能批改 + 习题推荐类产品的运作流程

教师在产品系统中布置好课后任务，学生和家长会同时收到通知，学生在纸面上完成作业后将其拍照上传至系统，或直接在系统上完成作业并提交，系统会对学生提交的作业进行自动批改并生成作业分析报告。这样不仅能让家长在系统上查看学生作业的完成情况，还可以让教师通过研究学生作业分析报告，了解学生的学习情况，并为其制定个性化的教学方案。同时，系统还会对学生的错题进行整理，并为学生智能推荐习题。

与人工批改相比，智能批改的优势主要体现在图 7-16 所示的五个方面。

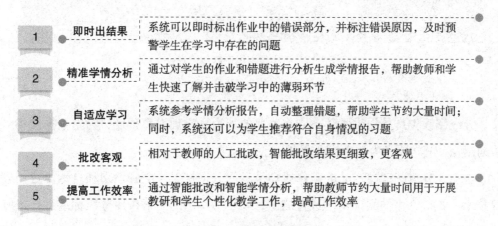

图 7-16　智能批改的优势

在实际应用中，个别人工智能教育类产品是不包含智能批改、学情分析和习题推荐这一完整的服务流程的。在当前的市场中，一些学生作业批改类型的产品包含完整的流程；考试批改类型的产品主要包括智能批改和成绩分析功能；一些作业布置类的产品包括习题推荐和学情分析功能，批改部分由教师线上完成。

以科大讯飞推出的智能阅卷系统为例，该系统基于讯飞人工智能算法和深度学习技术，能够为用户提供专业的面向教育领域的语音识别、图像识别、大数据的服务。在英语学科方面，该系统支持英语填空题、短文改错题、作文题的智能阅卷。对填空题和短文改错题，该系统可以直接根据答案进行智能评分，而对英语作文，系统除了能进行自动评分外，还会针对作文进行的智能批改提供非常丰富的点评和批注。

此外，该系统还能够提供班级、学校等各级作文分析诊断报告，帮助教师了解学生写作薄弱点，并进行针对性教学以及相关课题的教学研究。在数学学科方面，目前已支持数学填空题的智能评分，如图 7-17 所示。

图 7-17　数学学科填空题智能评分

5. 分级阅读

分级阅读类产品根据学生不同年龄段的智力和心理发育程度，为学生提供相对应的读物，其本质是为学生找到适合自己阅读的书。

当前，分级阅读类产品的工作原理是运用数据挖掘、语音识别和自然语言处理等技术，先对学生的阅读水平进行测试，并将书库中的图书按照分级标准进行智能分级，然后通过分析学生阅读水平测试结果为其匹配相应级别的书目，最终实现智能推荐。系统对学生的阅读情况进行测评并生成分析报告后，教师和家长可以根据该分析报告对学生阅读情况进行监督并帮助其进行针对性练习。其中，英文分级阅读测评的方式包括学生听读、跟读、测试，中文分级阅读的测评主要是根据学生阅读时长和阅读试题得出测评结果。

分级阅读类产品可以提高教师收集书目、推荐书目和阅读监督等工作的效率，促进学生自适应阅读能力的培养，从而实现分级阅读的目标——为学生选择适合自己阅读的书，完美协调学生阅读难度和阅读兴趣、阅读能力的匹配问题，使学生能够读到既感兴趣又能提升阅读能力的好书。具体来说，智能分级阅读的优势主要体现在图 7-18 所示的五个方面。

1 提高学生的阅读兴趣
通过智能推荐匹配书目，科学地指导学生选择自己真正喜欢的书，从源头上解决学生阅读兴趣缺失的问题

2 培养学生的阅读兴趣
通过为学生推荐适合其阅读水平的书目，了解学生兴趣，帮助学生养成良好的阅读习惯

3 了解个人阅读水平
定期测试学生的阅读水平，帮助教师和家长了解学生阶段性的阅读水平

4 全方位监测
教师和家长可以实时查看学生的整体阅读量、阅读偏好等情况，轻松地监督学生，并为其设计具有针对性的训练方案

5 及时生成精准的分析报告
自动生成分析报告，从不同维度对学生的阅读能力进行全面分析，精准定位学生在阅读过程中出现的问题，实现学生自适应阅读

图 7-18　智能分级阅读的优势

相较于美国成熟的分级阅读市场，目前国内分级阅读类产品较少，且以英语分级阅读为主，如悦读家园、雪地阅读。中英文分级阅读产品模式整体相同，英文分级阅读的测评部分多了听读和跟读的功能，对学生口语朗读进行校正。

以考拉阅读为例，这是一款针对小学阶段学生的中文智能分级阅读产品。平台包括四大端口：教师端、学生端、家长端和校长端，主要具有 ER 测评（ER 是文本难易程度和中文阅读难易程度的单位）、分级书库、阶梯阅读、阅读监测和分析报告等功能。考拉阅读各个端口的主要功能如表 7-3 所示。

表 7-3　考拉阅读各个端口的主要功能

端口	主要功能
教师端	（1）建立班级并布置阅读任务。教师可以为所有学生布置统一的阅读任务，也可以一键智能布置阶梯任务，也就是按照每位学生的阅读水平为其布置相应的阅读任务 （2）教师可以随时检查学生阅读任务的完成情况，包括测试得分、阅读用时、读书笔记 （3）教师可以查看班级整体阅读情况分析和学生个人学情

端口	主要功能
学生端	（1）在教师建立班级并布置测评的情况下，学生进入班级进行时长25分钟的阅读能力测试——ER测试 （2）学生可以查看教师发布的阅读内容，开始阅读并完成相应的试题 （3）根据ER值的不同，学生根据自己的ER测试结果进入相应部分进行阅读，同时系统还会根据学生的ER值为其个性化推荐文章
家长端	（1）实时接收老师布置的阅读任务 （2）可以随时查看学生阅读情况和整体阅读学情
校长端	查看班级阅读数据报告和学情管理系统，系统掌控各个班级阅读情况，并制订相应的阅读计划

（三）学生学习中对人工智能产品的应用

未来的教育要求满足学生的个性化需求，研究人工智能在个性化学习中所起的作用关系着未来教育的发展。学生在学习过程中对人工智能产品的应用主要表现在以下两个方面。

1. 在学习中辅助进行整体归纳

学生在学习过程中的主要任务是预习、整理笔记、整理错题、完成课后作业与课外习题练习等。其中，现在可以被人工智能替代的工作内容如表7-4所示。

表7-4 学生自主学习内容与人工智能完成内容

自主／人工	预习	整理笔记	整理错题	完成课后作业	完成课外习题练习
学生自主学习	√	√	√	√	√
人工智能		√	√	√	√

智能书写本类产品的应用范围十分广泛，包括学生日常学习、教师备课及教学工作等。笔记整理与错题归纳产品，既包括智能批改与习题推荐类型的产品，也包括智能书写本产品。其中，智能书写本产品需要硬件支持，用户通过智能产品录入手写笔记、公式等，智能书写本可对其进行自动批改和分析。

例如，小猿智能练习本内置超过7亿的全科题目自动批改，还能实现对学校布置的家庭作业、额外购置的练习册等题目的智能批改。家长可以将空白题目通过专属小程序上传至练习本内，孩子完成习题后由练习本进行一键批改，并将错题收录到专属错题本。

小猿智能练习本可以同步学校教材，根据课堂教学进度自动给孩子进行听写、默写，对于孩子写错的地方，还能提供正确的教学视频帮助孩子掌握正确的写法。小猿智能练习本会将孩子的错题按照知识点进行归纳，孩子可以通过错题本中的"薄弱点专项"板块检验自己是否掌握了某个知识点。图7-19所示为小猿智能练习本的错题本。

图 7-19　小猿智能练习本的错题本

2. 解决学生搜题、找题的麻烦

人工智能在学生完成课后作业与课外习题中的应用主要包括题目搜索与推荐，如拍照搜题和题库类产品，其产品的技术要求与功能如表7-5所示。

表 7-5　拍照搜题类产品的技术要求与功能

项目	具体内容
技术要求	**图像识别技术**：采用图像识别技术进行题目搜索，对图片识别率、正确率有较高的要求
	海量题库：图片识别后，需要从后台的海量题库中搜索习题答案，对题库质量和数量都有较高的要求
功能	**提升学习效率**：帮助学生快速解答各种疑问，自动生成错题本并进行分析，提升学生的学习效率
	智能推荐习题：根据学生查找习题情况、年级等要素智能推荐适合学生的习题，为学生推荐优质题源

拍照搜题类产品是指学生对题目进行拍照后，上传至拍照搜题产品中，系统通过图像识别技术对其进行识别与自动搜索，而后将答案反馈给学生。此类型的产品有作业帮、小猿搜题、万题库、纳米盒等。

当前，拍照搜题类产品发展相对成熟，市场上产品具有较大的同质性，主要服务对象是小学、初中和高中的学生，产品内容大同小异，竞争激烈。其产品功能主要包括拍照搜题、智能分析学生的学习情况、智能推荐习题和提供付费教师答疑服务，以及一对一或小班教学服务。

以小猿搜题为例，其题库类产品能为学生提供大量习题，并通过学生在系统上做的题目和正确率对学生的学习情况进行智能分析，遇到不会做的题，学生可以拍照查看详细解析，观看教师视频讲解（见图7-20）。小猿搜题还有兄弟产品小猿口算和猿辅导，小猿口算可通过拍照实现一秒检查小学作业，目前已全面覆盖小学阶段数学、语文、英语等各种题型，猿辅导能为学生提供教师一对一在线辅导服务，图7-21所示为小猿口算检查的数学口算题。

图 7-20　小猿搜题视频讲解

图 7-21　小猿口算检查的数学口算题

第八章

人工智能＋媒体——智能技术推动媒体深度重构

随着人工智能技术的发展，人工智能的应用已经逐渐渗透到媒体领域的各个环节，两者的结合带来了个性化的信息传播、智能化的内容生产及数据驱动的决策过程，重构了媒体领域的生态格局。随着人工智能技术的不断创新和发展，未来的媒体会更加智能、高效，对用户的吸引力更强。

一、驱动人工智能赋能媒体的因素

当前，人工智能赋能媒体的时机和条件已经成熟，具体表现在以下三个层面。

（一）政策层面

人工智能连续多年被写入政府工作报告，成为每年两会的热门话题。2021年两会期间发布的《中华人民共和国国民经济和社会发展第十四个五年规划和2035年远景目标纲要》明确指出推进媒体深度融合，做强新型主流媒体；完善应急广播体系，实施智慧广电固边工程和乡村工程，从国家政策层面指明了媒体深度融合的发展方向。

（二）技术层面

我国已经在2021年进入全媒体传播体系建设2.0时期，中央和地方各级媒体开始致力于打造集人工智能、大数据、云计算于一体的媒体平台，重点打造与媒体业务流程及应用场景相契合的人工智能中台架构。

在中台架构的支持下，媒体在智能审核、算法分发等方面实现了新突破。在智能审核方面，有了智能算法知识图谱的支持，音视频能实现秒级审核，审核精度得以大大提高；在算法分发方面，智能分发算法体系纳入了引导力、传播力、影响力等指标，算法得以不断完善，使得内容分发更加符合主流价值观。

（三）应用层面

在当下，智能媒体被广泛应用于应急传播、灾情报道、政务管理等新场景中，形成"智能媒体＋社会治理"的创新模式，图 8-1 所示为新浪新闻客户端上线的灾情报道功能。云上音乐厅、智能拍摄机器人等智能应用相继出现，智能媒体在文旅、会展等垂直行业得以应用，形成了智能媒体＋各行各业的创新模式。例如，在文旅方面，在人工智能、VR、AR、全景声等技术的加持下，传统文旅项目给用户带来了更具沉浸感、互动感的体验，图 8-2 所示为央视网在抖音平台上直播的云上音乐厅。

此外，智能虚拟人在多个领域获得应用，快速实现商业化，越来越多的企业加速了在元宇宙领域的布局，推动了智能产品商业化进程。

图 8-1　新浪新闻客户端灾情报道

图 8-2　央视网云上音乐厅

二、人工智能赋能媒体的演进

按照人工智能技术的发展历程和其参与媒体相关活动的深入程度，可以将人工智能技术赋能媒体分为三个阶段，分别是辅助生产、初步自动化和自动生成内容。

（一）辅助生产

在最初时期，人工智能技术主要是作为辅助工具参与到媒体相关活动中，例如，错别字检查工具、翻译软件、语音转文字工具等都是作为辅助工具服务于媒体活动的特定环节，有效提高了媒体特定生产环节的生产效率。

（二）初步自动化

随着人工智能技术的发展，人工智能工具逐渐具备了独立写作的能力，从而独立生成信息。早在 2014 年，美联社就开始使用智能机器人进行新闻写作。在国内，早期具有代表性的自动新闻写作机器人有百度的 Writing-bots、今日头条的 Xiaomingbot、第一财经的 DT 稿王等。在这一阶段，智能机器人只能写作特定类型的新闻稿件，如财经新闻稿件、体育新闻稿件、健康领域的新闻稿件等。

（三）自动生成内容

生成式人工智能技术的发展，尤其是 ChatGPT 的出现，标志着人工智能进入自动生成内容阶段。应用在媒体领域的智能机器人能够自动生成内容，形成高质量的新闻稿件、新闻视频、邮件等内容。例如，路透社、美联社、英国广播公司等媒体开始使用人工智能工具（如 ChatGPT）来制作内容，以更好地为用户提供个性化的内容。在国内，新京报、广州日报、中国妇女报、澎湃新闻等媒体也接入百度的文心一言，开始让生成式人工智能工具参与到工作中。

三、人工智能对媒体行业的影响

人工智能技术进入媒体行业，打破了媒体信息原有的传播格局，使媒体行业在内容生产、信息传播、信息接收各个环节都发生了剧烈变化。

（一）信息生成：人机互助，形态多样

人工智能在媒体行业的应用推动了人工与智能的结合，人工与智能两者相互配合、相互协调，使媒体行业在内容生产方式上发生了变化。例如，在新闻领域，人工智能的参与大大提高了新闻采编活动的效率。在一些复杂的新闻采编中，人工智能在抓取和整理数据方面发挥了重要作用。例如，写作机器人就能从大规模数据中快速、精准地抓取所需内容，大大提高了新闻工作者采集内容的效率。对媒体工作

者来说，自动生成技术将他们从重复、枯燥的工作中解放了出来，使他们有更多的时间和精力策划更有深度、更具人类温度的内容。

人工智能工具能够自动生成内容，新华社的“快笔小新”、今日头条的“张小明”、第一财经的“DT稿王”等写稿机器人被应用于新闻写作，它们通过采集、处理数据，然后将数据代入新闻写作的“5W1H”模板就能快速生成新闻稿件。以“快笔小新”为例，其编稿的基本流程包括三个步骤（见图8-3）。人工智能参与内容生产大大提高了新闻稿件的生产效率，有效确保了新闻的时效性。

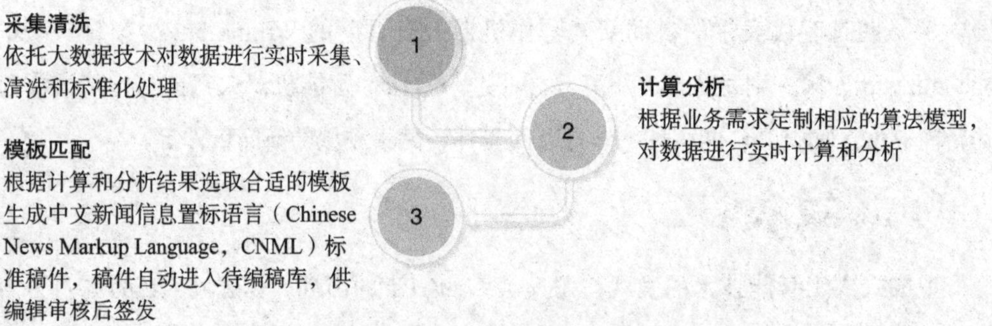

采集清洗
依托大数据技术对数据进行实时采集、清洗和标准化处理
1
计算分析
根据业务需求定制相应的算法模型，对数据进行实时计算和分析
2
模板匹配
根据计算和分析结果选取合适的模板生成中文新闻信息置标语言（Chinese News Markup Language，CNML）标准稿件，稿件自动进入待编稿库，供编辑审核后签发
3

图8-3 “快笔小新”编稿的基本流程

传统的信息主要是文字、图片、视频等形式，而在人工智能技术的支持下，媒体可以实现多模态的信息结构，利用VR、AR技术创造更具场景化和沉浸感的信息形式，有效提升了媒体信息的吸引力和感染力。

例如，在2022年中央电视台的春节联欢晚会上，创意音舞诗画《忆江南》节目就运用XR（扩展现实）、CG（计算机生成图像）和动画制造等技术，以古朴雅趣的水墨画形式为观众还原了《富春山居图》，完美诠释了中国古代文化的独特魅力，如图8-4所示。

CCTV 1
综合
CCTV.com
2022

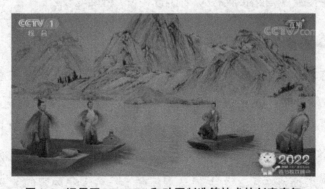

图8-4 运用了XR、CG和动画制造等技术的创意音舞

（二）信息传播：更具新鲜感和个性化

在信息传播环节，人工智能合成主播使得媒体播报人员的结构发生了变化，不仅缩减了媒体行业的成本，还使用户耳目一新，获得了新鲜感。例如，在央视新闻播报中，人工智能合成主播的加入打破了新闻节目传统的以个人或男女搭档进行播报的模式，让新闻播报人员的构成更具灵活性。又如，湖南卫视的娱乐节目中加入数字主持人"小漾"（见图 8-5），扩大了主持人的范围，也提高了节目的趣味性。

图 8-5　虚拟主持人"小漾"

在提高信息新鲜感的同时，人工智能技术也让信息分发更具个性化。借助智能算法，各个媒体平台可以更精准地收集用户数据，通过分析数据挖掘用户数据和偏好，从而向用户推送更符合他们兴趣和需求的个性化信息，使信息的接收更为精准。

（三）信息接收：更具交互性

人工智能技术改变了传统的信息接收方式，语音交互技术的应用让用户在接收信息时获得了更具互动性的体验。例如，微软小冰可以将文字式的新闻变成对话，用户不再是单纯地看新闻，还可以问新闻，由小冰答新闻，在接收信息的过程中，用户获得了更具交互式的体验。

四、人工智能在媒体领域的应用

人工智能在媒体领域的应用主要体现在以下五个方面。

（一）自动生成内容

人工智能工具可以在分析大数据的基础上自动生成文章、图像、视频等各类媒体内容，帮助媒体工作者提高工作效率。例如，微撰是一款人工智能写作工具，支

持生成新闻、软文、议论文、营销文案等稿件，让用户实现高效地撰写文章。图 8-6
所示为微撰自动生成的新媒体文章。

图 8-6　微撰自动生成的新媒体文章

（二）辅助内容生产

人工智能辅助内容生产主要表现在以下两个方面。

第一，在媒体工作者创作内容的过程中，人工智能工具可以在理解媒体工作者思想的基础上，为其提供与内容紧密相关的素材、延展内容等，如以图搜图、智能配图、语义关联、视频关键帧查询等，从而为媒体工作者提供创作灵感。

第二，人工智能技术能够实现字幕自动识别、语音自动转换、视频智能拆条、关键帧提取等，为媒体工作者完成部分工作，帮助媒体工作者提高工作效率。例如，新华智云媒体大脑利用人工智能技术帮助编辑人员实现视频快速拆条并一键发布多平台。2022 年北京冬季奥林匹克运动会期间，央视新闻就使用新华智云 MAGIC 短视频智能生产平台对北京冬季奥林匹克运动会闭幕式进行快速拆条和分发，有效节省了编辑时间，并实现了视频的快速传播。

（三）内容审查

人工智能工具能够实现智能校检、敏感提醒、影像鉴别等，自动检测媒体生产的内容中的敏感信息、违规行为、恶意低俗广告等，确保媒体生产的内容符合平台要求和相关法律法规，降低媒体账号运营合规风险。例如，天津津云新媒体创建的津云媒体智能风控平台依托深度学习、人脸识别技术，能够实现对文本、图片、音频、视频等内容进行涉黄、涉暴、涉政、黑链等违规内容的检测，实现媒体内容安全智能化，促进网络信息安全。

（四）智能分发

人工智能工具能够通过分析数据进行内容传播预测和分发匹配，让内容在受众端和媒体端实现精准推荐，使媒体生产的内容与用户个性化需求之间实现智能匹配。常见的智能分发场景有平台根据终端受众的画像向受众推荐符合其个性化需求的内容、平台内部向不同的账号分发流量、平台为广告主设计广告投放模式等。例如，在抖音、微信等新媒体平台上，智能分发能够通过监测实时数据识别刷流量的行为，从而让虚假流量无处遁形，以确保平台流量分发的公平性。

（五）舆情监控

人工智能工具可以实时监测媒体平台上的舆情动态，帮助媒体工作者及时发现负面舆情，并发出预警，从而让媒体工作者迅速采取应对措施，降低负面舆情产生的消极影响。

五、智能媒体建设案例

在人工智能时代，媒体行业正向着智能媒体的方向发展，为了更好地应对智能时代的挑战，越来越多的媒体平台开始依托人工智能技术向智能媒体进行转变。

（一）央视网

央视网由中央广播电视总台主办，是以视频为特色的中央重点新闻网站，是央视的融合传播平台。央视网建立了人工智能编辑部，深入探索将人工智能技术全面应用在新闻采集、生产、分发、接收、反馈之中，打造独具总台智造特色的产品创新基地。

央视网人工智能编辑部打造的部分智能产品如表 8-1 所示。

表 8-1　央视网人工智能编辑部打造的部分智能产品

产品名称	简介
智闻平台	依托信息采集和人工智能识别提取技术，智闻平台能够快速抓取网站、电视、App 等多种平台的热点，并发现热点源头、发展过程、变化趋势，帮助相关人员快速积累有价值的素材
智慧媒资	依托图像识别、人脸识别、物体识别、字幕识别等技术对视频资源的关键帧进行分析和整理，为各个视频添加标签，从而让资料库中的视频资源变得更调理化、结构化，便于检索

产品名称	简介
质感超分	利用人工智能技术将低分辨率的视频重建为高分辨率的视频，在提升画面质感的同时有效降低带宽成本
大数据分析及用户画像系统	广泛采集论坛、微博、微信、移动客户端、境内外网站、电视等媒体平台的业务数据、内容数据、用户数据，并对这些数据进行实时高并发在线分析。此外，该系统还能精准分析用户行为和媒体运行态势
融媒智控	具备自主研发的知识图谱和主流算法模块的智能内容审核风控平台，能够快速识别文本、图片、视频、音频中的不良信息
智晓	全媒体信息巡检预警平台，可大小屏联动、多场景覆盖、全天候响应地进行实时信息监测和预警，及时捕捉、精准分析各类负面敏感信息内容
智慧思政云平台	具有智慧思政素材数据库和智能备课功能，依托大数据分析、人工智能识别分析等技术，能满足用户在思政育人场景下的教学、备课、学习、互动交流等需求

（二）哔哩哔哩平台

哔哩哔哩（bilibili，又称 B 站）早期是一个动画、漫画、游戏内容创作与分享平台，经过十几年的发展，其围绕用户、创作者和内容形成了一个不断产生优质内容的生态系统。为了给用户带来更好的使用体验，哔哩哔哩不断提升平台运营技术水平，开源自研动漫超分辨率模型，建立社区自净系统，推出了"搜索 AI 助手"。

1. 动漫超分辨率模型

哔哩哔哩平台开源自研动漫超分辨率模型 Real-CUGAN（Real Cascaded-U-Net-style Generative Adversarial Networks，真实的、级联 U-Net 风格的生成式对抗网络），该模型可以让老旧动漫的画面变成高清画面。Real-CUGAN 是一个使用百万级动漫数据进行训练的模型，其结构与 Waifu2x 模型相同，但因为 Real-CUGAN 使用了新的训练数据与训练方法，所以形成了不同的参数和推理方式。

与目前广为流行的、能有效提高动漫画质的 Waifu2x 模型和 Real-ESRGAN 模型相比，Real-CUGAN 在速度和兼容性等方面都有一定的提升，能帮助动漫领域的用户原创内容（User Generated Content，UGC）创作者更便捷地制作出画质更好的视频。

2. 社区自净系统

为改善社区环境，哔哩哔哩平台搭建了基于人工智能的弹幕评论社区自净系统——阿瓦隆。阿瓦隆系统是根据哔哩哔哩社区用户对弹幕的点赞、举报数据训练的人工智能模型，该模型能自动识别不良弹幕和违规弹幕，从而减少社区负面内容，改善社区环境。

3. 搜索 AI 助手

用户在哔哩哔哩搜索框中输入词条进行搜索后，搜索 AI 助手会生成结果，供用户参考，并且会在结果后面列出参考了哪些视频内容，甚至给出参考视频内容的来源，如图 8-7 所示。与传统的知识条搜索只为用户提供搜索结果不同，搜索 AI 助手为用户提供的是一个完整的知识体系和解决方案，用户可以根据搜索 AI 助手提供的搜索结果直接进行学习。

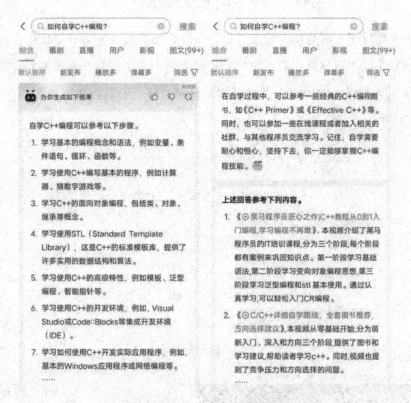

图 8-7 搜索 AI 助手的搜索结果

（三）快手平台

快手是由北京快手科技有限公司运营的以短视频、直播为主，同时辅以图片、音乐等多种多媒体形式记录和展示用户生活的平台。为了助力创作者创作作品，快手推出了快手云剪，为创作者提供素材、云端剪辑等服务，创作者无须下载软件，在网页就能使用快手云剪创作作品。

快手云剪为创作者提供的创作工具如图 8-8 所示。

图 8-8　快手云剪为创作者提供的创作工具

以文字转视频工具为例，该工具利用系统跨模态检索能力，帮助创作者实现由纯文字内容快速生成视频内容的操作，创作者输入文案内容（见图 8-9），系统可以自动匹配视频素材，然后创作者可以调整视频素材，生成与文案内容相符的视频，如图 8-10 所示。

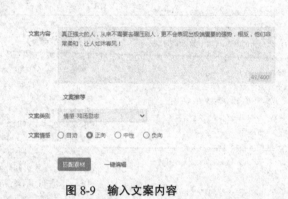

图 8-9　输入文案内容

图 8-10　调整视频素材

第九章

人工智能＋安防——人工智能守护平安生活

> 随着大数据、云计算、物联网等创新技术的不断发展，人工智能将在数据化程度高的行业快速实现落地。安防监控领域恰好具有数据可得性高、数据层次丰富的特征，目前安防监控领域已进入数据"大爆炸"的时代。如今，在公共安全领域，尤其是视频监控技术应用领域，"人工智能＋安防"应用已经落地。

一、传统安防面临的四大痛点

人工智能为安防产业带来了巨大的发展机遇，人工智能＋安防的组合应用对传统安防功能价值产生了颠覆性的影响。传统安防问题制约着我国城市安防工程的建设。具体来说，传统安防在建设平安城市、智慧城市过程中的问题集中表现在以下几个方面。

（一）人口流动量大，监控受限

我国城镇化建设步伐不断加快，城市人口不断膨胀，在城市中形成了一些人流密集区域。此外，在一些大型会议、活动举办时期或节假日时期，活动举办地或一些旅游景点的人口流动量会瞬间扩大，这些都增加了安防工作者对人员监控的难度。

（二）视频监控生产厂商鱼龙混杂，产品质量良莠不齐

我国安防产业有着极大的市场空间，但安防市场鱼龙混杂，产品质量良莠不齐。就安防领域中市场份额最大的视频监控产业来说，虽然新技术的进步让整体产业发生了质的改变，市场需求也日渐凸显，但也吸引了很多不良厂商搞投机，一些供应

企业根本没有自己的核心技术，只花钱买个平台或贴牌某个产品就将产品投入市场，造成市场上产品、系统质量良莠不齐，市场竞争无序。

（三）视频资源利用率低，数据检索难度大

这是目前传统安防面临的最大困难和亟须智能化的主要原因。我国城市视频监控数量与发达国家相比仍有很大差距，但我国的人口数量和城市规模导致这些设备产生了惊人的视频数据量。要想搭建基础的视频监控网络和基础设施，其难度并不高，但要想利用这些数据为安防业务提供快速而准确的支持，则有着不小的难度。

目前，警务处理仍是以事后取证为主，而多数公安系统在运营维护及资源使用方面还处于偏低水平，视频故障与丢失、视频不清晰或视频数量过多为办案人员的侦查带来了巨大的障碍。视频数据量越来越多，且系统逐步扩充，这时如果单纯依靠传统安防手段和人工识别，数据检索工作的效率会非常低。

（四）信息孤立、不对称，工程实施有难度

数据孤岛是整个智慧城市建设中无法回避的议题，安防智能化改革中也面临着同样的问题。

在传统的安防体系中，各管辖区域、各平台系统之间信息不共享，更无法与公安部门的人员信息系统相对接。无论是在硬件匹配还是在平台架构之间，各区域、各平台系统之间都存在难以填平的沟壑，而在规模联网和智能化改造中，复杂的异构系统架构又使工程实施难度陡增。

二、智能安防的政策和标准

现阶段，传统安防发展面临的问题需要依托各种途径逐一击破解决。要把现代化技术与公共安防相结合，离不开政府的政策推动和国家标准的发布与落实。

（一）国家标准 GB/T 28181—2022《公共安全视频监控联网系统信息传输、交换、控制技术要求》

该标准已于 2023 年 7 月 1 日实施。该标准规定了视频联网系统的联网结构、信令流程、协议接口以及相关安全性要求，适用于公共安全视频联网系统的方案设计、系统检测、验收以及与之相关的设备研发、生产。该标准可以有效解决视频监控联

网系统的互联互通问题，从而实现跨区域、跨部门、跨层级的视频资源超大规模联网共享。

（二）国家标准 GB/T 41772—2022《信息技术 生物特征识别 人脸识别系统技术要求》

该标准已于 2023 年 5 月 1 日实施。该标准明确了人脸识别系统是由视图采集子系统、视图解析子系统、存储子系统、比对子系统、决策子系统、管理子系统以及应用开放接口等组成。此举无疑是为后续迭代更新的人脸识别系统设计和开发奠定了基础，从而适应市场个性化的需求。

（三）国家标准 GB/T 41988—2022《公共安全虹膜识别应用图像技术要求》

该标准已于 2023 年 5 月 1 日实施。该标准规定了公共安全虹膜识别应用中虹膜图像的技术要求，适用于公共安全虹膜识别应用中虹膜图像的采集、存储与识别。对此有业内人士表示，虹膜识别图像技术要求新国标的实施将有利于扩大虹膜识别技术应用领域，同时也会有效提高终端客户的工作效率。

（四）国家标准 GB/T 42585—2023《信息技术 生物特征识别 指纹识别模块通用规范》

该标准已于 2023 年 12 月 1 日实施。有业内人士表示，指纹识别模块的通用规范新国标明确了指纹识别模块的功能、性能、安全及可靠性的指标和测试方法，可以有效地规范指纹行业应用，促进行业合理、有序发展。

（五）《"十四五"全国城市基础设施建设规划》

2022 年 7 月，住房和城乡建设部联合国家发展和改革委员会发布实施《"十四五"全国城市基础设施建设规划》，该规划的主要内容包括加快推进智慧社区建设，鼓励社区建设智能停车、智能快递柜、智能充电桩、智能灯杆、智能垃圾箱、智慧安防等配套设施，提升智能化服务水平。

（六）《中国安防行业"十四五"发展规划（2021—2025 年）》

该规划发布于 2021 年 6 月，主要内容是以实现高质量发展为总目标，全面推进安防行业进入智能时代；推动智能化广泛应用，全面拓展市场空间。"十四五"期间安防市场年均增长率达到 7% 左右，2025 年全行业市场总额超过 1 万亿元。

三、人工智能应用于安防领域的价值

面对日益复杂和多变的经济、政治和社会环境，各行各业都倍加关注安防情况，并对安防技术的应用性、灵活性、人性化有更高的要求。人工智能在安防领域的应用，为安防工作的完善提供了更多的可能性。

（一）实现安防系统功能自主化

安防系统是运用安防产品和其他相关产品所构成的设备集成系统，它可以从现有的多品牌、多方式、多设备的防范系统中采集所有影响管理的数据，并提供数据提取、数据分析、决策支持、业务应用等。

自动化一般有三个层次，分别是遥控、编程控制和自主动作。遥控就是用无线或有线的方式进行远程控制，如排爆机器人和无人机。编程控制是指设定某个程序安排机器反复做某件特定的事情，主要用于工厂车间，使机器的每一次操作都准确、一致。

自主动作是实现安防系统自主化的最高境界，例如，让摄像机具有人工视觉能力，自主辨别人的性别、服装的颜色及佩戴饰品的特征，感知目标的形态、距离和速度等，自主跟踪目标，然后精确地完成任务。人工视觉能力可以帮助机器人判断目标物体的类型、距离，从而实现自主躲避障碍和制动。

自主动作还要求机械臂具有一定的感知能力。拥有感知能力的机械臂在抓取物品时能立刻知道物品的重量、表面的光滑度等物理信息，从而自主选择合适的抓取力度，具有类似人手的感觉。

在安防系统功能自主化的三个层次中，自主动作为最高层次，但这并不意味着它就是最好的，各类产品适用于不同的应用和需求，三个层次的产品对应满足不同层次的需求。

（二）提高系统所做动作的精准性和效率

人工智能技术的应用可以提高安防系统里很多功能的精准性和效率，如生物识别的识别率和识别速度。这些设备精准性的增强和效率的提升可以通过提高学习能力的方法来实现。

例如，在图像内容分析方面，如果面临的是比较复杂的环境，其分析结果经常会出现错误，在改进算法、提高学习能力之后，图像内容分析的精准性和判断的准确性就会提高不少。同一个图片检索工具，经过深度学习的要比没有经过深度学习的搜图更准确。同时，摄像机还要有一定的图像调节能力，包括光圈调节、焦距调节和抖动调节等，还要能进行宽动态、数字降噪及透雾等智能处理，这就需要一定的学习能力，从而获得最佳的图像效果。

人工智能能改进图像内容分析及搜图等系统的学习方法，运用深度学习技术，提高识别系统的抗干扰能力及其实用性，如进行人脸识别。此外，人工智能还为安防系统开辟了一个新的应用领域，即通过人工智能可以对声纹、步态进行识别，从人体方面拓展出全新的应用。

（三）提高系统做出决策的水平

深度学习技术的应用能够提高预警、风险评估、预案等专家系统的决策水平。风险评估的方法、维度和尺度都属于风险专家系统。预案本身也是一种专家系统。例如，出现某种问题之后，应该如何进行预防，哪些机构要做出相应的行动或者物资调度等。人工智能的利用可以在完成这些任务时提高决策水平。另外，人工智能技术的应用有利于实现安防系统信息的深化应用，提高大数据的挖掘价值，解决公共安防的难题，支撑安防从传统走向现代。

在安防行业中，实现从原来的应急体系转向风险管控的预警体系是比较困难的，最重要的是应用大数据，如大数据的提取、转换、装载及决策过程。

四、人工智能技术在安防领域的应用

人工智能技术的发展和规模化应用使人工智能产品为用户带来了更多、更便捷的体验。在智慧城市系统建设深入的形势下，人工智能商业化应用的趋势越来越明显。其中，视频结构化技术与大数据技术可以看作是人工智能安防发展的关键性要素。

（一）视频结构化技术

视频结构化技术是一种把视频画面声音转化为人和机器可以理解的信息的技术，它融合了机器视觉、图像处理、模式识别、深度学习等最前沿的人工智能技术，是视频内容理解的基石。

视频结构化在技术领域可以划分为三个步骤：目标检测、目标跟踪和目标属性提取。

目标检测过程是从视频中提取出前景目标，然后识别出前景目标是有效目标（如人员、车辆、人脸等）还是无效目标（如树叶、阴影、光线等）。目标检测过程中需要应用运动目标检测、人脸检测和车辆检测等技术。

目标跟踪过程是实现特定目标在场景中的持续跟踪，并从整个跟踪过程中获取一张高质量图片作为该目标的抓拍图片。目标跟踪过程中需要应用多目标跟踪、目标融合及目标评分技术。

目标属性提取过程是对已经检测到的目标图片中目标属性的识别，判断该目标具有哪些可视化的特征属性，如人员目标的性别、年龄、着装，车辆目标的车型、颜色等属性。目标属性提取过程主要基于深度学习网络结构的特征提取和分类技术。

1. 人脸特征识别

人脸识别技术在应用上具有隐蔽、方便、直观等优势。借助人脸识别技术，公安部门可在各种公共场所进行布控，提取包括人的生理、表情、脸部穿戴饰物等在内的特征信息，从而实现对人脸的实时布控、高危人员比对、以图搜图、语义搜索等方面的业务应用。

例如，人脸实时布控系统对视频进行实时人脸采集、人脸特征提取和人脸识别，并与各种人脸库提供的图片（包括警综、出入境、人口库、在逃库、犯罪人员库等）进行实时比对，若发现重点关注人员，将其推送到实战平台或手机终端，实现实战预案联动。结合实战平台研判模型、技战法库，实现人员的频次分析、频繁出入、昼伏夜出、团伙分析等多轨碰撞分析，为公安预警、侦查、追逃等应用发挥作用。

在视频中，除了可以进行人员的面部精确定位、面部特征提取、面部特征比对、人员的性别及年龄等特征对比，还可以对人的衣着、运动方向，是否背包、拎包、打伞，是否骑车等信息进行结构化描述，也可以对人体行为如越界、区域、徘徊、遗留、聚集等多种行为特征进行描述。

在人体结构化基础上进行检索查询，可以快速查找目标。例如，在侦查系统中上传嫌疑人的截图，利用系统中的人形检索功能，根据目标嫌疑人的衣着、颜色分布、体态特征等在案发点附近的多路摄像头中快速搜索，找到相似目标，以快照的形式输出结果，并结合 GIS（地理信息系统）地图分析时空要素，准确掌握嫌疑人的行动轨迹。

2. 车辆特征识别

对于视频图像中的车辆，可以进行多车道车辆检测（见图 9-1）、车头车尾检测识别，能够提取识别车辆的十多项结构化属性信息，包括车辆号牌、车身颜色、车辆品牌、车辆类型、子品牌、车辆年款及各种车辆特征物信息，如年检标、遮阳板、挂件、摆件、纸巾盒、安全带等。

图 9-1　多车道车辆检测

这些车辆的关键特征信息可以形成上亿条过车记录数据，推动后台大数据分析服务的发展应用和行业数据挖掘，形成隐匿车辆挖掘、套牌车辆筛选、初次入城、一车多牌、一牌多车、频繁过车、相似车辆串并、高危车辆积分模型、车辆行驶轨迹分析、时空碰撞等实战技法的应用。

在此基础上，通过对车辆特征数据进行大数据搜索，既可以迅速找到所有符合条件的车辆信息，包括车辆行驶时间与方向、行驶速度、车标、车牌、年款等；还可以结合以图搜图的检索方法，在实战平台上调取相关视频和图像文件，快速查询到嫌疑车辆的相关信息，还原嫌疑车辆在整个城市的全程运行轨迹，通过查询或结合视频监控信息，实现车辆全程可视化轨迹回放，以及对涉事车辆的精准布控和查询，也可以联合公安车辆管理信息库实现车人关联。

（二）大数据技术

大数据的数据集既庞大又复杂，因此现有的数据库管理工具很难处理这些数据集。大数据分析有助于统一大型数据集，并能从分析中得出其他信息。在大数据时代，很多难题接踵而至，唯有技术变革和新一代的数据库技术才能彻底解决这些难题。这些技术业界称为大数据技术。

1. 大数据技术原理

大数据技术为人工智能提供了强大的分布式计算能力和知识库管理能力，是人工智能分析预测、自主完善的重要支撑。大数据技术包含三大部分：海量数据管理、大规模分布式计算和数据挖掘。

海量数据管理被用于采集、存储人工智能应用所涉及的全方位数据资源，并基于时间轴进行数据累积，以便能在时间维度上体现真实事物的规律。同时，人工智能应用长期积累的庞大知识库，也需要依赖该系统进行管理和访问。

大规模分布式计算使人工智能具备强大的计算能力，能同时分析海量的数据，开展特征匹配和模型仿真，并为众多用户提供个性化服务。

数据挖掘是指利用机器学习算法自动开展多种分析计算，探究数据资源中的规律和异常点，辅助用户更快、更准地找到有效的资源，进行风险预测和评估。数据挖掘是人工智能发挥价值的关键所在。

2. 智能安防中对大数据的应用

安防行业是海量数据的主要来源之一，在当前的大数据时代，安防行业的众多应用产生了更多的数据量，尤其是在当前大集成、大联网的环境下，数据量的增长突飞猛进，于是数据整合、数据存储、数据分析应用等一系列问题应运而生。在寻找解决这些问题的方法时，大数据技术和产品在各行业的落地应用也可以获得更多的进展。

（1）优化视频智能分析

随着视频监控逐渐高清化、超高清化，数据规模以成倍的指数级别进行增长。与通常讲的结构化数据不同，视频监控业务产生的数据绝大多数以非结构化的数据为主，这给传统的数据管理和使用机制带来了极大的挑战。

视频监控业务的核心就是数据，数据就是其业务本身，基于大数据架构，可以给视频监控项目带来诸多益处。大数据架构更加灵活，伸缩弹性更大，可根据视频监控业务的部署需要，设立多个HDFS（被设计成适合运行在通用硬件上的分布式文件系统，是一个高度容错性的系统）集群组成，采集的流数据会被划分成段，并分布于数据节点，可以将海量数据分解为较小的更易访问的批量数据，在多台服务器上并行分析处理，从而大大加快视频数据的处理进程。

（2）加强智慧城市标准

在智慧城市公共安全信息化建设不断深入的背景下，海量的视频数据作为物联网视觉感知的重要基础资源，形成了大量的图像信息，在公共安全领域中发挥着越来越重要的作用。但这也存在不足之处，即存在人工智能监控视频调阅效率低下、系统存储能力低、缺乏深度应用模式、视频数据智慧化程度不高等问题。

大数据融合技术加强了大数据标准建设，运用异构数据建模与融合、海量异构数据列存储与索引等关键技术研发，为给予底层数据集成的信息共享提供了标准和技术保障。

（3）疏通城市交通拥堵

交通拥堵已经成为我国各大城市的"通病"，智能交通建设面临重大挑战，其中主要挑战有数据量大、交通数据信息不透明。

交通行业每天都需要处理海量的数据信息，使用大数据技术可以对图片、车辆数据和视频数据进行实时传输，快速存储，并可以任意选择某个节点的图像和视频进行比对，同时将多媒体数据和车辆数据相结合。

（4）提升智能家居智能效果

智能家居行业每天都在产生海量数据，因此也需要应用大数据技术。通过大数据与云计算技术的结合应用，智能家居系统能够第一时间对家庭中智能设备的数据、信息进行有效分析、记忆，并将得到的相应规律反过来应用于智能设备，进而提升智能家居的智能效果。

（5）加速显示屏幕高清化

信息在大屏系统中的清晰度和数量也成为评判系统质量的指标。利用大数据技术，大屏系统不仅可以优化信息的显示效果，还可以将复杂的信息按照清晰的逻辑结构呈现出来，使用户轻松地了解信息，进而做出正确决策。

五、人工智能在安防中的应用场景

公安、交通、智能楼宇、工厂园区、民用安防等一直是安防需求比较集中的领域，这些领域将会深度应用人工智能，进而对安防行业产生深远的影响。

（一）在公安系统的应用

公安系统对人工智能的应用主要是为了在海量视频信息中快速找到犯罪嫌疑人的线索。人工智能可以快速且有效地对视频内容的特征进行提取与理解。内置人工智能芯片的前端摄像机能够实时分析视频内容，监控运动对象，记录和甄别人与车的各项属性信息，并实时传送到后端数据库存储。

汇总海量信息之后，人工智能可以利用计算能力和分析能力来实时分析犯罪嫌疑人的信息，为公安人员提供可靠的线索建议。人工智能锁定犯罪嫌疑人行动轨迹的时间只需几分钟，可节约大量时间成本。它还能与公安人员实时沟通，扮演办案助手的角色。

1. 人员分析

人工智能技术可以利用人员特征识别功能输出结果，为公安人员分析数据提供帮助，实现人员身份的识别、人员布防、人脸轨迹等功能。

2. 车辆分析

人工智能技术可以帮助公安机关进行车辆分析，包括轨迹分析、跟车分析、碰撞分析、频次分析、套牌分析、隐匿车辆挖掘等，可以满足公安机关全地图、可视化操作的需求。

3. 多资源时空

人工智能技术可以基于 GIS 地图的指挥调度对各项视频资源进行一体化管理，实现监控图像的直观可视化应用，帮助公安机关快速调取需要关注的监控点或监控区域图像，实现目标在线追踪。

借助人工智能技术，通过视频图层叠加、视频资源搜索和视频定位，可以将道路情况、资源分布情况、人员分布情况、地理坐标信息、警力部署情况以图形化的形式展示出来，使公安机关的指挥调度更加直观、高效。

4. 对视频的内容进行自动预警

一旦预案被触发，连接的摄像机会在同一时间快速打开监控图像，对案发地进行全面的监控封锁，并即刻报警。

布控智能规则分析功能包括区域入侵、绊线检测、非法停车、徘徊检测、打架检测、物品遗留、物品丢失、非法尾随、人群聚集、车流统计、车牌特征识别、烟火检测等。

5. 视频实时标注

人工智能可以帮助实时视频快速提取人、车、运动目标的特征，并做出标注，把视频数据转化为公安侦查实战所使用的情报信息。

6. 人像快速比对查找

人工智能技术可以为公安机关提供智能、精准、快速的人脸比对和完善的视频图像大数据分析挖掘，不仅能让公安机关对嫌疑人员进行比对，快速确认其身份，还能帮助公安机关综合解决人像实时追踪监控预警、人员身份快速比对检索核准、人员历史轨迹追踪倒查等人员管理监控问题。

7. 视频图像智能研判

人工智能技术可以对多种格式的视频、图片采用适用于多种场景、多种情况的图像处理算法，从而提高模糊图像的清晰度。通过视频智能标注服务和检索服务，可以实现对视频、图片中涉案嫌疑目标的智能（系统自动提取描述信息）结构化描述，减少人工标注信息的工作量；同时，人工智能技术满足多种检索方式，可以更高效地查看视频，快速查找、定位嫌疑目标，使案（事）件视频中的嫌疑目标信息不至于被遗漏。

8. 车辆数据碰撞挖掘

人工智能技术可以对卡口图片车辆数据进行二次识别，包括车牌号码、车辆品牌、车辆子品牌、车辆年款、车辆颜色、车牌颜色、车辆类型、车牌类型、年检标、遮阳板、安全带等车辆细节信息，将车辆的行驶路线、运行规律等进行数据碰撞比对，从而找到线索。

9. 车辆实时布控

人工智能技术具有对被盗车辆、违章车辆、涉案车辆、高危人员车辆、重点车辆等特定移动目标对象的特征属性（如车牌号码、车型、颜色、空间区域等）及其组合进行在线即时布控的功能。

（二）在交通行业的应用

交通卡口大规模联网后，通过汇集海量的车辆通行记录信息，可以对交通流量进行实时分析，然后调整红绿灯变换的时间间隔，从而减少通行车辆的等待时间，提高通行效率，如图 9-2 所示。

图 9-2 智慧交通

城市级的人工智能大脑实时掌握着城市道路上通行车辆的轨迹信息、停车场的车辆信息及小区的停车信息，能提前半个小时预测交通流量变化和停车位数量变化，合理调配资源、疏导交通，实现机场、火车站、汽车站、商圈的大规模交通联动调度，提升整个城市的运行效率，为居民的出行畅通提供保障。

（三）在智能楼宇的应用

人工智能技术是智能楼宇得以实现的基础，该技术既能为楼宇提供安防保护，实时跟踪定位进出楼宇的人、车、物，准确辨别办公人员和外来人员，还能监测楼宇的能耗，指导工作人员调整楼宇的运行，提升楼宇的运行效率，延长楼宇各项设备设施的使用时间。

智能楼宇的人工智能设备可以将整个楼宇的监控信息、刷卡记录信息汇总起来。室内摄像机可以清晰记录进出人员的信息，当有人在门禁位置刷卡时，设备可以实时比对门禁卡信息和人员的脸部信息，查看是否有盗刷卡行为，还能查看工作人员在楼宇中的行动线路以及在各个位置的停留时间，注意到违规探访行为，以确保核心区域的安全。

随着人工智能、物联网、云计算等技术的发展，"人工智能＋门禁"已然成为近年来行业发展的主流。众多物联网解决方案供应商进军"人工智能＋门禁"领域，并通过不断创新极大地丰富了门禁系统的内涵，门禁系统在安全性、便捷性、舒适性和管理控制上都得到了进一步提升。图 9-3 所示为某写字楼入口处的智能门禁系统。

（四）在工厂园区的应用

工业机器人已经出现很长时间了，但大部分是在生产线的某个位置固定、反复地执行某个操作的操作型机器人，而未来在全封闭无人工厂中，可移动巡线机器人将会有更广阔的应用前景。

在工厂园区，工作人员主要是把安防摄像机部署在出入口位置及周围部分区域，而园区内部的各个角落并没有安防摄像机进行监控，这就会导致这些地方成为安全隐患较大的区域。使用可移动巡线机器人定期对这些区域进行巡逻，通过读取仪表数值，可以分析这些区域是否存在危险，从而指导工作人员进行风险排查，保障无人工厂的可靠运转，真正推动"工业 4.0"的发展。图 9-4 所示为某发电厂使用的工业机器人。

图 9-3　智能门禁系统　　　　　图 9-4　工业机器人

（五）在民用安防的应用

在智能化的大趋势下，构建集实用、智能、简便、安全于一体的综合体系，已经成为家居安防领域的重要趋势。安防技术日新月异，已不再是传统印象中的"锁好门、关好窗"，智能安防的脚步已经踏入我们的生活。

1. 民用智能安防管理系统

安防管理系统通过可视化、图形化的用户界面，可以呈现设防区域的现场情况、状态信息、设备情况等，强化态势感知。它能够提前发觉风险的存在，进而提醒用户及时做出决策，采取行动规避风险。

（1）自动设防

智能安防管理系统充分考虑了业主使用的便利性。业主外出回家的过程中，可以通过拨打号码或发送短信解除防护，这样就不会出现进入家门触发报警的情况。在设定时间内，智能安防管理系统会自动启动布防。智能安防管理系统可以实现智能视频报警、本地声光报警、本地现场喊话、电话短信通知、远程现场监督等功能。

（2）防盗系统

智能门禁主要是防止非法开启房门，一旦有人非法开门，设备就会自动报警并发送短信或者打电话或者发微信提醒主人。红外幕帘的作用是当遇到非法钻窗入室时，窗户自动关闭并报警通知主人。

（3）防火、防漏气、防风雨

通过设备检测室内烟雾浓度、燃气泄漏等情况，当出现恶劣天气时，系统会自动报警并自主启动应急措施，如打开或关闭窗户等。

（4）智能养花、养宠物系统

智能养花系统可以根据土壤的含水量，自动给花浇水。宠物饿了对着智能设备喊叫，主人可以实现远程喂食、喂水。

2. 智能家居安防管理系统的主要功能

在智能家居中，智能安防管理系统主要有以下几个功能。

（1）紧急按钮

紧急按钮可以使人快速进行求助，简单实用。紧急按钮有实体（见图9-5）和触控两种类型。在出现紧急情况时，用户可以触发按钮进行求助，然后家庭自动化管理系统会接收到求助信号，并把该信号同步到物业或安保中心，使其知道报警信息。

图9-5　紧急按钮中的实体按钮

家庭安装紧急按钮的情况并不多见，主要用于看护老人和孩子。用户可以把按钮安装在床边、卫生间及容易触碰到的地方。

（2）自动警报和"SOS"

家中安装的智能传感器可以探测到非法入侵行为。当传感器被触发时，报警鸣笛声大作，提醒用户密切注意即将到来的危险，同时将报警信号通过系统发送至物业部门。监控中心和物业安保人员在收到信号后应马上报警或到家里查看，以处理房间内出现的异常情况。

在以前，报警传感器都是独立工作、互不影响的，而在使用人工智能技术后，连接多个传感器或设备成为可能，产生的数据可以通过算法运作和处理，应急部门或者业主可以尽快知道情况，并提前制定处理方案。

（3）警报和事件管理

用户在离开家后，智能家庭安防报警系统会自行启动，一直处于准备状态。一旦家庭中的警报被触发，终端控制系统会显示报警类型，如门窗报警、天然气报警、老人倒地报警等，这就是智能家庭安防报警系统的事件管理。

（4）自动拨号通知系统

用户可在智能控制安防系统中设置多个紧急联系电话，在触发不同的警报时向不同的人发送信息。通过设置报警系统，用户可以使系统按照推送的方式把报警信息发到手机上。

六、ChatGPT、AIGC、多模态对安防的影响

经过多年的发展，安防系统实现了很多重要的技术跨越和创新升级，包括从标清到高清、从模拟到数字、从传统到智能等，推动了安防行业的快速发展。近年来，随着一系列人工智能技术的突破，安防领域实现了人工智能的落地应用。同时，ChatGPT 的横空出世让人们对人工智能的发展有了更多思考，如智能安防在未来要怎样创新？GPT、AIGC、多模态等人工智能技术对智能安防行业的发展会产生哪些影响？

（一）增强数据分析和理解能力

GPT 和 AIGC 等技术能够极大提升系统对大量图像、语音和文本等数据的分析

与处理效率，进而提升数据识别和数据处理的工作进度。例如，在视频监控场景中，这些技术可以通过分析图像和声音来识别目标行为，发现异常情况。

（二）多模态技术融合数据

多模态技术可以融合不同类型的数据，实现信息互补。在安防领域，多模态技术可以融合图像、语音和文本等数据，提升情报分析和预警的准确性。

（三）AI算法向中心智能倾斜

安防AI算法最开始是以中心智能算法处理为主，后来开始兴起边缘智能设备，把算法集成到终端；随着大模型的推广，中心智能的必要性将增加，AI的智能算法中心将起到新的核心作用。

（四）自适应学习和优化

人工智能技术可以根据历史数据、环境变化不断调整自身的参数和模型，从而实现自适应学习和优化。在安防领域，这种技术可以通过学习与分析历史数据来实现对未知事件的快速响应和处理。

（五）为决策提供支持和参考

通过分析、学习数据，人工智能可以提供相应的建议，为企业工作人员做决策时提供参考。在安防领域，这种技术可以通过对事件的分类和预测，实现智能化的决策支持和应急响应。

（六）提供个性化服务

人工智能技术可以根据用户的特定需求和偏好，提供个性化的服务和定制化的解决方案。在安防领域，这种技术可以为不同的客户提供特定的安全方案和风险评估。例如，人工智能技术可以通过分析客户的历史安防记录和数据，自动开启或关闭安防设备，优化安防方案；根据客户的历史报警记录和安全等级，优化安防系统的布局和设备配置，提高安全性。

GPT的出现将为安防行业带来许多机遇，同时安防行业也将迎来众多挑战，下面对安防行业提出一些建议。

1. 借鉴 GPT 技术

安防企业可以积极借鉴 GPT 技术，将其应用到智能安防系统中，同时加强对数据质量的控制，快速收集安防场景数据，以更好地支持机器学习和深度学习的应用。

2. 借鉴自然语言处理技术

通过借鉴 GPT 等自然语言处理技术，安防企业可以极大地提高提取信息的效率，从而更好地服务于安防工作。

3. 强化数据保密

通过训练海量数据，GPT 和其他大型模型可以完善模型效果，做出更精准的预测，但这涉及海量的隐私数据，因此安防企业要采用更好的加密技术和保密措施，以防止用户的隐私信息被泄露。

4. 提高数据安全性

GPT 对数据的质量和安全性有较高的要求，安防企业应该采取加密技术，防止数据泄露和非法访问，提高数据存储的安全性。

5. 提高智能化水平

基于 GPT 和其他大型模型的智能分析和处理能力，可以大大提高安防系统的智能化水平。为了在瞬息万变的市场中立足，安防企业要积极推广并使用 GPT 技术。

第十章

人工智能＋汽车——人工智能助推自动驾驶的实现

人工智能是人类进入信息时代后的又一场技术革命。自动驾驶汽车依靠人工智能、视觉计算、雷达、监控装置和全球定位系统协同合作，让计算机可以在没有任何人类主动操作的情况下，自动安全地操作机动车辆。自动驾驶技术将成为未来汽车业一个全新的发展方向。

一、自动驾驶的技术架构

自动驾驶是一个完整的软硬件交互系统，其核心技术包括硬件（汽车制造技术、自动驾驶芯片）、自动驾驶软件、高精度地图及传感器通信网络等。

（一）传感器

传感器是自动驾驶汽车最主要的识别系统，它就像是自动驾驶汽车的眼睛，能够识别道路、其他车辆、行人障碍物和基础交通设施等。根据自动驾驶技术的不同，传感器有激光雷达、传统雷达和摄像头。

1. 激光雷达

激光雷达是当下采用比例最大的传感器设备，当前百度 Apollo、华为 ADS 的自动驾驶技术采用的都是这种设备。工作人员提前在车顶安装好这种设备，在车辆行驶过程中，激光雷达通过发射激光脉冲，衡量汽车与周围物体的具体距离，并利用软件绘出 3D 图像，为自动驾驶汽车提供足够具体的环境信息。

激光雷达具有准确、快速等优点，它唯一的缺点就是造价昂贵，尽管受益于车企的大批量订单，使激光雷达的成本能够有所降低，但实际上单颗激光雷达的成本价格依然接近 1 万元。

2. 传统雷达和摄像头

因为激光雷达价格昂贵，走实用性技术路线的汽车企业通常都采用传统雷达和摄像头作为替代，如"雷达＋单目摄像头"。"雷达＋单目摄像头"的硬件原理类似于目前车载的 ACC 自适应巡航系统，通过覆盖汽车周围 360° 视角的摄像头及前置雷达来获取三维空间信息，以此避免交通工具之间的碰撞。

这种传感器方案的优点是成本较低、易于量产，而其缺点是对摄像头的识别能力具有较高要求：单目摄像头需要建立并不断维护庞大的样本特征数据库，如果缺少待识别目标的特征数据，系统的识别及测距就会陷入停摆状态，因而很容易造成事故。双目摄像头能够直接检测汽车与前方物体之间的距离，但需要较大的计算量，因此要提高计算单元性能。

（二）高精度地图

自动驾驶技术极度依赖车道、车距、路障等信息，这是该技术对周围环境进行理解的根本条件，因此对位置信息的准确性有较高的要求。随着自动驾驶技术的逐步升级，为了提高自动驾驶决策的安全度，车辆对周围环境的理解精确度要达到厘米级。通过实时识别车辆的精确位置，车辆在快速行驶的过程中，自动驾驶系统也可以将车辆的位置信息准确地还原在交通环境中。

高精度地图也称高分辨率地图，它是一种专门为无人驾驶服务的地图，可以提供车道级别的导航信息，在这一点上比传统导航地图只提供道路级别的导航信息要进步得多。因此，不管是信息的丰富程度还是信息的精确度，高精度地图都远远高于传统导航地图。

如果说传统导航地图提供的是"定性"描述，那么高精度地图提供的就是一种"定量"描述。

传统导航地图能提供的仅仅是前方有上下坡、有比较急的弯道、有红绿灯等信息，但无法提供上下坡的角度、弯道的曲率半径、红绿灯的具体位置等精确数据，而这些精确数据就是高精度地图的"定量"描述。

高精度地图提供的车道级别的道路信息能够帮助无人驾驶汽车在路口转弯时保持合理的转弯角度和车速。除此之外，高精度地图还可以提供先验信息，即某些可以提前采集且短时间内不会改变的信息。

仅依靠传感器的信息，以下情况是很难感知的：辨别行驶路段属于高速公路还是普通城市道路；如果某路段没有限速牌，最高车速是多少；前方道路的曲率；行驶路段的导航信号是强还是弱。以上信息在传感器遇到性能瓶颈时便无法实时获得，但这些信息是客观存在的，可以提前采集并传给无人驾驶汽车，以辅助系统决策。

高精度地图可以为无人驾驶汽车提供包括道路曲率、航向、坡度和横坡角度等先验信息，这些信息有助于提高无人驾驶汽车的安全性和舒适性。

（三）算法决策

算法是自动驾驶技术的核心，现在大部分自动驾驶公司采用机器学习与人工智能算法。海量的数据是机器学习和人工智能算法的基础，通过传感器、V2X（Vehicle to Everything）设施和高精度地图信息所获得的数据，以及收集到的驾驶行为、驾驶经验、驾驶规则、案例和周边环境的数据信息，不断优化的算法能够识别并最终规划路线、操纵驾驶。

V2X 即车对外界的信息交换。X 可以是车辆，可以是红绿灯等交通设施，也可以是云端数据库，它们的主要作用都是为了帮助自动驾驶汽车掌握实时驾驶信息和路况信息，结合车辆工程算法做出决策。V2X 技术是自动驾驶汽车迈向无人驾驶阶段的关键。

目前，有的决策是基于 Rule-Based 算法，有的决策是基于大数据的 DL（Deep Learning，深度学习）的端到端方案，这些方案在实际驾驶中遭遇突发事件时是很难精确预测到的。目前这一块还属于未知领域，但我们相信，只要不断探索，总会有新的发展。

决策在整个无人驾驶汽车决策规划控制软件系统中扮演着"副驾驶"的角色。这个层面汇集了所有重要的车辆周边信息，不仅包括无人驾驶汽车本身的当前位置、速度、朝向及所处车道，还收集了无人驾驶汽车一定距离内所感知到的相关障碍物的所有重要信息及预测轨迹。行为决策层需要解决的问题就是在知晓这些信息的基础上，决定无人驾驶汽车的行驶策略。

（1）所有的路由寻径结果：例如，无人驾驶汽车进入哪个车道（target lane）可以更快地到达目的地。

（2）无人驾驶汽车的当前状态：车的位置、速度、朝向，以及当前主车所在的车道。

（3）无人驾驶汽车的历史信息：在上一个行为决策（Behavioral Decision）周期，无人驾驶汽车所做出的决策是什么？是跟车、停车、转弯还是换道？

（4）无人驾驶汽车周边的障碍物信息：无人驾驶汽车周边一定距离范围内的所有障碍物信息。例如，周边的车辆在哪些车道；邻近的路口有多少车辆，并检测其速度、位置、行动意图和轨迹等；检测周围是否有自行车或者行人，如果有的话，他们的位置、速度、轨迹是怎样的。

（5）当地的交通规则：例如，道路限速时红灯右拐是否可行等。

自动驾驶的行为决策模块就是要根据上述所有信息来做出正确的行驶决策，该模块是一个信息汇聚的地方。

因为要考虑各种类型的信息，而且各地的交规又不完全一样，自动驾驶的决策问题通常无法用一个单纯的数学模型来解决，而要利用一些软件工程的先进观念来设计一些规则引擎系统。

总之，行为决策层面需要结合路由寻径的意图、周边物体和交通规则输出宏观的行为层面决策指令，供下游的动作规划模块去更具体地执行，其具体的指令集合设计则需要和下游的动作规划模块达成一致。

二、自动驾驶的六个级别

人工智能、视觉计算、雷达、监控装置和定位系统协同合作共同构成了自动驾驶汽车关键技术，形成了一个集环境感知、规划决策、多等级辅助驾驶等功能于一体的综合系统。该系统集中运用了计算机、现代传感、信息融合、通信、人工智能及自动控制等技术，是典型的高新技术综合体。

自动驾驶分为六个级别，即无自动化、驾驶支援、部分自动化、有条件自动化、高度自动化和完全自动化。

（一）无自动化

无自动化是指完全由人来驾驶，汽车只需执行人的操作指令即可，没有任何驾驶干预措施。

准确地说，现在我们已经很难看到无自动化的汽车了。这种汽车要么早已报废，要么被法规禁止上路。无自动化意味着汽车连诸如防抱死制动系统（ABS）这种现在看来最基本的配置都没有。

（二）驾驶支援

驾驶支援的目的是为驾驶员提供帮助，帮助的内容包括提供重要或有用的驾驶相关信息，并在情况变得严重时发出明确且简洁的警告。

现阶段高级驾驶辅助系统基本能够让车辆实现感知和干预操作，如防抱死制动系统、电子稳定控制系统、车道偏离预警系统、正面碰撞预警系统、盲点信息系统等。此阶段的车辆能够通过摄像机和雷达传感器了解周围的交通状况，从而向驾驶员发出警告和干预。

（三）部分自动化

在部分自动化阶段，车辆能够利用摄像头、雷达传感器、激光传感器等设备获取道路及周边的交通信息，并对方向盘和加减速中的多项操作提供辅助和提醒，如果驾驶员在收到提醒后没有及时进行正确操作，系统可以自动干预，如自适应巡航控制（ACC）、车道保持辅助（LKA）、自动紧急制动（AEB）、车道偏离预警（LDW）等，而其他操作由驾驶员实施，达到人机共驾的状态。不过，驾驶员的双手绝不能脱离方向盘。

系统能否同时在车辆横向和纵向上进行控制，是部分自动化和无自动化最明显的区别。可以同时做到 ACC+LKA 的车才符合部分自动化的要求。

（四）有条件自动化

有条件自动化驾驶是指汽车在某些特定场景下进行自动驾驶，例如，在遇到堵车的场景时，车速小于或等于 60 千米 / 小时，驾驶员可开启交通拥堵巡航功能，启动道路拥堵状况下的自动驾驶功能。而当受到路况条件所限，自动驾驶系统在进行驾驶操作时，必要时会发出系统请求，交由驾驶员驾驶。

有条件自动化相比部分自动化最大的进步在于，不需要驾驶员实时监控当前路况，只需在系统发出提示时接管车辆即可。这对于自动驾驶技术来说是一个很大的飞跃，也意味着自动驾驶系统可代替人类成为驾驶员和监督者。

（五）高度自动化

高度自动化是指驾驶员不必进行任何操作，车辆行驶完全由自动驾驶系统控制，当出现突发情况时，车辆也可以自行调整，不需要驾驶员干预。

（六）完全自动化

完全自动化是指乘客只需提供目的地，无论在何种路况、何种天气下，车辆均能实现自动驾驶。这是自动驾驶的最高级形态。车辆完全自动化下，已经不需要驾驶员了，乘客在车内可以放心地进行计算机工作、休息甚至睡觉，或者进行一些娱乐活动，不需要对车辆进行监控。

三、自动驾驶技术的运作

目前，市场上的许多新车配备了驾驶支援级的辅助功能和少数部分自动化级系统，我们通过多种自动驾驶技术来展示这些功能。

（一）倒车车侧预警系统

倒车车侧预警系统（Rear Cross Traffic Alert，RCTA）可以保证驾驶员在倒车时，如果后方有横向来车，会通过信号灯或警报声来提醒驾驶员注意，及时刹车或转向，以避免发生碰撞和剐蹭，如图 10-1 所示。虽然这项技术无法与正确的观察相媲美，但它还是具有一定的辅助作用。

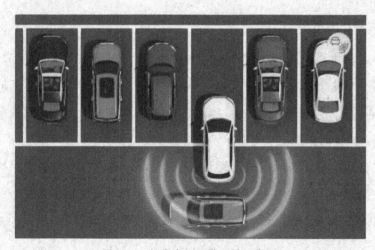

图 10-1　倒车车侧预警系统示意图

（二）车道保持辅助系统

车道保持辅助系统（Lane Keep Assist，LKA）可以使用前视摄像头来检测汽车是否无意中偏离了车道，如图10-2所示。根据车辆的行驶情况，系统将向驾驶员提出声音或视频警告，或者在一些高端车辆上，系统将会自动把车辆安全地转向其正确的车道。

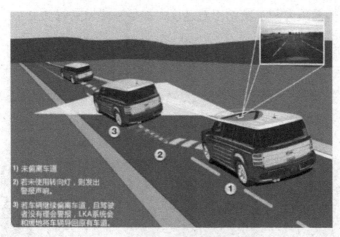

图10-2　车道保持辅助系统示意图

（三）交通标识智能识别系统

交通标识智能识别系统（Traffic Sign Recognition，TSR）能使用摄像头扫描道路标志，然后将信息传递到汽车仪表盘或信息娱乐显示屏，如图10-3所示。传递过来的信息会长时间保持在屏幕上，直到周边交通标志发生变化，所以在这种情况下司机处于被动状态。

告知限速、禁止超车信息，
提高驾驶过程中的安全性及安心感

当经过标识时，显示标识内容

图10-3　交通标识智能识别系统示意图

尽管该系统可能会被高速公路上的临时道路标志或矩阵标志"欺骗"，但我们可以把它想象成汽车的一双额外眼睛，这双眼睛可能会在汽车行驶在不熟悉的道路上时派上用场。在一些汽车上，该系统可以实现根据道路标志来限制车速的目的。

（四）自动紧急制动系统

自动紧急制动系统（Autonomous Emergency Braking，AEB）使用传感器来测量车辆与其他车辆的距离和车辆的相对速度，如果系统发觉驾驶员对危险没有警觉，则会向驾驶员发布警报。

也就是说，自动紧急制动系统使用摄像头或雷达传感器来监视车辆前方的交通情况，当车辆距离前车太近时，系统会向驾驶员发出警告，甚至在系统感觉到即将发生碰撞时启动刹车，如图10-4所示。

图 10-4　自动紧急制动系统示意图

（五）盲点信息系统

盲点信息（或盲点监控）系统（Blind Spot Detection，BSD）通常使用安装在车门后视镜中的后置数码相机或雷达传感器来检测进入汽车盲点的车辆。一旦车辆进入驾驶员观察视线的死角区域，将会在车门后视镜内或 A 柱内显示警示灯。如果驾驶员在盲点区域开始改变车道，系统会通过视觉、听觉或触觉等方式向驾驶员发出警告，提示危险，如图10-5所示。

图 10-5　盲点信息系统示意图

从理论上讲，该技术应该可以减少高速公路或双车道上因车辆突然变道所引发的碰撞事故的次数，但并不会消除驾驶员要根据情况检查车辆后视镜或肩部视野的需要。

（六）泊车辅助系统

泊车辅助系统（Auto Parking Assist，APA）会自动驾驶汽车进出侧方和标准的停车位，如图 10-6 所示。驾驶员如果想要启动泊车辅助系统，就需要在仪表板或触摸屏上按下相应的按钮，然后才能使用泊车辅助系统的指示器，让车辆搜索到合适的停放空间。系统会运用相机和传感器测量停放空间的大小，通常会自动寻找比汽车体积大 20% 的空隙。有些泊车辅助系统还包括退出停车位的选项。

虽然泊车辅助系统擅长测量空间大小并检测汽车和建筑物，但在开启泊车辅助系统后，驾驶员仍然要对行人、骑自行车的人、网状围栏和动物保持时刻警惕，因为一旦汽车静止不动，系统就会挂入倒挡并让汽车自动转向。因此，在开启泊车辅助系统后，驾驶员仍然需要控制着油门、刹车和离合器，其他操作可由车辆来实施。

图 10-6　泊车辅助系统示意图

（七）自适应巡航控制

自适应巡航控制（Adaptive Cruise Control，ACC）技术就是使用雷达或传感器来调整车辆的速度，以匹配当前的交通流量，如图 10-7 所示。有些系统如今已经接近完全自主。

图 10-7　自适应巡航控制示意图

ACC 技术与标准巡航控制类似，它可以让车辆保持恒定的速度，但也会让车辆加速或减速，以适应当前的交通状况。如果前方的车辆开始减速，则车辆的发动机管理系统将采取相应措施，必要时实施刹车。如果驾驶员没有及时做出反应，系统则会发出声音和视频警告驾驶员。此外，还有交通堵塞辅助系统，可以应用于处理交通拥堵区域车辆的制动和加速操作。

（八）自适应远光灯

自适应远光灯（或远光灯辅助）（Adaptive Driving Beam，ADB）可以使用安装在后视镜上的传感器来检测附近的光源（如前灯或尾灯），以让车灯自动在高光束和近光束之间进行切换，如图 10-8 所示。如果车辆行驶在农村道路上，这项技术可以发挥很大的作用，因为它消除了驾驶员手动调整光型的需要。但是，在城市地区和高速公路上，该项设备所发挥的作用就相对有限。

图 10-8 自适应远光灯示意图

目前自适应远光技术也存在一定的缺陷，有些系统无法对迎面而来的车辆及时做出反应，这会让驾驶员无法及时调整远光的光型。矩阵 LED 远光灯的使用使这一情况得以改善，矩阵 LED 远光灯通过使用多个单独的灯光，可以将光束直接照射在迎面而来的车辆上，同时在其他区域也能照射全光，这样就能让驾驶员及时控制自己车灯发出的光束。

（九）驾驶员警告系统

驾驶员警告系统（Driver Alert System，DAS）能感知驾驶员何时开始感到疲劳并且需要休息，它主要是对驾驶员的行为进行监控。不稳定的方向盘运动轨迹和车道偏差都是驾驶员开始感到困倦的潜在线索。一旦系统发现驾驶员出现这些行为，系统就会在汽车屏幕上视觉显示提醒信号。提醒信号通常是咖啡杯（见图 10-9），也可能伴随着可以听见的信号，提醒司机需要休息。警告将会一直重复，直到司机采取了相应的措施为止。

图 10-9 驾驶员警告系统示意图

（十）Car-to-X 车辆通信系统

汽车使用 Car-to-X 车辆通信系统后，该系统在道路上检测到的一些危险情况的信息可供其他所有开启了 Car-to-X 车辆通信系统的用户使用。这些信息可能包括道路上的冰块或弯道上的交通拥堵。

（十一）远程遥控泊车辅助系统

远程遥控泊车辅助系统（Remote Parking Asist，RPA）可以让驾驶员通过操作智能手机应用程序将车辆操纵到狭小的空间或车库中。当驾驶员停车后，如果左右两侧车位都已经有车停泊，则驾驶员自己很难把车门打开。RPA 能完美解决这一问题。在 RPA 的帮助下，驾驶员找到空车位后，只需把车辆挂入停车挡位就可以离开车辆，然后在车外通过手机发送泊车指令，控制并观察车辆完成整个泊车操作，如图 10-10 所示。

图 10-10   远程遥控泊车辅助系统示意图

四、自动驾驶未来的研发路线

2015 年 5 月，国务院印发了我国实施制造强国战略第一个十年的行动纲领《中国制造 2025》。该纲领将"节能与新能源汽车"作为重点发展领域，明确了"继续支持电动汽车、燃料电池汽车发展，掌握汽车低碳化、信息化、智能化核心技术，提升动力电池、驱动电机、高效内燃机、先进变速器、轻量化材料、智能控制等核心技术的工程化和产业化能力，形成从关键零部件到整车的完整工业体系和创新体系，推动自主品牌节能与新能源汽车同国际先进水平接轨。"

2016 年 10 月 26 日，中国汽车工程学会年会暨展览会在上海召开，国家制造强国建设战略咨询委员会、清华大学教授欧阳明高作为代表正式发布了《节能与新能源汽车技术路线图》。

该路线图由 500 位相关专家历时一年完成，主要内容包括节能与新能源汽车总体技术路线图，以及节能汽车、纯电动和插电式混合动力汽车、燃料电池汽车、智能网联汽车、汽车制造技术、动力电池技术和汽车轻量化技术七项专题技术路线图。

中国智能网联汽车产业技术创新战略联盟专家委员会相关负责人对智能网联汽车的路线进行了细节解读。

（一）智能网联汽车发展路线的总体思路

《节能与新能源汽车技术路线图》指出，智能网联汽车发展路线的总体思路为分三阶段来实现完全自动驾驶，如图 10-11 所示。

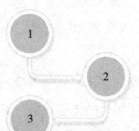

近期以自主环境感知为主，推进以网联信息服务为辅的部分自动驾驶（即PA级）应用

中期重点形成网联式环境感知能力，实现复杂工况下的半自动驾驶（即CA级）

远期推动实现V2X协同控制、具备高度/完全自动驾驶功能的智能化技术

图 10-11　智能网联汽车发展路线的总体思路

（二）智能网联汽车技术路线重点

由于智能网联汽车是近几年才出现的新东西，因此在《节能与新能源汽车技术路线图》中，专家们专门归纳出了一个技术架构。该架构可以简称为"两纵三横"，具体内容如图 10-12 所示。

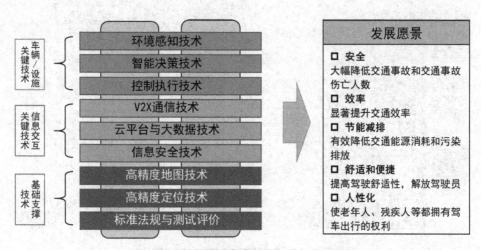

图 10-12　智能联网汽车技术架构与发展愿景

车载平台和基础设施分别对应到车辆/设施的关键技术、信息交互关键技术、基础支撑技术，最终实现大幅降低交通事故和交通事故伤亡人数；显著提升交通效率；有效降低交通能源消耗和污染排放；提高驾驶舒适性，解放驾驶员；使老年人、残疾人等都拥有驾车出行的权利的发展愿景。

为了实现智能联网汽车技术架构与发展愿景，未来将会在以下几个方面做出努力。

- 开展以环境感知技术、高精度定位与地图、车载终端机人机接口（HMI）产品、集成控制及执行系统为代表的关键零部件技术研究。
- 开展以多源信息融合技术、车辆协同控制技术、通信与信息交互平台技术、电子电气架构、信息安全技术、人机交互与共驾驶技术、道路基础设施、标准法规等为代表的共性关键技术研究。

专家提到，我国与外国面临的整体环境并不相同，因此其中的关键性技术（地图技术、通信技术等）无法引用国外的先进技术，国内的厂商要自主研发。也正因为如此，目前国内的众多车企及互联网技术公司正努力研发探索。

（三）从时间节点来看，将遵循智能化到网联化的层层递进

智能网联汽车可分为自主式和协同式。自主式是指整车自主的智能化；协同式是通过网络来进行相关的控制。因此，就有了坐标的两个方向，即智能化和网联化，如图 10-13 所示。

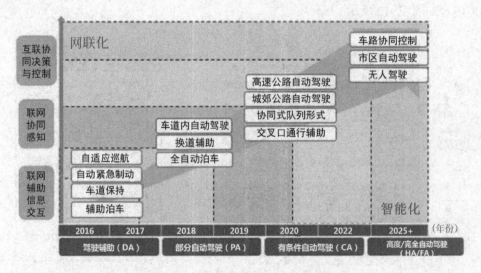

图 10-13　智能网联汽车技术路线图

在智能化方面，我国的智能化层级划分参照了国际自动机工程师学会的划分方式，但由于我国的具体情况不一样，如道路状况及拥堵情况等，因此我国的层级划分会有一些不同的特点。

在网联化方面，我国也做了三级划分，即网联辅助信息交互、网联协同感知及网联协同决策与控制。

智能化与网联化的结合可以产生四种形态：驾驶辅助（DA）、部分自动驾驶（PA）、有条件自动驾驶（CA）和高度/完全自动驾驶（HA/FA）。

目前，世界范围内智能网联都处于早期发展阶段，我国完全有机会抓住这个窗口期，在这一领域完成领跑。当然，这需要信息产业与汽车产业之间、汽车产业上下游之间的协同，以及相关法律法规和测试基础设施的完善。

按照智能网联汽车技术路线图，我国实现汽车自动驾驶分四步走，至2025年或更长时间实现高度或完全自动驾驶。

第一步：2016—2017年，实现驾驶辅助功能，具体包括自适应巡航、自动紧急制动、车道保持、辅助泊车等。

第二步：2018—2019年，实现部分自动驾驶，具体包括车道内自动驾驶、换道辅助、全自动泊车等。

第三步：2020—2022年，实现有条件自动驾驶，具体包括高速公路自动驾驶、城郊公路自动驾驶、协同式队列行驶、交叉口通行辅助等。

第四步：2025年乃至更长时间，实现高度及完全自动驾驶，具体包括车路协同控制、市区自动驾驶和无人驾驶。

（四）我国自动驾驶汽车的市场规划

自2020年开始，自动驾驶行业正式迈入"黄金十年"，技术与政策的持续跟进让自动驾驶技术产业和无人驾驶汽车服务市场规模持续扩容。预计到2030年，我国无人驾驶汽车的市场占有率有望超过50%，无人驾驶汽车服务市场规模有望达到1.3万亿，全球无人驾驶4/5级汽车保有量更将达到8 000万辆左右。

整体来看，目前我国乘用车自动驾驶正在由L2向L3+过渡。数据显示，2022年我国乘用车L2 ADAS的渗透率由年初的21.7%提升至年末的33.1%，L2作为性价比较高的智能驾驶方案，已经被众多汽车厂商认可。

相对来说，AVP、NOA等典型L3级别ADAS功能的渗透率依然不高，这主要受制于政策限制以及量产成本和技术成熟度。而随着深圳、北京、上海等一线城市先后出台无人驾驶以及智能网联汽车利好政策，也为L3及以上级别自动驾驶的落地奠定了基础。

目前，我国商用车自动驾驶已全面进入商业化运营阶段，迈入"黄金十年"的第四个年头。从长远来看，汽车产业的"长周期、重技术"属性不会改变。在研发方面，新车的研发周期普遍长达3～5年，硬件领域涉及的零部件多达数万个，软件领域牵涉的技术单元更是越来越多。

因此，自动驾驶产业的赛道数量非常多，值得关注和投入。尤其是对车企和技术公司来说，让技术落实到场景，实现市场价值是终极目标，产业协作和优势互补是必由之路。自动驾驶产业在构筑产业生态开放合作平台的过程中，也将持续创造出更多的商机。

五、自动驾驶技术的商用领域

在自动驾驶正式民用前，一些对机器的功能要求相对单一、路况相对简单或不太适用于人工驾驶的领域将会优先实现全方面自动驾驶，而这种商用领域的自动驾驶实现也会对市场进行教育，带动民用自动驾驶更快发展。

（一）物流配送

自动驾驶技术在物流行业的应用比在其他行业的应用要早得多、快得多。目前，自动驾驶在物流配送行业的应用主要表现在以下两个方面。

1. 仓储配送

在大型的仓库和超市等场景，自动驾驶机器人可以准确、高效、低危地完成物品的分拣、归类、入库、出库等操作，这样不仅可以大量节省人工成本，还能有效降低误差率。

2. "最后一公里"物流配送

"最后一公里"物流配送的实现多发生在小区、学校、产业园等相对安全、车速较慢的行驶环境中，自动驾驶所面临的危险系数较低，地图准确度相对较高。京东和顺丰等厂商已经先后试点运行了无人配送，为"最后一公里"实现自动驾驶机器配送积累了应用经验。图10-14所示为京东物流无人配送车。

图 10-14　京东物流无人配送车

3. 长途汽车配送

在高速公路上，长途汽车超载、驾驶员疲劳驾驶、交通违章等现象时有发生。高速公路具有车速快、无信号灯、无障碍物的特点，在这种路况中，尤其是在京港澳、连霍高速等超长路线的行驶过程中，就比较适合使用高效率、反应单一的自动驾驶模式，这样可以减少因驾驶员疲劳驾驶而引发的事故。

（二）共享出行

随着共享经济概念的普及与信息技术的结合发展，人们正在接受汽车的"消费品"身份，不再认为汽车是一件必需品，未来"共享汽车"也将会成为自动驾驶的一个应用场景。

1. 公交、机场大巴

公交、机场大巴等交通工具具有线路单一、发车频率高、路况平稳单一的特点，这些特点与目前自动驾驶的发展水平相适应。另外，当前城市区域内的地图精度较高，公交和机场大巴在城市外也是在高速公路上封闭行驶，这些因素都有利于自动驾驶技术的发挥。

以杭州首条自动驾驶公交路线为例，其总长约 12 千米，途经 8 处站点，乘客经过扫描站牌二维码上车后，可以看到驾驶室背后设有两块显示屏，一块显示驾驶室的实时图像，另一块则更新车辆状态和周围路况。虽然是自动驾驶公交车，但驾驶室内依然坐着人，该人员作为安全员的角色负责处理紧急情况。

安全员点击平板电脑上的"启动自动驾驶"按钮后，公交车便平稳出发，方向盘缓缓自动转动，平均时速约 40 千米 / 小时。由于接入了智能网联功能，每到路口，公交车还会自动减速，根据红绿灯信号自动等待或通行。

这辆自动驾驶公交车可完全自主应对路上的突发情况，做到真正的无人驾驶。整车配置了 3 个激光雷达、4 个毫米波雷达和 5 个摄像头，通过智能决策、轨迹规划、场景仿真等先进算法，有效保证行车安全，300 米范围内的障碍物都能被识别和准确避开，精度达到厘米级。图 10-15 所示为杭州首条自动驾驶公交路线的公交车。

2. 出租车

无人驾驶出租车除了具有更方便、更快捷的优势，还可以有效免除大量人工成本，提高出租车运营公司的利润并降低乘客出行成本。

百度旗下自动驾驶出行服务平台萝卜快跑（见图 10-16）是深圳市坪山区首批智能网联汽车无人驾驶商业化试点运营企业之一，可以在辖区开展 L4 级无人驾驶商业化收费运营。根据《汽车驾驶自动化分级》国家推荐标准，驾驶自动化系统可划分为 6 个等级。L4 级自动驾驶是指高度自动驾驶，即驾驶全程完全由系统控制，驾驶员无需干预，但也会对车辆有所限制，如车速不能太快，维持在某一数值之内，且驾驶区域是比较固定的。

图 10-15　自动驾驶公交车

图 10-16　无人驾驶出租车"萝卜快跑"

乘客可进入小程序、手机 App 等渠道页面呼叫车辆。无人驾驶出租车"萝卜快跑"只允许乘客后排入座，一辆车最多载 3 人。乘客系好安全带后，点击座椅屏幕上的"开始行程"，车辆便平稳启动，以每小时 30 ~ 40 千米的速度行驶。屏幕显示着通过雷达感知的三维建模路况画面，除了周边的行人、车辆模型，还有一条淡蓝色的车辆规划行驶路线。

在行驶过程中，车辆能够实时识别路况，包括附近的行人、自行车、电动车、汽车、障碍物等，根据情况减速避让，且没有出现紧急制动、突然变道等应急行为，车辆减速和起步都较为平稳。

（三）危险工种

目前，社会上还有很多职业具有很高的风险性，一些工种在需要用车时都不太适合司机去驾驶，如消防、易燃易爆品输送，以及进入高污染、高辐射区域等，所以这些工种更需要无人驾驶技术的参与。但是，由于危险工种面对的环境通常都很恶劣，对一些操作的精密度要求较高，因此目前无人驾驶技术在此领域的运用还处于试运行阶段。

（四）农业机械

在农事作业实现机械化的基础上，自动驾驶技术在农用场景中也有着非常广阔的应用前景，如图 10-17 所示。农业无人器械不但能实现自动驾驶，而且能以非常高的精度开展农事作业，如喷雾或收割等。无人驾驶农业机械不但工作效率高，而且误差率低，能够有效地减少资源的浪费。但是，鉴于我国复杂的农业耕作条件，要想在农业领域全面实现自动驾驶，还有很长的路要走。

图 10-17　使用自动驾驶技术的农业机械

（五）城市日常作业

当前城市内拥有大量负责洒水、垃圾清运等日常事务的作业车，这些车辆具有行驶速度慢、路线固定、功能简单的特点，它们完成的工作是自动驾驶和自动作业的潜在应用场景。

例如，自动驾驶公司文远知行成为首家获准在京开展无人清扫作业的自动驾驶公司，其无人驾驶环卫车如图 10-18 所示。无人驾驶环卫车没有驾驶舱，采用全电动车型，绿色环保，以全冗余底盘开发，搭载 L4 级自动驾驶软硬件解决方案，可以有效减少碳排放，节省人力，实现智慧环卫与绿色环卫。

图 10-18　无人驾驶环卫车

文远知行研发的专属云控平台可以让工作人员实时查看无人驾驶环卫车的作业路线、作业状态和自动驾驶状态，实现车辆智能排班、自动唤醒、远程调度、路线管理等功能，高效服务街道清洁任务。

按照政策的规定，文远知行无人驾驶环卫车获得智能网联清扫车道路测试通知书后，在测试路段开展清扫作业。在自动驾驶模式下，该车可实现全天时、全天候的道路清扫和对冲等多种城市环卫作业，提高城市环卫工作效率，降低人为操作的危险性。

无人驾驶环卫车在城市环卫工作中的应用不仅能有效缓解当下环卫市场老龄化、劳动力短缺等问题，还将持续提升作业时长与效率，促进传统环卫产业绿色化、低碳化转型，推动建设人与城市和谐共生、智慧宜居的现代化发展环境。

六、自动驾驶行业发展趋势

人工智能在汽车行业的自动驾驶、消费电子行业的 VR、智能制造的机器人等诸多领域的发展都显示出了明显的增长态势。

随着自动驾驶的不断试水，汽车领域全产业链、有创新意识的各企业都在以不同形式、从不同角度切入自动驾驶领域，该领域呈现出百花齐放的局面。

未来若干年，中国高等级自动驾驶行业将会有以下发展趋势。

（一）以场景为先导，自动驾驶全栈解决方案提供商将分批实现商业化

限定场景下，高等级自动驾驶技术在未来几年会率先实现商业化。限定场景是指某区域具有一定的地理约束，因此驾驶环境单一，交通状况简单，几乎没有或只有少量外界车辆和行人能够进入，限定场景因驾驶范围的限制，使自动驾驶实现难度降低，相关企业将在未来若干年率先实现商业化。

开放道路由于存在环境复杂，无地理约束限制，进入区域的行人和车辆种类数量多，车辆速度快等因素，实现自动驾驶的难度高，目前还处于早期发展阶段，技术还不太成熟，要想实现大规模商业化，至少还需要 10 年的时间。

（二）自动驾驶非全栈解决方案提供商迎来了发展机会

近几年，自动驾驶产业链由粗放式发展转向精细式发展，自动驾驶非全栈解决方案提供商逐渐受到业界关注。从产业链构成来看，目前自动驾驶执行层基本被国际一级供应商垄断，很难有初创企业能够位列其中；而感知层和决策层零组件供应链分散，有众多不同类型的企业，相对来说初创企业位列其中的难度较低。

（三）未来致力于实现部分 L3 级自动驾驶技术量产

当前，国内主流车企大多已经推出 L2 级自动驾驶量产车型，但驾驶员仍需要时刻观察行驶情况。未来几年，车企将重点研发智能化程度更高的 L3 级自动驾驶技术，依据技术可量产与用户需求两大指标，交通拥堵自动驾驶和高速路自动驾驶成为未来国内车企 L3 级自动驾驶研发方向的研发重点。

（四）各地政府越来越关注自动驾驶技术

近几年，我国政府发布多项相关政策。

2022 年 1 月，交通运输部、科学技术部联合印发《交通领域科技创新中长期发展规划纲要（2021—2035 年）》，提出促进道路自动驾驶技术研发与应用，推动自动驾驶、辅助驾驶在道路货运、城市配送、城市公交的推广应用。

2022 年 6 月，深圳市发布了国内首部智能网联汽车管理的专项法规——《深圳

经济特区智能网联汽车管理条例》。

2022年11月，上海市发布了《上海市浦东新区促进无驾驶人智能网联汽车创新应用规定》。在技术标准层面，上海市车联网协会发布《支持高级别自动驾驶的5G网络规划建设和验收要求》和《支持高级别自动驾驶的5G网络性能要求》两项团体标准，进一步助力上海市智能网联汽车创新应用和无人驾驶产业发展。

2023年上半年，北京市发布了全球首个基于真实场景的车路协同自动驾驶数据集和智能网联路侧操作系统，以及全国首个示范区数据安全管理办法和数据分类分级管理细则。

据不完全统计，仅2023年上半年，国内相关部门和地方政府已出台近30项涉及自动驾驶产业的相关政策和规定，从产业结构、技术创新、网联基础设施等多方面推动自动驾驶行业发展。

（五）车路协同技术迅速发展，将成为高等级自动驾驶背后驱动力

车路协同是指借助新一代无线通信和互联网技术，实现车与"X"的全方位网络连接，即车与车（V2V）、车与路（V2I）、车与人（V2P）、车与平台（V2N）之间的信息交互，并在全时空动态交通信息采集与融合的基础上，开展车辆主动安全控制和道路协同管理，充分实现人、车、路的有效协同。

我国采用的车路协同技术路线为C-V2X（蜂窝通信技术），现国内已基本完成LTE-V2X标准体系建设和核心标准规范，政府和企业两方也正在推动LTE-V2X的产业化进程。从演进阶段来看，车路协同共分为协同感知、协同决策和协同控制三个阶段，目前我国仍处于协同感知阶段。

随着5G技术的不断发展，LTE-V2X正在转向5G-V2X。5G-V2X具备低时延、可靠性强和高速率等特性，可以保证车路协同的实现，促进车路信息交互效率的提升，从而保证高等级自动驾驶车辆安全。

七、GPT大模型对自动驾驶技术发展的影响

传统的自动驾驶模型是"小模型＋规则制"，属于问题导向型。也就是说，当自动驾驶发现一个问题时，一般会基于这个问题，从海量数据里面找到与该问题相关的数据，然后把这一堆相关数据交给标注公司，由标注公司通过人工方式把问题标

注出来，并用这些数据训练一个小的模型，模型训练完成后再放到车上，至此这辆汽车就具备了解决该问题的能力。

GPT 大模型出现以后，自动驾驶模型的形式转变为"大模型＋大数据"，成为数据驱动型。这种模型可以通过自动标注的形式快速获取海量数据，成本相对较低，标注成本可降低约 90%，这使自动驾驶技术实现快速商业化应用具备了得天独厚的条件。

GPT 大模型可以生成实时的动态地图，及时监测到前方被遮挡的障碍物，规避驾驶途中的极端情况，并融合周围的环境信息，生成动态的三维信息，为行驶决策提供相关数据，实现去高精地图化，提升泛化能力，从而尽最大可能实现安全的自动驾驶。

GPT 通过海量数据训练，可以根据泛化特征识别新案例，这样可以使自动驾驶技术应用于更为广泛和复杂的场景中。

车企部署自动驾驶 GPT 需要分阶段、分任务地解决相应问题和挑战，其落地的过程总体可以分为四个阶段。

第一阶段：云端部署

通过海量数据训练实现自动标注，降低数据获取成本，解决极端情况问题，覆盖各类驾驶场景。这一阶段云端模型不断迭代训练，性能逐步提高。

第二阶段：车云协同，云端主导

在车端部署云端模型，使云端模型指导车端模型，这一阶段实现车云协同，以云端模型为主导。车端获取的数据会传送到云端，实现模型联合训练与优化。这一阶段尚未达到无人驾驶，只是通过智能驾驶为人类驾驶提供辅助。

第三阶段：车云协同，车端主导

第三阶段也是车云协同，但以车端模型为主导。云端与车端模型协同合作，车端获取的数据会实时传送到云端，快速计算与存储。虽然车端模型的芯片成本有所降低，但算力仍然有限，需要云端模型提供支持。这一阶段车企实现自动驾驶产品车端自主部署，车云协同的应用场景更加广泛。

第四阶段：车端部署

到了第四阶段，自动驾驶技术已经十分成熟，车端能够自主部署模型，产业链各方的技术水平提高不少，无人驾驶变得名副其实。这时，自动驾驶产品的个性化水平非常高，用户可以根据需求灵活选择自动驾驶方案。

第十一章

人工智能＋工业——工业 4.0 时代的智能制造

> 新一轮的技术革命已经展开，人工智能有望成为未来很长一段时间内 IT 产业发展的重点，并且工业 4.0 的关键技术也是人工智能。在工业 4.0 的浪潮下，人工智能已经成为制造业转型的利器，其在工业生产中的广泛应用使传统制造业焕发出勃勃生机。在工业 4.0 时代，人工智能是工业生产实现从自动化到智能化转型的关键。

一、工业 4.0 与人工智能的联系

工业 1.0 到工业 4.0 的划分依据为工业发展的不同阶段。通常来说，工业 1.0 是指蒸汽机时代，工业 2.0 是指电气化时代，工业 3.0 是指信息化时代，工业 4.0 是利用信息化技术促进产业变革的时代，即智能化时代。

工业 4.0 时代的来临意味着传统的制造业将面临一场巨大变革，自动化流水线生产制造模式开始逐渐向互联自动智能化生产制造模式过渡。在实现工业 4.0 中提到的大规模定制化生产、制造业服务化、生产柔性化的过程中，以智能机器人为代表的智能装备将成为突破口。

（一）工业 4.0 的两大主题

自德国提出"工业 4.0"这个概念以来，各国紧随其后，纷纷推进工业 4.0 的发展。工业 4.0 与人工智能的关系非常密切。工业 4.0 是以智能制造为主导的第四次工业革命或革命性的生产方法，也是一种战略。该战略旨在通过充分利用信息通信技

术和网络空间虚拟系统——信息物理系统相结合的手段，实现制造业的智能化转型。

工业 4.0 有两大非常重要的主题，如图 11-1 所示。

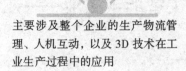

重点研究智能化生产系统及生产过程，以及网络分布式生产设施的实现

主要涉及整个企业的生产物流管理、人机互动，以及 3D 技术在工业生产过程中的应用

图 11-1　工业 4.0 的两大主题

在生产能力上，工业 4.0 不仅能够保证一次性低产量生产的获利能力，还能保证工艺流程的灵活性和较高的资源利用率。此外，工业 4.0 还将延长人们的职业生涯，使人们的工作与生活得到充分平衡，产业的竞争力也会变得更加强大。

（二）人工智能给工业带来的改变

制造流程、工艺、设计环节是人工智能对工业进行改变的关键环节，制造的每一步都会通过数字化进行控制。

传统工业机器人只能作为自动化设备或机器在结构化环境下被使用，完成程序规定的动作，而智能机器人能在非结构化环境中应用，并且具有感知能力、认知判断能力、执行能力等特性。

智能机器人之所以被称为智能，是因为它不但能够按照既定程序去执行操作，而且还能与人、材料、其他设备产生交互。经过多年的发展，智能机器人的感知能力和认知能力已经实现了大幅度提高。当前阶段的智能工厂多数使用的是传统工业机器人，但未来它们会需要更多的智能机器人。

将智能机器人应用于 3D 打印生产设备中，通过机器与机器之间的协作则可以让 3D 打印设备具备网络功能、智能监控维护功能、主轴监控功能。将机床与 3D 打印做成一体化设备，则能实现增材与减材制造的优势互补。对 3D 打印生产系统进行整合，将其与智能机器人连接在一起组成融合系统，能够使生产线更加柔性化。在无线网络的协助下，机床能与终端用户实现连接，从而让机床能够及时得到终端用户的反馈和使用信息；此外，还能实现远程故障诊断，让操作员对机床的运行情况进行全天候的实时自动监控。

在云计算大数据平台的支持下，机器人成为智能终端和智能节点。在制造业中应用智能机器人，可以让机器人上传或者下载知识和经验（地图信息或者抓取物品的经验），帮助人工提高操作技能。当然，机器人之间也可以互相学习，不断提升机器人的运作能力。这样通过人机协作，使机器人和人发挥出各自的优势。在整个生产过程中，人们可以借助机器人编程方便、设置快速的优势，有效减少停产时间，提高生产安全指数，提升整体投资回报率。

在传统制造业中，器械、电器和电力是其主要生产设备，建成一条生产流水线需要很大的投资规模，因此要想在后期对生产流水线进行调整就比较困难。例如，在传统工业时代，如果一家汽车制造厂想要重新建立一条生产流水线，需要花费很高的成本，以及很多的时间。而当数据智能、自动化、精准预测对制造业的改造完成后，这种情况将会得到很大改善。未来制造业的生产流程将是模块式的，并全面实现数字控制。当一家汽车制造厂决定制造另外一种样式的汽车时，它不再需要重新建生产线，只需要将新产品模块的接口调过来即可。由此可见，人工智能的应用将彻底改变制造业，大大提升制造业的生产效率。

再如，在制药行业，以前一款新药的诞生不仅需要经历长期的研发过程，还需要通过不断实验来验证它对某种病症的治疗效果。而在未来，借助人工智能计算技术可以将人类庞大的基因数据与海量的健康信息结合起来进行分析，这样就可以很快发现规律，找到个性化的基因药物。

从国家层面来讲，人工智能将促进我国制造业整体竞争力的提升，为我国制造业的发展创造一个难得的机会。作为制造业大国，我国制造业在数量和规模上占有无可比拟的优势，这也就意味着我们有机会从中提取比别人多得多的"知识"。

智能时代，"知识"是让各个行业从国家竞争、产业竞争中脱颖而出的必经途径，我国只有不断地增加"知识"储备，才可以使自己立于不败之地。单从制造业来讲，如果能牢牢把控住人工智能所创造的机会，实现真正的智能化升级，我国的制造业必将走向世界前列。

（三）人工智能与工业4.0相辅相成

工业4.0的本质是将传统的生产要素彼此连接，从而形成巨大网络，并利用互联网将虚拟世界和现实世界连接，实现更高层次的自动化控制。因此，将各领域里的人、机器和虚拟世界实现互联是工业4.0的要素之一。工业4.0战略的核心是在以互联网和信息技术为基础的互动平台上，融合数字技术、物联网、智能材料等众多先进技术，同时也包括生物产品的研发和制造，大规模并行计算和观测网数据实时监控与共享。

人工智能是一门融合了控制论、信息论、结构生物等学科的综合性学科。如今各领域都在广泛应用大数据技术，只有通过人工智能系统构建各领域的技术，实现工业4.0的数据化、网络化、智能化才具备现实可能性。有了物联网中基于底层设备的风险控制研究及密钥保护，才能实现自动驾驶和航行，以及涵盖海陆空的空中立体交通系统。

工业4.0是在新技术基础上的工业化加信息化，正是因为系统有了新技术，例如，移动设备自适应动态补丁、宽带和设备的健壮I/O网络、虚拟现实和人机接口等，才使精益生产能够实现，更加巩固信息物理系统这个基石，从而建立一个能够体现个性化和数字化的产品与服务生产模式。

二、智能制造的主要特征

作为新工业革命的核心——智能制造，它主要钻研的方向并不是进一步精进技术，逐步提高设备的效率和精度，而是如何让设备的使用更加具备合理性及智能性，并通过智能运维的手段，最大化地实现制造业的价值。它的重心在生产领域，但是它的影响会扩散至包括研发、生产、产品设计、渠道、销售、客户管理等一整条生态链，整个生态链都将发生改变，这是一次全流程、端到端的改革。

从工业企业出发，在工业生产侧，它的基本特性还是规模化、标准化、自动化，但是在此基础上还需要增加柔性化、定制化、可视化、低碳化的特性；在商业模式侧，它将打破现有的生产者影响消费者的模式，旧的模式会逐渐被消费者需求决定产品生产的模式所替代；而在国家层面上，需要建立一张工业互联网，较之于消费互联网将更加安全、更加可靠。

（一）产品智能化

产品智能化是指通过将传感器、存储器、通信模块、传输系统与各类产品进行融合，让产品拥有动态存储、感知和通信能力，从而达到产品可追溯、可识别、可定位的目的。

在物联网领域，智能手机、智能电视、智能机器人、智能穿戴等设备是目前发展比较成熟的智能产品，它们在生产的时候就处于网络的终端，处于网络世界，可以说它们都是物联网的"原住民"。但是对于传统的空调、冰箱、汽车、机床等产品来说，它们在最初生产时并不会与网络产生关联，而是需要后期再与网络进行关联，因此它们属于需要物联网的"移民"。随着智能化的不断发展，这些产品也逐渐融入网络世界。

产品智能化比较关注用户和场景。对于工具型的产品，用户的核心诉求就是高效，希望通过使用产品快速完成目标，而智能化产品生产方也希望用户可以快速实现操作，养成使用习惯，对产品形成依赖。因此，产品智能化应该从用户和实际场景出发，提供高效的智能化方式。

（二）装备智能化

随着先进制造、信息处理、人工智能等技术的不断发展与融合，人类在未来将会进一步开发出更加完善的智能设备，它们包括拥有自组织、自适应功能的智能生产系统，以及网络化、协同化的生产设施，这些智能生产系统和生产设施会具备感知、分析、推理、决策、执行、自主学习及维护等能力。

在工业 4.0 时代，对于智能设备的发展与推进可以从两个维度入手：一方面是完成单机智能化；另一方面是将单机设备进行互联，从而形成智能生产线、智能车间、智能工厂。值得注意的是，想要完成端到端的全链条智能制造改造，就不能局限于单纯的研发和生产端的改造，还要重视基于渠道和消费者洞察的前端改造。只有将两者紧密结合，才能加快全链条智能制造的实现。

（三）生产方式智能化

个性化定制、小量化生产、面向服务的制造和云制造，实质上就是重新组织客户、供应商、销售商和企业内部组织之间的关系，重建生产中的信息流、产品流系统和资本流动的运作模式，重建新产业价值链、生态系统和竞争格局。

在传统工业时代，产品价值由企业来决定。企业生产什么产品，用户就买什么产品；企业给产品定价多少钱，用户购买产品就要花多少钱。在产品生产和销售过程中，企业完全掌握了主动权。在工业 4.0 时代，智能制造可以实现个性化定制，除了省掉很多中间环节，还能使商业流动速度加快，且产品的价值不再由企业定义，而是由用户来定义——只有用户认可的、用户参与生产的、用户愿意分享的产品，才具有市场价值。

（四）管理智能化

随着垂直整合、横向集成和端到端集成的不断深入，企业数据的及时性、完整性、准确性也将不断提高，这必将会使企业的管理变得更加科学、更加高效、更加智能。

（五）服务智能化

智能服务是智能制造的核心内容，越来越多的制造企业已经逐渐由制造业向服务型制造业发展路径转变。

在智能服务领域，有两股力量相向而行：一股力量是传统制造业不断拓展自身服务能力，另一股力量是从消费互联网进入产业互联网。例如，在未来，微信不仅能让人与人实现连接，还能让设备与设备、服务与服务、人与服务实现连接。个性化的研发设计、总集成、总承包等新服务产品的全生命周期管理，会伴随着生产方式的变革不断涌现。

三、工业 4.0 时代智能制造的关键趋势

目前，工业管理和运营正在逐渐被通用物联网设备影响并改变，特定行业的物联网设备正变得越来越强大。在这种转变中，数字孪生（Digital Twins）、人机交互、预测性维护、网络安全、弹性变化、自动化和边缘计算正成为智能制造的七大关键趋势。这些趋势还将极大地改变机器和机器、人和机器、人和人、预测和运营、制造业管理和运营之间的关系，并促进工业 4.0 时代的到来。

（一）数字孪生的映射化管理

数字孪生是充分利用物理模型、传感器更新、运行历史等数据，集成多学科、多物理量、多尺度、多概率的仿真过程，在虚拟空间中完成映射，从而反映相对应的实体设备的全生命周期过程。

数字孪生为工业部门中使用的物理组件提供了与其相对应的虚拟对象。例如，使用数字孪生对制造汽车的机器人手臂进行监控，可以收集有关机械手臂操作的相关数据，并为管理者提供机器手臂有关需要定期维护或更换的组件的信息。

数字孪生可以使人类对机器的预测性维护变得更加容易，并为人类提供有价值的可视化功能，以提高工作效率。虽然收集和管理物联网信息的方法有很多，但数字孪生这种方法显然更直观且更强大。

（二）创新的人机交互

在工业领域中，计算机屏幕甚至是更原始的显示器仍然占据着主导地位，但这种情况并不会长久，如今正在发生着改变。

随着智能技术的发展，AR 技术和 VR 技术被应用于工业生产中。在查看设备组件时，AR 技术的应用可以为员工提供更有价值的反馈，并为员工提供有关制造设备的物联网衍生信息，使员工和企业能够更好地对生产设备进行管理与维护；运用 VR 技术也可以为工作人员提供强大的可视化功能。

在工业生产环境中，通常为特定任务量身定制 VR 和 AR 设备，随着头戴设备和智能眼镜等产品的生产成本不断下降，这些技术将会更受欢迎。

（三）更加准确、有效的预测性维护

多年来，预测性维护在未来所扮演的角色越来越重要，物联网组件的持续增长也为企业管理提供了比以前更多的信息。

利用机器学习及其他人工智能技术，在检测设备软件是否需要更换的过程中，借助现代工业软件的帮助所得出的结果要比凭借个人经验做出的判断更加准确、有效。

与其他技术不同，工作人员很容易计算预测性维护给企业带来的利益。预测性维护是一种工业物联网技术，在未来一定会成为工业管理人员的"好搭档"。

（四）重视网络安全

在工业 4.0 环境下，安全至关重要。智能制造是一个高度自治的状态，如果一线数据在收集和回传、分析的过程中被篡改，那么所有的指令都将是错误的，从而导致一线的机械手臂出现误操作，损害生产设备和产品，甚至造成人员伤害。

在强调高度自治和智能化的工业环境下，企业会遇到的安全问题有两个方面，一是来自物联网设备的应用安全，二是来自新技术应用的安全，如云计算、大数据等。

企业要想实现全链路安全，应该从以下几个方面提升和巩固。

（1）保护物联网。物联网设备安装完成后，要及时更改出场默认的口令和配置。

（2）保护数据。企业要通过安全监控设备确保整个数据包顺利打开，并且数据不被篡改，或者没有携带恶意软件和代码等。

（3）云安全。现在众多企业在加速上云，和云服务商合作让企业拥有了便利的IT基础设施，但云上安全机制处于一个盲区。有风险规避意识的企业会通过安全职责共同分担原则，进行云环境的灾备。灾备，即灾难备份，是指为了确保重要信息系统的数据安全和关键业务可以持续服务，提高抵御灾难的能力，减少灾难造成的损失而建设的数据备份系统。

（4）隔离IT（信息技术）和OT（运营技术）。传统IT环境下，工作人员基本只在互联网出口或者网关等位置采用隔离措施，在推进工业4.0发展的过程中，IT和OT融合趋势增强，很多基础设施捆绑在一起，这时安全管理变得很难。这种情形下可借助安全设备，把IT和OT进行有机的逻辑上的隔离，包括把物联网设备进行相应逻辑上的隔离，这实际上也是企业数字化转型该有的最佳安全实践。

（5）安全自动化运维和安全自动化管理。在工业4.0环境下，数据量非常大，数据传输频繁，并且整个IP架构融入了很多新元素，这时要如何才能让传统的安全运营中心跟上节奏，以更快、更精准的速度进行安全事件分析？如何尽量减少人员配置，提高效率，实现云端数据的安全分析？事实证明，只有在技术上做到更自动化，通过运用更智能化的工具，才能更好地避免安全事件的发生。

（五）加速制造企业变革的速度

在工业生产过程中，设备停机将会给企业带来很高的生产成本，所以一般情况下企业不会对生产设备的硬件和软件进行升级与改造，这也就意味着制造业的变革速度非常慢。但是，在全面提升效率的整体要求下，企业不得不采取更加灵活的方式进行运营。

在实体工业生产变革过程中，物联网与人工智能分析有时会产生惊人的效果。对于有些人类不太关注和没有意愿探索的领域，人工智能很有可能有所探索与发现，而这是非常重要的。通过不停转变，实体工业很快就会适应信息化，未来几年，使用这种方法的实体企业会越来越多。

（六）自动化技术更高效

一直以来，自动化技术都是工业领域的核心技术，也是数字技术努力开发的一个领域。当下，为了避免在购买重型设备上投入大笔资金，企业可以通过补充低成本设备来丰富生产组件。但是，随着自动化系统价值的不断增长，企业将会在自动化上投入更多的资金。

伴随着企业在自动化系统上投入的增加，企业的生产效率也将会明显提升，同时使劳动力成本得以下降。然而，自动化的生产流程对工人的需求并没有降低，因为即便是再高效的自动化系统也需要在人的监督及调控下完成作业，寻找提升效率的方法。

（七）边缘计算设备的投入使用

物联网组件能够收集海量的数据信息，物联网应用程序面临的一个瓶颈就是无法确保系统能够对必要信息实施实时监控。因此，物联网强大的组件需要依靠边缘计算设备来实现更好的运作，这些设备可以在数据被发送到更集中的服务器之前对数据进行收集、处理和分析。

在未来的物联网发展中，除了继续增加服务器或场外云解决方案等方面的投资，还会对边缘设备增加更多投资，从而使工业环境中的信息处理更加有效。

四、工业 4.0 时代智能工厂的创建

作为实现智能制造的重要载体，智能工厂主要通过构建智能化生产系统、网络化分布生产设施来实现生产过程的智能化。智能工厂目前已经具备了自主能力，可以在生产过程中实现采集、分析、判断和规划等操作，可以通过整体可视技术进行生产推理预测，而通过在仿真及多媒体技术中使用 AR 技术，可以实景展示设计与制造过程。

在智能工厂中，系统中的各个组成部分可以自行组成最佳系统结构，系统具备协调、重组及扩充特性，并且具备自我学习、自行维护的能力。智能工厂实现人与机器相互协调合作的方式是人机交互。

（一）智能工厂的主要特点

智能工厂是现代工厂信息化发展的新阶段，它是指在数字化工厂的基础上，利用物联网技术、设备监控技术来加强信息管理和服务，清楚地掌握产品的产销流程，提高生产过程的可控性，减少生产线上的人工干预，及时准确地采集生产线数据，

以合理编排生产计划与生产进度，并通过绿色智能手段和智能系统等新兴技术的运用，构建一个高效节能、绿色环保、环境舒适的人性化工厂。

具体来说，智能工厂具有以下六个显著特点。

1. 实现设备互联

智能工厂能够实现设备与设备互联（M2M）。智能工厂通过与设备控制系统集成，以及外接传感器等方式，借助数据采集与监控系统（SCADA）实时采集设备状态、生产完工信息及质量信息，并通过应用无线射频（RFID）、条码（一维码和二维码）等技术实现生产过程的可追溯性。

2. 广泛应用各类智能化软件

广泛应用制造执行系统（MES）、先进生产排程（APS）、能源管理、质量管理等工业软件，实现生产现场的可视化和透明化。

在新建工厂时，智能工厂可以通过数字化工厂仿真软件来布局设备和产线，并进行工厂物流、人机工程等仿真，以保证工厂结构是合理的。在推进数字化转型的过程中，工厂的数据、设备和自动化系统的安全都要得到保障。专业检测设备检出次品时，要自动将次品与合格品分开处理，同时通过统计过程控制（SPC）等软件分析为什么会出现质量问题。

3. 全面体现精益生产的理念

智能工厂能够充分体现工业工程和精益生产的理念，能够实现按订单驱动和拉动式生产，尽量减少在制品的库存，消除资源浪费。在建设智能工厂的过程中，企业要充分结合自身产品和工艺特点。在研发阶段，应大力推进生产流水线的标准化、模块化和系列化，为实现精益生产打下坚实的基础。

4. 实现柔性自动化

智能工厂能够结合企业产品和生产特点，不断提升生产、检测和工厂物流的自动化程度。有的企业生产的产品品种少，批量大，在智能工厂中可以实现高度自动化，甚至工厂内不需要照明；而有的企业生产的产品品种多样，批量少，在智能工厂中，就要运用人机结合的模式，在不盲目推进自动化的前提下尽量减少人力投入，注重建立智能制造单元。

工厂的自动化生产线和装配线要适当多一些，以防止因关键设备发生故障而影响生产进度；同时，为了更加适应多个品种的混线生产，还要充分考虑快速换模的方法。

在智能工厂的建设过程中，物流自动化是至关重要的，企业可以通过无轨自动引导运输车（AGV）、行架式机械手、悬挂式输送链等物流设备保障各工序之间顺利传送物料，并配置物料超市，尽量将物料配送到线边。质量检测的自动化也很重要，机器视觉会逐渐扩大在智能工厂中的应用范围。此外，使用助力设备可以极大地提升工作效率，使工人在工作时更轻松。

5. 节能环保，实现绿色制造

智能工厂可以实时采集设备和生产线的能源消耗，为高效利用能源提供数据指导。在危险程度较高和有污染的生产环节，应当使用机器人，从而降低生产安全事故发生的概率。

6. 实现实时洞察

从下达生产排产指令到记录完工信息，智能工厂可以实现整个生产流程的实时洞察。

智能工厂通过建立生产指挥系统，能够对工厂的生产、质量、能耗和设备状态信息实现实时监督，避免非计划性停机情况的出现。通过建立工厂的数字孪生或数字映射，智能工厂可以及时洞察生产现场的状态，辅助各级管理人员做出正确决策。

智能工厂不仅仅是拥有自动化生产线和工业机器人的工厂。一方面，智能工厂在生产过程能实现自动化、透明化、可视化、精益化；另一方面，智能工厂在产品检测、质量检验和分析、生产物流等环节能与生产过程实现闭环集成。一个工厂的多个车间之间也能实现信息共享、准时配送和协同作业。

智能工厂的建设充分融合了信息技术、先进制造技术、自动化技术、通信技术和人工智能技术。每个企业在建设智能工厂时，都应该考虑如何才能有效融合这五大领域的新兴技术，与企业的产品特点和制造工艺紧密结合，以此确定自身的智能工厂推进方案。

（二）智能工厂对生产技术的要求

在工业 4.0 时代，智能工厂可以实现自行运转，各种机器可以自行实现连接和交流，产品设备之间可以互相通信。因此，德国将工业 4.0 称为"机器制造机器"的时代，每台机器都是有生命的，工厂就像是一个人，将存在智商高低的区别。随着工厂"智商"的不断提升，工厂也会越来越智能化。

在工业 3.0 时代，工厂最底层的加工单元包括三个部分，如图 11-2 所示。

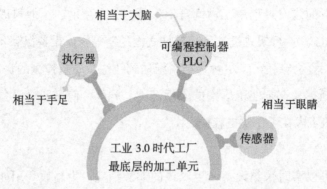

图 11-2　工业 3.0 时代工厂最底层的加工单元

加工单元的上一层是车间，车间是生产制造管理系统（MES），它主要负责获得任务，并对任务进行分配。在车间之上，分别是企业资源计划（ERP）系统、产品生命周期管理（PLM）系统、供应链管理（SCM）系统和客户关系管理（CRM）系统等上层系统。其中，ERP 系统主要负责对企业内部资源进行配置和协调，PLM 系统主要负责管理产品从开发到报废的整个过程，SCM 系统主要负责企业资源与外部资源的对接工作，而 CRM 系统主要负责客户关系管理工作，以促进企业与客户的有效沟通。

这些技术早在工业 3.0 时代就已实现，但工业 4.0 对这些技术提出了新的要求。首先，工业 4.0 要求它们必须更加智能，反应速度要更快。例如，工厂生产出了一辆汽车，未来的 PLM 系统不仅要能监控这辆车的整个生命周期，甚至要能跟踪这辆车的使用过程，通过分析其生产、损耗等数据，在车辆将要到达使用年限时，确定其应该全面报废，还是对其有用的旧部件进行回收再利用。

另外，工业 4.0 要求工厂的生产技术要更加集成化，即以上这些系统要实现横向和纵向的集成，从而获得更加智能化的效果。

在工业 4.0 时代，智能化生产的过程如下：所有系统之间实现连接，产品从设计到制造的所有环节都被打通，PLM 的设计数据直接传入 ERP 系统后，ERP 系统立即从工厂调配资源；如果需要由外界进行供货，则由 SCM 系统来自动调配相关资源；同时借助 CRM 系统与客户保持实时沟通，让客户了解并参与到产品生产过程中来。例如，客户通过视频观看产品生产过程，当看到产品不能满足自己的需求时，会将这个信息传达给企业，企业立即对产品生产线做出调整。

（三）常见的智能工厂建设模式

由于不同的行业有着不同的生产流程，同时各个行业智能化的程度也不同，所以在建设智能工厂时，不同的行业可以采取不同的建设模式。

1. 从生产过程数字化向智能工厂过渡

对于石化、钢铁、冶金、建材、纺织、造纸、医药、食品等行业来说，企业发展智能制造的内在动力是确保产品品质的可控。因此，这些行业在创建智能工厂时应该侧重从生产过程数字化建设起步，在品控需求的基础上从产品末端控制向全流程控制转变。

2. 从生产单元智能化向智能工厂过渡

对于机械、汽车、航空、船舶、轻工、家用电器和电子信息等离散制造业来说，企业发展智能制造的核心目的是拓展产品价值空间。所以，这些行业在创建智能工厂时，可以侧重从单台设备的自动化和产品智能化入手，通过提升生产效率和产品效能来实现价值增长。

3. 从个性化定制向互联工厂过渡

对于家电、服装、家居等离用户最近的消费品制造业来说，企业发展智能制造的重点是充分满足消费者的多元化需求，同时实现规模经济生产。因此，这些行业在建设智能工厂时，可以侧重借助互联网平台开展大规模个性化定制模式创新。

（四）智能工厂发展的重点领域

要想实现工业4.0，其关键在于保证生产流程实现智能化管理。在工业4.0时代，智能生产的重点在于将人机交互、3D打印等先进技术应用于整个生产过程，并实现对整个生产流程的监控、数据采集等，从而形成高度灵活、个性化、网络化的产业链。

未来智能工厂发展的重点领域如图11-3所示。

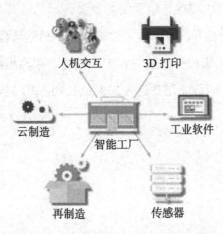

图11-3 未来智能工厂发展的重点领域

1. 3D 打印

3D 打印是一种快速成型技术，又称增材制造，是一种以数字模型文件为基础，运用粉末状金属或塑料等可粘合材料，通过逐层打印的方式来构造物体的技术。

3D 打印通常是采用数字技术材料打印机来实现的，常在模具制造、工业设计等领域被用于制造模型，后逐渐用于一些产品或零部件的直接制造。该技术在珠宝、鞋类、工业设计、建筑、工程和施工、汽车、航空航天、医疗产业、教育、地理信息系统、土木工程等领域都有所应用。

3D 打印是一项颠覆性的创新技术，在制造业生产流程中引入 3D 打印技术，有利于制造业节约成本，加快生产进度，减少生产资料的浪费。

在产品设计环节，借助 3D 打印技术，设计师在进行产品设计时能够获得更大的自由度和创意空间，他们可以将注意力集中在创新产品的形态和功能上，而无须考虑产品形状复杂度对产品制造产生的影响，因为几乎任何形状的物品都可以使用 3D 打印技术进行构建。

在产品生产环节，使用 3D 打印可以将数字化模型直接生产成产品零部件，而无须再制作产品模具，这样既能节约生产成本，又能让产品尽快上市。此外，使用传统制造工艺生产产品时，通常会在铸造、抛光和组装部件等环节产生废料，而使用 3D 打印技术生产相应的组件，可以让其一次性成形，生产过程中基本不会产生废料。

在产品分销环节，3D 打印将会对现有的物流分销网络发起挑战。在未来，零部件将不会再经过采购和运输环节，购买方可直接从制造商的在线数据库中购买并下载 3D 打印模型文件，然后自行将其快速打印出来。这种操作模式将可能导致遍布全球的零部件仓储与配送体系失去存在的意义。

经过了近 40 年的发展，3D 打印领域的龙头公司已经开始实现显著盈利，市场对 3D 打印的认可度快速提升，行业收入增长加速。根据典型的产品生命周期理论，技术型产品在从导入期进入成长期的过程中往往会表现出增长速度加快的特征，由此可以判断出目前 3D 打印行业正在进入加速成长期。3D 打印行业的生命周期如图 11-4 所示。

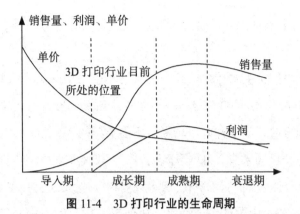

图 11-4　3D 打印行业的生命周期

在 3D 打印行业，其整个产业链大概可以分为三个部分，即上游的基础配件行业、中游的 3D 打印设备商和材料商以及下游的 3D 打印产品各大应用领域，如图 11-5 所示。我们通常所提到的 3D 打印行业主要指的是 3D 打印设备、材料及其服务企业。

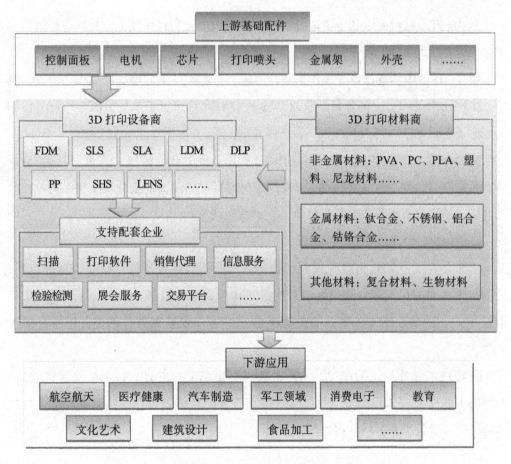

图 11-5　3D 打印行业产业链

目前，3D 打印已经形成了一条完整的产业链，其每个环节都有大量领先企业参与市场竞争。

全球 3D 打印材料主要供应商有 EOS 公司、Hoganas 公司、Sandvik 公司、Solvay 公司、Carbon 公司、3D Systems 公司和 Stratasys 公司等，这些公司根据自身的研发能力和发展方向，研发并向市场提供不同类型的 3D 打印材料。

结合全球的竞争格局来看，3D 打印设备依据 3D 打印材料不同分为金属 3D 打印设备和非金属 3D 打印设备。金属 3D 打印设备以工业级为主，主要包括美国的 3D Systems、德国的 EOS、中国的铂力特等。非金属 3D 打印设备包括工业级、消费级 / 桌面级，一般价值量较低。与金属 3D 打印设备相比，非金属 3D 打印设备及服务的销售毛利率较低，但出货量和公司整体营收相对较高，这类设备中有代表性的包括美国的 Stratasys、3D Systems（消费级 / 桌面级），比利时的 Materialise，中国的创想三维（消费级 / 桌面级）等。

从 3D 打印材料的专利申请情况来看，美国和中国是有关技术专利申请数量最多的国家，其次为德国。专利的区域分布与 3D 打印行业的分布保持一致。

结合 3D 打印制造设备安装量来看，美国、中国和日本的市场份额排在前列。其中，美国排名第一，中国和日本紧随其后，3D 打印制造设备市场份额全球排名前列的国家还包括德国、意大利、韩国、英国和法国等。

综合来看，美国和中国市场是全球 3D 打印行业的热点区域，其 3D 打印制造设备安装量逐日递增，进一步拉动了 3D 打印材料行业的发展，进而激发相关企业在产品性能、价格、技术等方面不断创新，做出适当调整。

2. 人机交互

未来各类交互方式将会实现深度融合，从而使智能设备的反应变得更加自然，更接近于人类的反应和处理过程。智能设备将具备思维过程、动觉，甚至形成文化偏好等。人机交互模式的演进如图 11-6 所示，这一领域充满了各种各样新奇的可能性。

随着技术融合步伐的加快，人与机器进行信息交换的方式正向更高层次迈进，新型的人机交互方式逐渐被应用于生产制造领域，具体表现在智能交互设备柔性化和智能交互设备工业领域应用这两个方面。

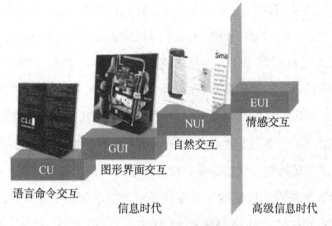

图 11-6 人机交互模式的演进

在生产过程中，智能制造系统可以独立承担分析、判断、决策等任务，突出人在制造系统中的核心地位，同时在工业机器人、AGV等智能设备配合下，更好地发挥人的潜能。未来人机交互的本质是人机一体化，将机器的智能和人的智能互相融合与配合，以发挥更大的效用。

3. 传感器

在我国，传感器行业已经形成了较为完整的产业链结构，传感器生产材料、器件、系统、网络等各方面的技术不断完善，自主产品的数量不断提升。

我国传感器制造行业发展始于20世纪60年代。1972年，我国组建成立了第一批压阻传感器研制生产单位；1974年，第一个实用压阻式压力传感器研制成功；1978年，诞生了第一个固态压阻加速度传感器；1982年，国内开始了硅微机械系统（MEMS）加工技术和绝缘体上硅（SOI）技术的研究。

20世纪90年代以后，硅微机械加工技术的绝对压力传感器、微压传感器、呼吸机压传感器、多晶硅压力传感器、低成本TO-8封装压力传感器等相继问世并实现生产，传感器技术及行业发展均取得显著进步。

自21世纪初以来，传感器制造行业的智能化程度日益加深。智能型传感器带有微处理机，可以采集、处理和交换信息，是传感器集成化与微处理机相结合的产物。基于智能型传感器在物联网等行业的重要性，我国将传感器制造行业的发展提升到一个新的高度，掀起了整个社会的研发热潮，我国在该领域的市场地位开始不断上升。

2022年，全球传感器市场超万亿，中国占比约20%。Statista的数据显示，2022

年全球市场规模为 2512.9 亿美元（约 1.79 万亿人民币）。近几年全球传感器市场经历了大幅波动。2020 年、2021 年和 2022 年同比增速分别为 –13%、62%、10%。相比之下，中国市场增速相对稳定，三年增速分别为 14%、20%、19%，维持在 20% 上下，并且中国市场占全球传感器市场的比例一般在 20% 左右，相对稳定。

在工业 4.0 时代，传感器的重要性不容小觑。物联网在工业领域应用的不断推广将会不断扩大传感器的应用范围。传感器类型多种多样，包括温度和湿度传感器、压力传感器、图像传感器、光传感器、位置传感器、重力传感器等。

从具体的下游来看，传感器主要聚焦在消费类产品和工业类产品，家电和汽车智能传感器应用的占比达到 23.15% 和 18.52%，占主要部分。此外，工业自动化控制系统、医疗、飞机和船舶等领域对智能传感器的使用也较为普遍。

从完整的产业链构成来看，传感器产业链呈现链条长和环节多的特征。

（1）上游产业：除了核心芯片（敏感元件、信号链和数字处理芯片），传感器的制造还需要精密零部件、电子元器件（如线路板、连接器和被动元器件等）的供应。此外，具备联网功能的传感器还涉及通信芯片 / 模块的供应。

（2）中游产业：由各类一二级供应商构成，主要完成传感器的产品设计、组装和销售。

（3）下游产业：包括各类传感终端设备的生产与加工，涉及消费、工业、通信和汽车等领域。

4. 工业软件

工业软件是指专门应用于工业领域的软件，大致可以分为两类：一类是嵌入式软件，另一类是工程软件。

嵌入式软件是指植入硬件产品或生产设备中的软件，可以进一步细分为操作系统、嵌入式数据库和开发工具、应用软件等。它们会被植入硬件产品或生产设备的嵌入式系统中，对设备和系统运行进行控制、监测、管理，实现自动化、智能化。嵌入式软件在工业 4.0 中体现为在各种生产设备中安装的各类应用软件。

工程软件是指各种工业领域专用的对生产制造进行业务管理的软件。例如，产品生命周期管理系统会对产品的全生命周期如产品研发、产品设计、产品生产、流通等各个环节进行管理。

此外，工程软件还包括各种计算机辅助设计（CAD）、辅助制造（CAM）、辅助分析（CAE）、辅助工艺（CAPP）、产品数据管理（PDM）等软件，它们能让工厂实现生产和管理过程的智能化、网络化管理和控制。工程软件在工业 4.0 中体现为生产管理中的各种应用软件。

由此可见，工业 4.0 进一步提升了工业软件的高度。在工业 4.0 中，各种工业软件被应用于产品制造的流程之中，从供应链管理、产品设计、生产管理、企业管理四个维度提升了工厂的生产效率，优化了生产工程。

工业 4.0 涵盖了 PDM、SCM、PLM、CAD 等软件系统以及数据处理系统，能够将各种分散的信息进行汇总分析，从而解决产品生命周期不断缩短、物流交货周期不断缩短以及客户定制要求多样化等问题，进而促进制造工艺的发展。

在工业 4.0 时代，工厂将会对每一个产品实现整个生命周期追踪溯源。每一个生产设备将由整个生产价值链所继承，实现自律组织生产。在生产过程中，智能工厂可以灵活地做出各种决策，不同的生产设备之间相互协作，同时还可以对外界环境做出及时反馈……从根本上讲，这些都是应用软件技术所产生的结果。

可以说，绝大部分的生产制造过程都是在工业软件技术的支撑下完成的。当下，全球出现了以信息网络、智能制造为代表的新一轮技术创新浪潮。在这一浪潮中，行业界限逐渐模糊，各种新的领域和业态不断萌生。软件系统改变了制造业创造新价值的过程，并会重组产业链分工模式。在这一新型产业链的带动下，制造业不再是单纯的硬件制造行业，而是一种融入多种软件技术、自动化技术、现代管理技术的生产服务模式。

随着 ChatGPT 和 AIGC 的爆火，人们逐渐发现，AIGC 的发展将会对任何需要人类创作和人机交互的行业及场景带来影响。目前，AIGC 已经在工业软件方面产生了强大的辅助作用。

首先是在编程方面，AIGC 可以帮助开发人员快速生成代码，甚至通过云链接的方式和大数据分析给出编程意见，大幅度提高工业软件的迭代速度。例如，华为盘古大模型提供的科学计算能力可以显著提升工业设计软件底层的数学数值计算，建模与仿真最底层采用有限元模型，采用大模型能实现亿级地理高程网格数据的计算、亿级电磁仿真网格量的大规模计算。大模型不仅带来了强大的并行计算能力，同时对传统数值计算的算法进行了优化。

其次是在信息采集和生成方面，AICG 可以快速从大量数据中分辨出有效数据并得出所需的结果，甚至可以单独完成简单作业的全流程。例如，GIS 行业建模前需要先航拍，然后以航拍做基础手工建模；现在 SAM（视觉通大模型）能直接从航拍中识别物体并标注，然后通过 AIGC 自动生成对应的模型，极大地提高了相关从业人员的工作效率。

最后是在辅助设计方面，基于 AIGC 的创成式设计能够根据现实世界的制造约束和产品性能要求，快速循环、测试和生成多个就绪解决方案，发掘设计师和工程师难以有效发现和建模的选项，并筛选出最优结果。

AIGC 技术已经成为工业软件未来的趋势之一，甚至很多大型企业在 AIGC 的概念还没有在全网获得大量关注之前就已经展开布局，在这一点上，国内厂商未曾落后，很多 A 股软件公司均有布局，如研发设计领域的中望软件、华大九天、广立微、盈建科、广联达等；生产控制领域的宝信软件、中控技术、鼎捷软件、汉得信息、柏楚电子等；智能运维领域的银信科技、中亦科技、容知日新等。

5. 云制造

所谓云制造，是指制造企业将先进的信息技术、制造技术以及新兴物联网技术等进行交叉融合，工厂产能、工艺等数据都集中于云平台，制造商可在云端进行大数据分析与客户关系管理，让企业发挥最佳效能。

在国内，中国航天科工集团有限公司开发了面向航天复杂产品的集团企业云制造服务平台，该平台接入了集团下属各院所和基地，拥有非常丰富的制造资源与能力；中国中车集团有限公司开发了面向轨道交通装备的集团企业云制造服务平台，打通了轨道车辆、工程机械、机电设备、电子设备及相关部件等产品的研发、设计、制造、修理和服务等业务。面向中小企业的云制造平台，也陆续出现在了装备制造、箱包鞋帽等行业。

作为一个新概念，云制造为制造业信息化提供了一种崭新的理念与模式，未来的发展空间很大。当然，云制造也不可避免地面临着众多关键技术的挑战。在未来的发展中，云制造不仅要完成对云计算、物联网、语义 Web、高性能计算、嵌入式系统等技术的综合集成，还需要攻克制造资源云端化、制造云管理引擎、云制造应用协同、云制造可视化与用户界面等技术难题。

建设智能工厂是促进制造企业转型升级的重要手段。在制造业转型升级的过程中，企业应当贯彻中长期发展战略，对未来智能工厂的规划与设计要建立在自身产品、工艺、设备以及订单特点的基础之上，在推进规范化、标准化的同时，先解决最紧迫、最需要解决的问题，扎实推进智能工厂的建设。

五、ChatGPT 和 AIGC 在工业领域的应用

ChatGPT 和 AIGC 在工业领域有很多应用，可以提高生产效率，降低成本，帮助企业更好地进行生产线和供应链的管理，以获得更好的业务成果。AIGC 可以实现智能化的生产管理，在提高生产效率和品质、降低成本，并为生产决策提供大数据支持等方面贡献明显。

ChatGPT 和 AIGC 在工业领域中的应用主要体现在以下几个方面。

（一）质量控制

AIGC 可以分析生产线上的产品和流程，并根据从传感器、检测设备和其他机器中收集的数据提供实时建议和预测，从而帮助制造商监控和提高产品质量。例如，汽车制造商可以使用 AIGC 来识别生产线上的质量问题和缺陷，并提出修复建议。ChatGPT 可以通过对比不同模型间的数据，快速发现可能存在的异常，并提出可能的解决方案。

（二）生产计划

AIGC 可以分析订单、库存、产能等数据，优化生产计划，确保产能顺畅运行。例如，家电制造商可以使用 ChatGPT 预测下一季度销售的产品数量和种类，并以此作为依据来调整生产计划，从而更好地管理库存和供应链，避免库存积压或产品短缺。

（三）维修设备

AIGC 可用于帮助制造商监控设备状态并预测维护需求。通过分析传感器数据和机器运行状况等信息，ChatGPT 能够检测潜在故障，并实时提出解决方案。例如，半导体制造商可以使用 AIGC 分析生产设备的数据，以推测设备故障发生的概率，并根据分析结果进行维护，以避免生产线停机以及后续维修产生大量的成本。

（四）改进工艺

AIGC 可以帮助制造商识别产品缺陷和不足，提供相应的改进措施和优化方案，从而改进产品设计和工艺流程，进而提高产品质量，降低成本。

第十二章

行业分析——人工智能市场的发展全貌

> 人工智能是智能产业发展的核心，是其他智能科技产品发展的基础，国内外高科技公司及风险投资机构已纷纷布局人工智能产业链。目前社会各界对人工智能的关注度持续提升，社会资本和智力、数据资源的大量汇集极大地推动了人工智能技术研究。

一、人工智能市场的结构与规模

当前，人工智能已成为新一轮产业变革的核心驱动力，它将对全球经济、社会进步和人类生活产生深刻的影响。未来多年，人工智能必定是最火热的行业之一。

（一）人工智能市场产业结构分析

人工智能正在逐步向社会传播其巨大的影响力，在各个场景中深度应用人工智能，可以重构生产、分配、交换、消费等经济活动的各个环节，并促进新技术、新产品、新产业的产生。

随着技术的发展，计算性能会逐步提高，机器学习算法会得到不断优化，在此助力下，未来人工智能很有可能进入强人工智能阶段，代替绝大多数的人力劳动。人工智能技术是智能产业发展的核心，直接决定着智能产业发展的速度。IBM、谷歌、微软、百度等知名高科技公司纷纷在该领域投入大量资金进行布局。互联网变革了人类的生活方式，而人工智能将提高整个社会的生产力，引发新一轮科技发展浪潮。

2006 年，深度学习算法的提出为之后的人工智能发展浪潮打下了坚实的基础。

作为一种技术性突破，深度学习算法借以实现大规模计算的基础是庞大的数据量和强大的计算能力。而关于意识起源、人脑机理等方面的基础理论研究属于超级人工智能，目前尚未形成具有准确结论的研究成果。

随着人工智能三大基石——算法、算力及数据方面的发展和积累，人工智能在图像识别、语音识别和语义理解方面进展迅速，并且已走出实验室、走向商业化，和各行各业相结合，落地应用。其中图像识别的应用范围最广，其在智能安防领域的落地发展得最为成熟。中国科学院自动化研究所谭铁牛团队全面突破虹膜识别领域的成像装置、图像处理、特征抽取、识别检索、安全防伪等一系列关键技术，建立了虹膜识别比较系统的计算理论和方法体系，还建成了目前国际上最大规模的共享虹膜图像库。

语音识别和语义识别改变了原有的人机交互模式，并不断拓展在智能客服和智能家居领域的应用。目前，人工智能在企业中的渗透率较低，相信未来会随着企业数字化程度的提升而提升。

人工智能是未来产业变革的基础力量，对不同行业和场景的智能化改造是未来的发展趋势。安防、金融、医疗、汽车、制造业、教育、广告、传媒、法律、智能家居、农业等均是人工智能落地的方向。

目前，人工智能应用的主要领域及代表产品或企业如表 12-1 所示。

表 12-1　人工智能应用的主要领域及代表产品或企业

应用领域	细分领域	产品或企业举例
智能语音服务	智能手机上的语音助理、语音输入、家庭管家和陪护机器人	百度度秘、科大讯飞、京东智能语音机器人"小京"、中国移动智能语音机器人"小蜜"等
安防	智能监控、安保机器人	立林科技、商汤科技、格灵深瞳、神州云海等
自动驾驶	智能汽车、公共交通、快递用车、工业应用	比亚迪、百度 Apollo、京东物流等
医疗健康	医疗健康的监测诊断、智能医疗设备	迈瑞医疗、碳云智能、推想医疗科技、联影医疗等
电商零售	仓储物流、智能导购和客服	阿里巴巴、京东等
金融	智能投顾、智能客服、安防监控、金融监管	邮储银行、中信银行、百信银行、泰康保险、广发证券与百度"文心一言"合作
		金融科技企业开发 AI 模型产品：奇富科技——奇富 GPT、度小满——轩辕、蚂蚁集团的金融大模型等
教育	智能评测、个性化辅导、儿童陪伴	华为、微软（中国）、一起教育科技、远播教育集团、腾讯等

（二）人工智能市场规模分析

随着科学技术的不断进步，人工智能已经渗透到各个领域，并呈现出巨大的潜力，人工智能对各行各业的助力正在改变我们的生活和工作方式。

1. 人工智能行业总体的发展情况

从长期来看，人工智能行业总体处于爆发增长阶段（见图 12-1），人工智能领域的公司和产品数量众多，并逐渐向垂直行业渗透。之前积累的技术潜力迅速释放，新技术发展迅猛，算法和算力的突破为技术创新奠定了良好的基础。

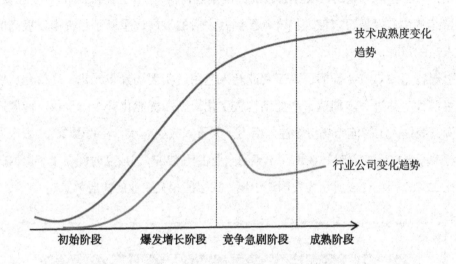

图 12-1　人工智能行业发展总体所处的阶段

（数据来源：根据公开资料整理）

2. 人工智能市场规模

数据表明，2022 年中国人工智能行业市场规模为 3 716 亿元，预计 2027 年将达到 15 372 亿元，复合年均增长率达到 34%，渗透率有望从 2022 年的 10.2% 提升至 2027 年的 39.5%。人工智能的迅速发展使大量相关的产业链受益匪浅，如服务器、交换机、光模块及相关芯片等行业。

中国人工智能开发平台的市场规模也在不断增加，包括算力、数据、模型调用和部署维护等细分市场增长迅速。

总体来看，中国人工智能市场规模最大的三个应用方向分别是机器视觉、智能语音和自然语言处理。一方面，在政策的鼓励下，国内应用场景的开放范围越来越大，各行业积累了大量数据，人工智能的技术落地和优化具备了坚实的基础；另一方面，人工智能具有十分巨大的市场潜力，推动着核心技术不断创新升级，众多企业在该领域进行布局，其中头部互联网和科技企业（如百度、阿里巴巴、腾讯和华为等）加快了在三大核心技术领域布局的步伐，而众多创新型独角兽企业在垂直领域迅速布局。

3. 人工智能企业规模

据天眼查数据显示，截至 2023 年 4 月，我国人工智能相关企业约有 267.4 万家，其中，2023 年一季度新增注册企业约 17 万家，与 2022 年同期相比上涨了 6.8%。由此可见，人工智能产业的成长具备较高的确定性，投资价值显著，风口行业已诞生，稳定持续的快速发展可以使人们准确预测其之后的发展成果，于是资本以极高的热情进入这一赛道。

引爆行业的 GPT-4 证明了人工智能转入应用后实现场景多元化、高效化、便利化的可能性，并进一步加速了产业结构数字化转型和智能化升级的步伐。借着这一股热潮，我国人工智能市场持续注入活力。天眼查数据显示，在我国 267.4 万家人工智能相关企业中，成立时间在 1～5 年的企业占比 53.6%，成立时间在 1 年以内的企业占比 27.7%。图 12-2 所示为我国近十年人工智能相关企业的注册数量。

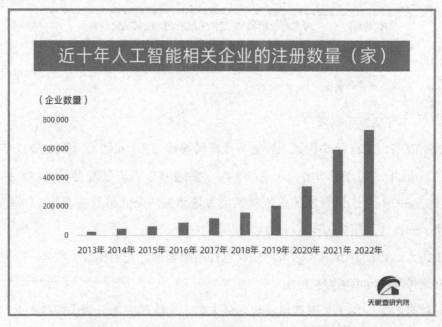

图 12-2　我国近十年人工智能相关企业的注册数量

（数据来源：天眼查）

从地域分布来看，广东以约 39.9 万家位列区域首位；江苏、北京分列第二、第三位，分别拥有约 22.4 万家以及 21.8 万家。

4. 人工智能专利规模

一家高新技术公司的成长性及核心竞争力不仅体现在营收和净利润上，还体现在知识专利产权的数量上。全球人工智能创新数据监控平台的数据显示，从 2000 年到 2023 年 6 月底，中国企业在人工智能相关的知识产权申请方面的占比超过了 50%，是美国企业的两倍多。从企业维度来看，全球申请与人工智能相关的知识产权数量最多的企业是华为，图 12-3 所示为截至 2023 年 6 月的数据。

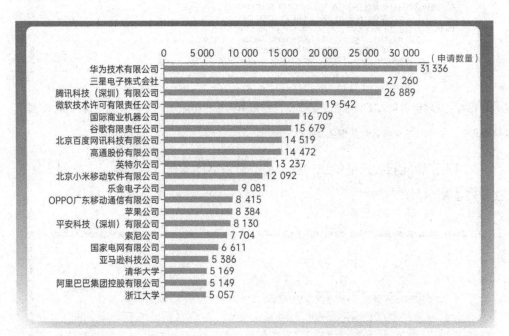

图 12-3　全球申请与人工智能相关的知识产权数量的企业排名（2000 年 1 月—2023 年 6 月）

（数据来源：全球人工智能创新数据监控平台）

我们可以和以前的数据对比，图 12-4 所示为截至 2021 年 12 月的数据，在全球申请与人工智能相关的知识产权数量的企业排名中，华为当时排第 12 名，仅过了一年半就位列第一。

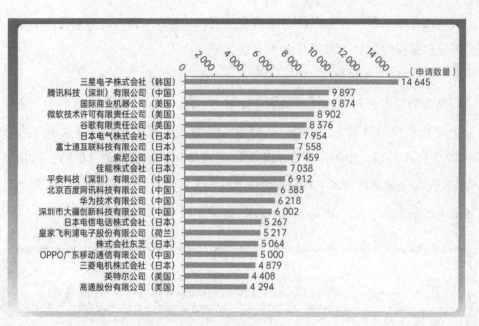

图 12-4　全球申请与人工智能相关的知识产权数量的企业排名（2000 年 1 月—2021 年 12 月）

（数据来源：全球人工智能创新数据监控平台）

我国人工智能相关产业知识产权申请数量最多的省份为广东省，其次是北京市，如图 12-5 所示。

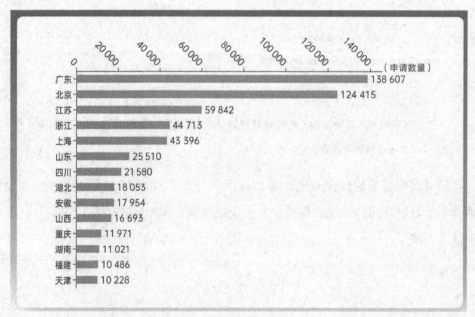

图 12-5　我国人工智能相关产业知识产权申请数量的省市排名（2000 年 1 月—2023 年 6 月）

（数据来源：全球人工智能创新数据监控平台）

5. 人工智能投融资规模

风险投资是一群"风险"爱好者的冒险之旅，其行为在一定程度上可以反映出行业的热度和趋势。从 2000 年以来，人工智能产业投融资数据的总体趋势是向上发展的。其中，2018 年和 2021 年的融资事件数量和融资金额均达到顶峰，除了有政策的激励，也有产业本身多年积累并在瞬间爆发的影响，如自动驾驶、VR 等与人工智能产业相关度较高的产业受到市场追捧。

在大模型、AGI 等热门领域的引导下，2023 年人工智能市场又迎来了新一轮的爆发。从具体的上半年月度数据变化来看，月均融资事件达到 48 起，其中 5 月融资事件的数量达到 61 起，位居月度前列，6 月和 3 月分列第二、第三位。

从 2023 年上半年融资事件的行业分布来看，前沿技术、机器人及集成电路的融资事件数量位居前列，虽然自动驾驶的融资事件数量低于这三者，但是也有 20 起。

人工智能产业的发展已经与相关地区科技创新紧密连接在一起。纵观国内省市的人工智能产业发展，可以明显发现人工智能融资事件的数量与地方发布的政策措施、地区 GDP，以及研发经费的投入有着明显的正相关关系。

从融资事件的地域分布来看，北京、上海、广东、浙江及江苏的相关融资事件数量位居前列，分别有 76 起、59 起、53 起、37 起、30 起。

当创始人遇到投资人，就会有天使轮、A 轮、B 轮、C 轮、D 轮、种子轮、战略投资、IPO 上市等融资节点，还有 Pre-A 轮、A+ 轮等。从 2023 年上半年融资事件的轮次分布来看，天使轮拥有 59 起融资事件，A 轮拥有 57 起融资事件，战略投资拥有 38 起融资事件，位居前列。

二、人工智能终端产品的发展状况

人工智能技术的发展使终端产业发展的高度不断提升。在当前智能终端发展浪潮中，包括智能手机在内的智能终端硬件升级的动力并非来自终端内部某几个器件的自我改革、自我升华，而是来自人工智能所带来的全社会生产效率的提升。在这场以人工智能为主导的技术变革中，智能硬件是必备的先发条件，同时也是人工智能设备提供智能服务需要依赖的载体。

（一）智能音箱

智能音箱是指为传统音箱增加智能化功能所形成的新型音箱产品。智能音箱具备的智能化功能包括两个方面：一是能够连接无线网络，进行实时的语音交互；二是提供内容服务（如音乐、有声读物等）、信息查询和订外卖等互联网服务，以及根据不同场景控制智能家居的能力。

1. 智能音箱市场现状

在政策、资本及技术发展的推动下，人工智能在 2017 年进入应用阶段，从概念逐渐实现产品落地，智能音箱成为当年人工智能领域最火热的话题之一。

（1）我国智能家居市场规模

随着人工智能和物联网技术的发展，智能家居行业迅速发展壮大，无论是互联网巨头还是新兴创业公司，都开始从硬件、技术、系统解决方案等不同角度进行布局，智能家居系统逐渐成立，这一领域的产品类型越来越多。

中投产业研究院发布的数据显示，2022 年，中国智能家居市场规模达到 6 515 亿元，近五年年均增长率达 15%，发展势头迅猛。行业发展提速的同时也在提质。当前中国智能家居设备品类越来越多，而且越来越多的家庭购买了具有语音识别等功能的高端家电。

艺恩数据公布的《2023 全球智能家居市场报告》显示，截至 2022 年，全球智能家居的市场规模已经突破 1 100 亿美元，预计到 2024 年突破 1 500 亿美元。中国已经成为全球最大的智能家居市场消费国，利润占全球市场 20% ～ 30% 的份额。

商线科技（深圳）有限公司等联合发布的《2022 年智能家居行业出海营销报告》显示，目前，在世界 50 大智能家居企业列表中，中国是企业上榜数量最多的国家，美国以 15 家企业上榜的成绩位居第二。随着海尔、小米、阿里巴巴、百度、华为等知名品牌企业相继加入，中国智能家居行业的增长势头更盛。

（2）智能音箱的销量情况

消费水平的升级及人们对提高家庭生活水平的需求是促使智能音箱行业爆发的重要因素，智能音箱的音乐、交互和家居属性成为其快速进入市场的关键点。

根据头豹研究院公布的数据，最近这些年中国智能音箱行业一直处于爆发式增长阶段，当前发展势头趋于平缓。2021 年中国智能音箱销售额同比增长 16.4%，达到 86.5 亿元；2022 年中国智能音箱的市场销量为 2 631 万台，市场销售额为 75.3 亿元，同比下降 12.95%。高音质成为智能音箱市场的新增长点。

2022 年，高音质音箱销量占比达到 3.7%，较 2021 年上涨 1.5%。目前，智能音箱行业正在进行整体的转型升级，产品布局总体转向高价值、高端化方向，以持续满足用户多样化、多层次的需求。百度、小米、天猫精灵、华为四个品牌合计占据中国智能音箱 96.5% 的市场份额，其中百度以 35% 的市场份额稳居第一。

2. 智能音箱出货量情况分析

智能音箱已经成为语音交互系统的一大载体，并被视为智慧家庭的入口，各大厂商都希望通过智能音箱切入智慧家庭市场，再以智能音箱为载体串接自家生态圈，从中获取利益。

洛图数据显示，2020 年国内智能音箱出货量突破 3 500 万台后，很快陷入连续两年的萎缩，2022 年出货量只有 2 631 万台，同比下滑近 30%。原因在于之前的智能音箱并不"智能"。

智能音箱刚刚面世的时候，厂商和消费者都希望智能音箱能够承担"真人管家"的职责，既可以通过接收语音指令实现万物互联，协调智能家居运行，又能拥有多轮语言交互能力，满足消费者的情感需求或问答需求。然而，实际结果却不尽如人意，很多智能音箱不能准确理解复杂的指令并做出调控，其只能进行单轮对话，最大的卖点成了闹钟、早教机及智能家居的语音开关。因此，智能音箱的可选消费品属性大大增强，市场逻辑变成了"供给驱动需求"，而在宏观经济承压的背景下，智能音箱市场没有提供更多的新意，出货量下滑是板上钉钉的事情。

2023 年，随着 ChatGPT 等大模型的横空出世，厂商和消费者看到了智能音箱作为真人管家的可能性。ChatGPT 等新语言模型的出现赋予了智能音箱更强大的人机对话能力，智能音箱不仅具备了处理复杂语言的推理和分析能力，还可以实现对话的连贯性和流畅性。ChatGPT 等大模型的出现为未来智能音箱提供更加个性化的服务打下了基础。

一方面，ChatGPT 等大模型的应用为智能音箱拓展了使用场景，使得智能音箱有可能成为真正的智能助理，根据用户的安排灵活控制各类家居的运行；另一方面，ChatGPT 等大模型的应用通过人格化满足了用户的情感需求。智能音箱的多轮对话能力为用户提供了探索更多趣味体验的可能性，极大地增强了用户黏性。

使用场景的拓展和用户需求的拓展都预示着未来智能音箱的市场规模面临再次爆发的可能，搭载大模型的智能音箱正处于爆发式增长临界点。

3. 智能音箱行业发展趋势

随着技术的不断改进，相关企业将会充分挖掘出智能音箱的潜力，目前人们使用的智能音箱已经可以实现听音乐、看视频、打电话、百科查询、英文翻译、视频通话、控制家居、在线购物等诸多功能，可以说，这距离真正解放人类双手的目标越来越近。在未来，智能音箱行业的发展将会呈现以下几种趋势。

（1）扩张产业链

随着智能音箱行业的发展，市场从业者需要通过扩张产业链或合作的形式，将硬件、技术、内容、服务等各种资源进行整合，从而形成生态闭环。

（2）完善平台布局

随着智能音箱产品的数量越来越多，未来各产品之间互联互通的趋势加强，不断完善布局、将各产品连接的平台会在市场上占据更强势的地位。

（3）智能化与语音交互技术将成为行业的核心竞争技术

从本质上来说，智能音箱是一种语音交互式产品，语音交互技术的高低对用户体验有直接的影响。因此，智能化与语音交互技术或将成为智能音箱行业的核心竞争技术。

（二）智能机器人

机器人是集机械、电子、控制、传感、人工智能等多学科先进技术于一体的自动化装备。机器人产业诞生自1956年后，经过六十多年的发展，机器人已经被广泛应用于装备制造、新材料、生物医药、智慧新能源等高新产业。机器人与人工智能技术、先进制造技术和移动互联网技术的融合发展，推动了人类社会生活方式的变革。

1. 机器人发展进程

在20世纪40年代早期，科幻小说家艾萨克·阿西莫夫（Isaac Asimov）创造了"机器人"这一短语，也是从这个时期开始，机器人在工业生产线上的作用变得日益重要起来。具体来说，机器人的创新发展经历了四个阶段，如图12-6所示。

第一阶段，发展萌芽期。

1954年，美国人乔治·戴沃尔（George Devol）设计出第一台可编程机器人。1958年，美国发明家约瑟夫·恩格尔伯格（Joseph Engelberger）创办Unimation公司，一年后研制出第一台工业机器人。这一时期，在机构理论和伺服理论的带动下，机器人开始转向实用。

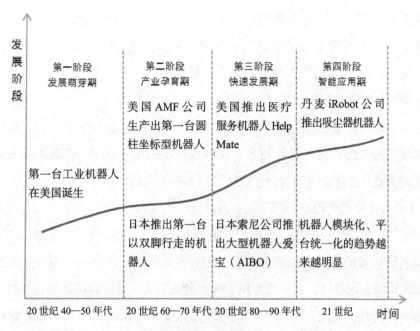

图 12-6　机器人创新发展的进程

第二阶段，产业孕育期。

1962 年，美国的机械与铸造公司生产出第一台圆柱坐标型工业机器人。

1969 年，日本研发出第一台以双脚行走的机器人。

由于日本、德国等国家的劳动力短缺问题日益严峻，这些国家在机器人研发上投入了巨额资金，快速提高了其机器人制造技术，并成为世界名列前茅的机器人强国。

在这一阶段，计算机技术、现代控制技术、传感技术、人工智能技术的发展使机器人发展迅猛。这一时期的机器人属于"示教再现"（Teach-in/Playback）型机器人，其能力比较单一，只具有记忆、存储能力，仅能按照设置好的程序指令完成操作，并不能对周围的环境进行感知和反馈。

第三阶段，快速发展期。

1984 年，美国推出医疗服务机器人 Help Mate，它可以帮助医生和护士为病人送饭、送药、送邮件。1999 年，日本索尼公司推出大型机器人爱宝（AIBO）。

在这一阶段，随着传感技术，包括视觉传感器、非视觉传感器（力觉、触觉、接近觉等）及信息处理技术的发展，有感觉的机器人被生产出来，广泛应用于焊接、喷涂、搬运等工业行业。2002 年，丹麦 iRobot 公司推出了吸尘器机器人。自 2006 年起，机器人模块化、平台统一化的趋势逐渐增强。

除了工业机器人，服务型机器人在全球市场上同样发展迅速，应用范围和应用场景逐渐扩大，如医疗康复机器人（以手术机器人为代表，形成了较大的产业规模）、空间机器人、仿生机器人和反恐防暴机器人等。

第四阶段，智能应用期。

在这一阶段，随着感知、计算、控制等技术的迭代升级和图像识别、自然语音处理、深度认知学习等人工智能技术在机器人领域的深入应用，机器人领域的服务化趋势日益明显，逐渐渗透到社会生产生活的每一个角落。

2．机器人产业规模增长

数据显示，2023年上半年，我国工业机器人产量达到22.2万套，同比增长5.4%，工业机器人装机量的全球占比超过50%，稳居全球第一。此外，我国服务机器人和特种机器人持续快速发展，其中服务机器人产量达到353万套，同比增长9.6%。

值得一提的是，在工业机器人领域，产品速度、可靠性和负载能力等指标不断提升。例如，我国部分工业机器人的平均无故障运行时间已达到8万小时，最大负载能力从原来的500千克提升到700千克。

此外，服务机器人和特种机器人的创新应用成果显著，例如，单孔腔镜手术机器人已获批上市，"洞察号"水下机器人完成了5 100米海底测试，排涝机器人和无人机等设备可以辅助救援队执行抗洪救灾等任务。

3．机器人投融资升温

伴随着人形机器人赛道快速发展，具有潜力的相关公司的热度正在急速增加，资本纷纷入局。例如，人形机器人项目"智元机器人"的关联公司——上海智元新创技术有限公司（以下简称"上海智元"）发生工商变更，新增比亚迪、蓝驰创投、沃赋创投等多名股东。

虽然成立时间还不长，但是上海智元已经成功融资四轮。在2023年3月的天使轮，高瓴资本旗下的高瓴创投和百度原副董事长陆奇创办的奇绩创坛对其进行投资。在同年4月的A轮融资中，上海智元的投资方包括高瓴创投、鼎晖投资、高榕资本、临港城投、高瓴资本。在4A+轮投资中，BV百度风投、经纬创投、司南园科进行投资。而在最近一次的A++轮融资中，感兴趣的机构不只是创投机构，还有比亚迪等制造业企业。比亚迪认缴出资额约191.50万元，股权比例为3.76%。

除了上海智元，月泉仿生、帕西尼感知科技等在内的初创人形机器人相关公司均获得资本加持。

另外，随着大模型技术的兴起，仿真机器人重新获得关注，成为新的风口，吸引了众多企业、机构加码布局，如国外的三星、亚马逊和国内的华为、小米、字节跳动、比亚迪等，这些企业纷纷展开投资与研发。

4. 我国机器人发展趋势

当前，我国机器人产业发展总体向好，发展势头十分迅猛，正处于快速增长阶段。未来我国智能机器人行业发展将呈现出以下几个趋势。

（1）国家政策重视工业机器人产业的发展

为了优化机器人产业结构及实现产业升级，我国陆续推出了一系列相关产业政策。政策明确指出，机器人产业与制造业相互影响，未来智能制造将作为中国制造业的重点发展领域，以推动经济增长。

赛智产业研究院认为，在政府的大力扶持和传统产业转型升级的拉动下，工业机器人市场和专业型、个人／家庭型服务机器人市场都会快速增长，机器人概念会一直处于风口之上，市场参与热度也会不断攀升。

（2）加快推进技术自主创新

智能感知认知、多模态人机交互、云计算等智能化技术的不断成熟，为智能机器人提供了坚实的发展基础。在人工智能技术方面，我国与全球其他国家基本处于同一起跑线。特别是我国在图像识别、语音识别、语义识别等多模态人机交互技术领域，部分技术已接近或达到全球领先水平。

未来，我国将加快推进核心技术的自主研发，重点突破产业链中上游的核心零部件关键技术，提升机器人产业技术水平和自主创新能力。围绕市场需求，加强新技术的跟踪与整合，开展机器人系统的可靠性设计和制造工艺研究，进一步加速高精度减速机、控制器、伺服电机等关键零部件的国产化率和研发创新的产业化进程，提高机器人高端产品的质量可靠性，提升自主品牌核心竞争力；建立健全机器人创新平台，打造"政、产、学、研、用"紧密结合的协同创新载体，积极跟踪机器人未来发展趋势，提早布局仿生技术、智能材料、机器人深度学习、多机协同等前瞻性技术研究。

（3）人才是提升竞争力的关键

智能制造时代已经到来，在大数据环境下，机器人的智能化程度日益提升，除了提升我国劳动力技能，还产生了很多新的岗位，如机器人工程师。未来，要想提升自身的核心竞争力，企业就要自主培养从研发、生产、维护到系统集成的多层次、多类型技能人才。

（4）资本影响趋势

技术和资本是产业发展的两大原始驱动力，每一次技术创新都要有巨额资金的支持，而凭借对技术创新的支持和培育，资本市场往往会获得更丰厚的长期收益。

目前全球机器人行业都处于资本风口，我国机器人产业资本市场也非常活跃。机器人行业资本杠杆的使用打破了线性、单向传导模式，使产业发展形成结构化、多层次发展模式，推动机器人产业进入资本联动、跨越增长的新时代。

（三）无人机

无人机的全称是无人驾驶飞行器（Unmanned Aerial Vehicle，UAV），它是一种利用无线电遥控设备和自备的程序控制装置操纵的不载人飞机。无人机涉及传感器技术、通信技术、信息处理技术、智能控制技术及航空动力推进技术等，是信息时代高技术含量的产物。无人机可以形成空中平台，结合其他部件扩展应用，能够替代人类完成空中作业。

1. 无人机的发展现状

无人机研发技术日益成熟，促使其制造成本不断减少。无人机被广泛应用于各个领域，如军事、农业植保、电力巡检、警用执法、地质勘探、环境监测、森林防火及影视航拍等领域，而且其适用领域的范围还在快速扩大。

无人机系统由地面站、飞机、链路三个核心部分组成。无人机地面站是整个无人机系统的指挥控制中心，其功能是地面控制和管理。图 12-7 所示的飞机是无人机系统的主体，而它的核心组件是其飞行控制系统（简称"飞控"），可保证飞行器稳定飞行。链路主要负责飞机与地面站之间的通信，飞机把飞行数据实时传输到地面站，而地面站向飞机发出控制信号，使无人机按照既定的指令飞行。

图 12-7　无人机

目前，国际上排名前列的无人机厂商主要有中国的大疆创新、哈博森、臻迪、诺巴曼、亿航、昊翔、道通智能、飞行鱼、易瓦特和法国的派诺特、美国的 3D Robotics 等。

以深圳市大疆创新科技有限公司为首的我国无人机企业的行业地位在国际上逐步提升，这一现象激励更多优秀的科技创新型企业投入无人机研发中。作为一家无人机制造厂商，成立于 2006 年的大疆创新的总部位于深圳，其生产的 DJI 无人机受到了很多专业和业余摄影师的喜爱，在航拍领域应用广泛。大疆创新的产品不仅有中端价位的 Phantom 系列，还有高端价位的 Inspire 系列。

2. 无人机的市场规模

按用途来分，无人机主要分为军用无人机和民用无人机。其中，军用无人机包括侦查无人机、攻击无人机、诱饵无人机及货运无人机；民用无人机主要分为消费级和专业级无人机，消费级无人机多用于个人航拍，专业级无人机则多用于农林植保、电力巡检、测绘、安防、物流等领域。

最初，无人机主要应用于军事，但近年来无人机产业发展不断加快，逐渐从军用领域延伸到民用领域，并且民用无人机市场呈现出迅猛增长的态势。

受益于行业技术发展及国家相关政策的支持，我国民用无人机市场高速发展，逐渐成为全球无人机行业重要的板块之一。根据国家统计局相关数据显示，我国民用无人机市场规模由 2017 年的 295 亿元增至 2022 年的 1 120.3 亿元。民用无人机市场还在持续扩大，未来持续发展的潜力巨大。

3. 我国无人机民用市场规模预测

在我国，无人机产业正处于应用不断拓展时期，其产品技术也在朝着低成本、高技术的方向发展，且各类新型传感器、物联网、大数据、云计算的发展为无人机的用途及应用领域营造了良好的发展基础，未来我国无人机的市场规模将呈现快速发展趋势。其中，在民用领域，工业无人机市场规模增速将出现领涨。

中国航空工业集团有限公司于 2022 年 11 月 9 日发布的《通用航空产业发展白皮书（2022）》（以下简称《白皮书》）显示，全球民用无人机市场保持高速增长，预计 2025 年市场规模将达到 5 000 亿元。

高价值工业级无人机在生产生活中的应用逐步增多，促使曾占据市场主导地位的消费级无人机的市场份额越发减少，据估计，工业级无人机市场规模占比到 2025 年将超过 80%。

4．我国民用无人机市场的发展趋势

目前，我国民用无人机市场的发展呈现出以下趋势。

（1）民用无人机市场持续扩大

无人机技术可以简化拍摄、录制、运输和农业用途等方面的难度，减少人力资源的使用；同时，航拍和无人机表演对娱乐行业的发展也起到了促进作用，这方面的需求也在增加。另外，居民消费能力及认知程度的提升使其对无人机技术更加了解，这极大增加了其尝试体验无人机技术的意愿，再加上民用无人机管理法规的日益完善，民用无人机的需求逐渐增加，市场持续扩大。

（2）无人机智能化持续升级

随着无人机技术的成熟和市场扩大，为了未来的持续发展，厂商不断深挖无人机技术，将其与计算机视觉、人工智能和大数据等技术相结合。

例如，2023年大疆创新发布大疆Matrice 350 RTK旗舰无人机，该机配备O3图传行业版，支持三路1080p传输，传输距离远达20千米，还可与4G网络共同协作，应对城市楼宇等复杂环境中的信号遮挡状况。该无人机还搭载六向双目视觉系统和红外感知系统，拥有六向环境感知、定位和避障能力；机身飞行相机拥有夜视能力，可呈现夜间环境和障碍物，配合打点定位功能，进一步引导安全飞行。

总之，未来"人工智能＋无人机"的应用场景会越来越多，厂商将研发出越来越多的智能化的无人机产品。

（3）市场将更加青睐特殊应用场景下的无人机产品

无人机在最初研发时的一个重要目的是代替人类进行特殊场景下的危险工作，随着无人机技术的成熟，以及用工成本上升和人口老龄化等因素的影响，无人机的这一功能愈发受到人们重视，特殊应用场景下的无人机也就愈发受到市场青睐。

同时，国家也愈发重视特殊场景下的无人机产品研发和应用。例如，2022年2月，中共中央、国务院印发《关于做好2022年全面推进乡村振兴重点工作的意见》，提出应提升农用无人机装备研发应用水平，将高端智能无人机研发制造纳入国家重点研发计划，并予以长期稳定支持。《2021—2023年农机购置补贴实施指导意见》提出，我国将全面开展植保无人驾驶航空器购置补贴工作，进一步强化财政支持力度。

（4）无人机的生产研发从消费级转向工业级

在一些枯燥、高危和特别辛苦的工作环境下，如农业植保、电力巡查、商业拍摄等场景，工业级无人机可以代替人工更高效地完成工作目标，在同等范围和工作

量下，花费的资金更少。

由于消费者对无人机技术的新鲜感日益减少，政府法规也对无人机使用的注册和区域增加了限制和要求，导致消费级无人机市场发展空间受限，行业规模增长速度趋缓。同时，工业级无人机的订购用户多为政府、企业，需求量大，利润空间大，技术水平要求高，技术深挖和未来发展的空间大，因此企业愿意把更多的研发资金投入这个方向。

结合以上因素考量，现代无人机企业的研发重心正向工业级无人机偏移，将来会有越来越多的工业级无人机被研发出来。

三、世界主要国家对人工智能的战略布局

当前，人工智能已上升到国家战略层面，越来越多的国家竞相制定人工智能发展战略与规划，主要国家进入了全面推进人工智能发展的全新战略时代，人工智能竞争趋向白热化。

（一）中国

2017 年 7 月，国务院发布《新一代人工智能发展规划》，该规划是所有人工智能战略中最全面的，包含了研发、工业化、人才发展、教育和职业培训、标准制定和法规、道德规范与安全等各个方面的战略，目标是到 2030 年使中国人工智能理论、技术与应用总体达到世界领先水平，成为世界主要人工智能创新中心。

在应用领域，中国关注人工智能在农业、金融、制造、交通、医疗、商务、教育、环境等领域的应用。中国的人工智能战略覆盖了广泛的研究和应用领域，力图实现人工智能产业的全面发展。

《新一代人工智能发展规划》明确全面实施六项重点任务，包括构建开放协同的AI 科技创新体系、培养高端高效的智能经济、建设安全便捷的智能社会、加强 AI 领域军民融合、构建泛在（广泛存在）安全高效的智能化基础设施体系、前瞻布局新一代 AI 重大科技项目。

该规划确定了九个 AI 技术领域，包括一个 AI 技术基础领域（深度学习、神经信息学、神经信息处理系统等基础研究；在计算机视觉、生物识别、复杂环境识别、人机交互、自然语言处理、自动翻译、智能控制和网络安全方面的研究应用）和八

个 AI 技术领域（公共服务平台计算、智能家居、无人驾驶、智能交通应用、智能安全、AI 终端应用、可穿戴设备、机器人）。

另外，该规划还确定了发展 AI 的四个国家驱动因素，如表 12-2 所示。

表 12-2　发展 AI 的四个国家驱动因素

因素	具体说明
硬件	鼓励科技巨头和初创公司制造超级计算机，投资生产 AI 芯片，主张在芯片和超级计算机制造方面赶超先进国家
数据	强调在获取数据时促进政府和企业之间数据共享能够带来优势，并能在人们日益关注 AI 带来的隐私层面的隐患时，通过规范 AI 相关的产业，以及加强人们对于反对数据在商业层面的滥用的讨论，来推动保护数据在不同层面的流动
开发算法	一方面通过支持基础研究来吸引和培养人才，尤其是世界顶级 AI 人才；另一方面鼓励百度、华为、阿里巴巴、腾讯或科大讯飞等科技公司在海外建立 AI 研究院，招募 AI 人才，用来提升论文成果及 AI 教育质量
建立 AI 商业生态系统	向国内初创企业投资超过 10 亿美元，并引导地方政府和国有企业吸引私人投资，从而为 AI 项目从社会获取数据，将企业的目标与国家发展计划相结合

同时，我国针对人工智能的政策主题也在不断发生变化，共经历了五个阶段，如图 12-8 所示。

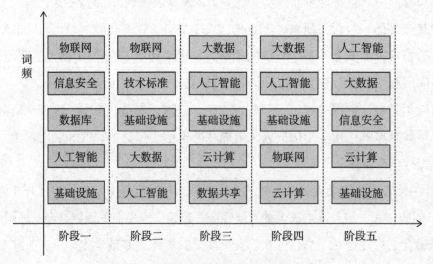

图 12-8　中国国家层面人工智能政策主题变迁

（二）美国

2023 年 5 月 23 日，美国公布了众多关于美国人工智能使用和发展的新举措，并更新发布了《国家人工智能研发战略计划》。该计划是 2016 年版和 2019 年版《国家人工智能研发战略计划》的更新版本，除了重申之前的八项战略目标，并调整和完善各战略的具体优先事项，还增加了第九项战略，这一项战略主要强调国际合作。

战略 1：对基础和负责任的人工智能研究进行长期投资。

战略 2：开发人与人工智能协作的有效方法。

战略 3：理解并解决人工智能的伦理、法律和社会影响。

战略 4：确保安全的人工智能和人工智能的安全。

战略 5：开发用于人工智能训练和测试的共享公共数据集和环境。

战略 6：通过标准和基准衡量与评估人工智能技术。

战略 7：更好地了解国家人工智能研发的劳动力需求。

战略 8：扩展公私合作，以加速人工智能发展。

战略 9：为人工智能研究的国际合作建立有原则和可协调的方法。

战略 9 是该版本中新增的战略，反映了国际合作在人工智能研发方面的重要地位。该战略包含四个优先事项：为开发和使用可信赖人工智能培育全球文化，发展全球伙伴关系；支持全球人工智能系统、标准和框架的发展；促进思想和专业知识的国际交流；鼓励人工智能朝着造福全球的目标发展。

（三）日本

日本政府和企业界对人工智能的发展给予了高度重视，将 2017 年定为"人工智能元年"，把物联网、人工智能和机器人当作第四次产业革命的核心，并在国家层面建立了相对完整的研发促进机制。

作为传统的亚洲制造强国，日本的机器人产业在整个国际市场上名列前茅。日本已经在机器人、脑信息通信、语音识别、大数据分析等领域投入了大量科研精力。日本的人工智能战略主张人工智能技术对接到各领域，实现人工智能技术在工业、农业、医药业、物流运输、智能交通等行业的广泛应用。

日本想要通过加大在人工智能领域的投入，保持并扩大其在汽车、机器人等领域的技术优势，从而逐步解决包括人口老龄化、劳动力短缺、医疗以及养老等在内的各种社会问题。

2022 年 4 月 22 日，日本政府在第 11 届综合创新战略推进会上正式发布《人工智能战略 2022》，并将其作为指导本国人工智能技术发展的宏观战略。

日本《人工智能战略 2022》提出的战略目标包括以下几点。

（1）构建符合时代需求的人才培养体系，培养 AI 时代的各类人才

AI 时代所需的人才包括尖端技术的研发人才、中小企业的应用人才、服务和商业人才等，这就需要建立先进的教育体系和培养办法，使人们放心地享受技术带来的便利，消除内心的顾虑。

（2）运用 AI 技术强化产业竞争力，使日本成为全球产业的领跑者

运用 AI 技术促使人、自然、硬件等相互作用，挖掘隐含的重要信息，推动产业发展；提高产业竞争力的重要指标——劳动生产率，使其达到与美国、德国等国家相同的水平；提升公共服务质量，改善就业环境，降低财政负担。

（3）确立一体化的 AI 技术体系，实现多样性、可持续发展的社会

建立与各类 AI 技术相关的一体化技术体系，使各类人群都能够受益于 AI 技术；在世界范围推动建立 AI 技术体系，促进全球可持续发展。

（4）发挥引领作用，构建国际化的 AI 研究教育、社会基础网络

当今经济、社会快速全球化，因此在培养 AI 人才和产业发展的过程中要形成国际化视野，积极推动国际人才交流，广泛开展科研合作，除了保持与欧美发达国家的合作关系，还要与亚非等地区的发展中国家展开密切合作。

（四）印度

近年来，印度不断大力推动科技创新与发展，在人工智能领域更是大力投入，不甘落后。这将激发有效的人工智能生态系统，并培养该领域的优质人才。印度政府已经认识到了人工智能的潜力，并采取措施促进其发展，包括启动国家人工智能战略和建立人工智能研究中心。

印度将在顶级教育机构建立三个人工智能卓越中心，以实现"在印度制造人工智能，让人工智能为印度服务"的愿景。领先的行业参与者将合作开展跨学科研究，在农业、健康和可持续城市领域开发前沿应用程序和可延展的问题解决方案。

这三个人工智能卓越中心将成为印度人工智能研究和创新的重要引擎，为实现技术突破和创新应用提供有力支持。

（五）欧盟

为了推动人工智能发展，欧盟在立法、政策层面可谓不遗余力。2014 年以来，

欧盟出台了多项关于人工智能的相关政策。

欧盟拥有 27 个成员国，在发展人工智能的过程中，会与各成员国展开密切的交流、沟通与讨论。对于人工智能的发展，欧盟更关注人工智能对人类社会可能产生的影响，其研究内容涉及数据保护、网络安全、人工智能伦理等社会科学方面。

在应用领域，欧盟十分关注人工智能基础研究，以及人工智能在金融经济、数字社会、教育等领域的应用。总体而言，欧盟的人工智能把侧重点放在了人工智能价值观上，主要研究人工智能伦理、道德、法律体系，意在确立人工智能伦理框架。

早在 2018 年 4 月，欧盟委员会就通过了一项"人工智能战略"。这一战略基于三个支柱：第一，增加公共和私营部门在人工智能方面的投资；第二，为社会经济变化做好准备；第三，确立适当的道德和法律框架。

在上述战略发布三年后，欧盟委员会在 2021 年提出一项立法提案，即《人工智能法案》。法案内容包括：如果人工智能被用于欧盟市场，并影响到欧盟用户，那么该技术位于欧盟内外的公共和私营部门都将受到监管；人工智能技术将采用整个欧盟统一的风险测定方法，界定为拥有不可接受风险、高风险、有限风险和低风险。法案还将禁止拥有不可接受风险的技术在欧盟实施，如利用潜意识技术扭曲个人行为的人工智能系统，同时对拥有高风险的技术提出一定限制，如用于关键交通基础设施的人工智能系统。

欧盟对人工智能监管的关注突显了人们对公平、透明度的关注，以及对滥用人工智能可能带来的潜在危害的担忧。

（六）德国

德国是最先提出"工业 4.0"的国家，政府与学术界和业界人士合作，重点将人工智能技术融入德国的出口部门，旗舰项目便是"工业 4.0"。

德国依托其工业 4.0 计划，将人工智能的重点集中在人机交互、机器人自主学习、可穿戴设备、大数据分析、计算机视觉、语义技术、高性能技术及信息物理系统等方面。在应用方面，德国着力发展自动驾驶、智慧城市、农业、医疗、能源等领域。

德国于 2021 年 11 月正式推出人工智能战略，该战略确定了三个目标，一是在人工智能技术和应用中建立德国和欧洲的领先优势，从而保证德国的竞争力；二是确保人工智能技术与应用的主要责任和公益福利的定位；三是在广泛的社会对话和积极的政治设计框架内，以及在道德、法律、文化和制度的框架内将人工智能融入人类社会。

2023 年 8 月，德国联邦教育与研究部发布《人工智能行动计划》，该计划设定了三个总体目标，即将德国在人工智能领域的研究和专业知识的良好基础转化为可见、可衡量的经济效益与切实利益；人工智能以欧洲的方式思考，旨在实现值得信赖的"欧洲制造"人工智能，并与德国的优势进行最佳整合；以有针对性和结果导向的方式推动与其他部委、联邦州、其他利益攸关方及欧洲层面的人工智能对话，推动战略进程。

《人工智能行动计划》使人工智能获取了新动力并不断发展，其具体内容包括以下几点。

（1）德国联邦教育与研究部正在加强人工智能的核心要素，并将其有针对性地对接，为此正在建立一个强大的人工智能专家基地，扩大计算基础设施规模，改善数据访问，进一步推进人工智能研究。

（2）德国联邦教育与研究部致力于在欧洲人工智能战略的设计和进一步发展中发挥主导作用。

（3）德国联邦教育与研究部确定优先事项，以期实现具体的经济和社会效益。

（4）德国联邦教育与研究部将越来越多地在自己的部门中使用人工智能。

（5）德国联邦教育与研究部目前正在 50 项进行中的措施框架内资助人工智能的研究、开发和应用，并且至少还有 20 项进一步的补充举措。在本届立法期内，德国联邦教育与研究部将在人工智能领域投资超过 16 亿欧元。

（七）法国

2017 年 3 月，法国制定了《国家人工智能战略》，提出了 50 多项关于发展人工智能的具体政策建议，以动员全社会力量共同谋划人工智能发展。

2018 年 11 月，法国正式发布《人工智能国家发展战略》，将 2018—2022 年定为人工智能国家发展战略第一阶段，宣布投入 15 亿欧元，主要用于建设和发展人工智能跨学科研究中心，支持设立人工智能杰出教授职位和博士生培养计划，资助公共研究领域的运算能力开发等。

2021 年 11 月 8 日，法国公布了《人工智能国家发展战略》第二阶段的发展计划，即在未来五年内，将调动公共投入和私企投资共计约 22 亿欧元，大力发展人工智能，以期提升国家实力，使法国成为嵌入式人工智能和可信赖人工智能领域的领导者，加速人工智能在经济领域的部署和应用。

第二阶段战略的优先发展重点是人才培养，尤其是要创造条件吸引人工智能领域的优秀国际人才。因此，在这一阶段的公共投入中，将有超过一半用于建设一批具有国际规模的优秀机构，同时开展与人工智能技术相关的大规模人才培养。

除了人才培养，第二阶段的战略重点还有增强并加速研发潜能向经济成果的转化，在人工智能领域孵育出一批法国乃至欧盟的领军企业，通过扩大人工智能技术的具体应用范围来提高本国企业的竞争力，在新兴市场占领先机。

（八）英国

2021 年 9 月，英国政府公布了为期十年的《国家人工智能战略》，旨在将英国打造为"人工智能超级大国"。

2023 年 3 月，英国政府发布《促进创新的人工智能监管方法》，加大包括 1 亿英镑预算在内的人工智能投资；5 月底，英国首相会晤 DeepMind、OpenAI 等人工智能企业负责人，商讨监管框架；6 月，英国政府宣布，科技投资人和人工智能专家伊恩·霍加斯（Ian Hogarth）将领导英国人工智能基础模型工作组，以研究人工智能带来的安全风险。

虽然英国具备人工智能的研究基础，但在训练、测试和操作复杂模型所需的计算资源方面与人工智能先进国家还有差距。根据英国媒体 Tortoise Media 于 2023 年 6 月发布的全球人工智能指数报告，英国人工智能领域的综合情况目前全球排名第四，前三名分别是美国、中国和新加坡。报告显示，英国人工智能领域的优势在于其雄厚的科研基础和较大的人才储备量，而英国的这两项指标在全球的排名位列第五。

（九）新加坡

新加坡十分重视人工智能发展的战略设计。新加坡人工智能战略旨在通过加强顶层设计以及企业与科研机构等的共同协作，建立起可理解、可信任、透明的人工智能生态系统。

新加坡政府设定的人工智能发展目标包括三个方面：一是通过发展人工智能技术，使新加坡在开发和部署人工智能解决方案等领域成为令人瞩目的全球中心；二是通过实施国家人工智能战略，让新加坡参与制定全球人工智能技术规则，以有效解决人工智能发展将要遇到的瓶颈，从而使新加坡继续保持科技发展方面的先进地位；三是通过结合政府、科研机构和企业的力量，实现多方共赢。

四、人工智能发展趋势展望

目前人工智能在基础研究、技术应用及产业落地等各个环节都进入了高速增长期，而在未来，人工智能的发展还将呈现出以下几种趋势。

（一）人工智能与云计算深度融合

云计算是指通过互联网提供各种计算资源和服务的技术，能让用户随时随地访问和使用数据与应用。云计算为人工智能的发展提供了可靠的基础设施，使人工智能可以处理大量复杂的数据，运行复杂的算法，实现高效的分布式计算。

未来人工智能将更加依赖云计算平台，并不断提高性能，降低成本，提升可扩展性，加强安全性。同时，人工智能也会为云计算提供助力，帮助云计算改善服务质量和效率，或者通过创造新的云计算应用场景和模式拓展云计算市场。

（二）人工智能与物联网广泛结合

物联网是指通过网络将各种物理设备、传感器、终端等连接起来，实现信息交换和通信的技术。物联网产生了大量数据，而人工智能可以对这些数据进行分析处理，从而实现对物联网设备和系统的智能化管理与优化。例如，通过人工智能可以实现对家庭、办公室等场景中的温度、湿度、光照、空气质量等参数的自动调节，或者实现对交通、物流、制造等领域中的车辆、货物、设备等状态的实时监测和预测。

人工智能可以为物联网提供新的功能和体验，例如，通过语音、图像、手势等方式与物联网设备进行自然交互，或者通过个性化、推荐、学习等方式提升物联网服务的质量和满意度。

（三）混合智能将成为人工智能典型的应用模式

混合智能是"人机协同混合智能"的简称。中国自动化学会（CAA）相关负责人介绍说："针对当前人工智能面临的挑战性问题——要解决问题的不确定性、脆弱性和开放性，混合智能旨在将人的作用或认知模型引入人工智能系统中，提升人工智能系统的性能，使人工智能成为人类智能的自然延伸和拓展，通过人机协同更加高效地解决复杂问题。"

人类智能和人工智能都具有自身的优势，人机协同混合的模式能让双方取长补短，在未来有较好的应用前景。

在人机协同混合模式中，可以将人对不确定、模糊问题的分析认知与人工智能强大的运算和存储能力相结合，让双方协同合作，通过双向信息交流与控制，达到"1+1>2"的工作结果。

在未来，诸如人机合作、脑机接口、人机决策等人机协同混合智能将成为人工智能的主要应用模式。例如，在医疗领域，医生与外科手术机器人进行合作；在新闻编辑领域，文稿编辑审核人员与写作机器人进行合作。同时，随着智能技术的不断提升与人机协作机制的不断优化，机器智能能接管的工作将会越来越多。

（四）人工智能与生物科技的创新结合

生物科技是指利用生物学原理和技术进行研究与开发的科学，涉及基因、细胞、组织、器官等生命现象和过程。生物科技可以为人工智能提供一种新的灵感和模仿对象，帮助人工智能从生物系统中学习和借鉴其复杂性、自适应性、鲁棒性等特性。例如，通过运用神经网络、进化算法、群体智能等方法实现对人类大脑、基因变异、昆虫协作等现象的模拟和优化。

同时，人工智能可以为生物科技带来新的工具和方法，例如，通过数据挖掘和知识发现提升生物信息学的水平，或者通过图像分析和模式识别提高医学诊断与治疗的效果。

（五）人工智能与社会科学的密切结合

社会科学是指研究人类社会现象和行为规律的科学，包括经济学、政治学、法学、心理学、社会学等学科。

社会科学可以为人工智能提供一种新的理论和框架，帮助人工智能更好地理解和适应人类社会的需求和规则。例如，通过运用博弈论、决策理论、行为经济学等方法实现对人类决策和行为的建模与预测，或者通过运用伦理学、法律学、哲学等方法实现对人工智能的道德和法律的制定与遵守。

同时，人工智能也可以为社会科学带来新的视角和手段，例如，通过文本分析和情感分析提高社会舆论与公共政策的研究水平，或者通过网络分析和社会网络分析提高社会结构与社会关系的研究水平。

（六）人工智能与艺术文化的多元结合

艺术文化是指人类创造并传承的各种美感、价值观、思想观念等形式，它包括音乐、绘画、雕塑、文学、电影等领域。艺术文化可以为人工智能提供一种新的表达和创造方式，帮助人工智能更加丰富地展示其个性和风格。例如，通过生成式对抗网络、神经风格迁移等方法实现对音乐、绘画、文学等艺术作品的生成和变换，或者通过深度强化学习等方法实现对电影、游戏等娱乐作品的参与和互动。

同时，人工智能也可以为艺术文化带来新的启发和挑战，例如，通过自然语言生成等方法实现对人类语言和文化的学习与理解，或者通过计算机视觉等方法实现对人类美学和审美的学习与理解。

五、人工智能发展存在的短板

随着科学技术的不断革新，人工智能的自由性和独立性日益进步。在其内涵不断得到丰富的同时，人工智能发展过程中面临的困境及存在的道德伦理问题引发了人类对人工智能的忧思。在看到我国人工智能产业长足进步的同时，人工智能产业发展中暴露的问题也需引起我们的高度关注。

（一）人工智能应用场景比较单一

尽管我国在部分领域已经开始尝试应用人工智能，但主要集中在特定场景。很多行业应用涉及人工智能，但没有被广泛应用。在消费领域中，人们对人工智能应用的兴趣和接受度也有待提高。

随着我国在消费领域中的人工智能技术落地场景逐渐增多，各类消费产品将呈现多样化发展态势。因此，我国将在未来一段时间不断加大人工智能技术研发投入力度和产品供给力度，推动人工智能技术在更多领域落地和成熟应用，同时也促进各相关领域商业模式创新及产业生态成熟。

（二）基础研究与应用实践缺乏紧密联系

目前，我国人工智能科研机构的研究与企业实践之间的联系还不是特别紧密，企业通常很难找到实践人才，研发人员做出的研究成果有时难以与应用端的实践相结合。人工智能虽然已经在智能助手、金融风控、安防、营销等领域落地应用，但在大多数传统行业中，其前沿科技成果很难获得切实的落地应用。

（三）数据孤岛和数据碎片化

在人工智能产业落地的过程中，通过扩大数据集来提升对应用的支持程度通常比较困难，主要原因在于数据表示与语义的异构性、数据的开放性等方面。在数据表示与语义异构性方面，不同的企业或机构管理的数据集通常具有不同的表示方法和语义，数据集的属性由元数据（结构化元数据和描述性元数据）描述，这些元数据对于利用数据集具有关键作用。由于许多行业的数据积累在数据标准规范上缺乏预先定义可广泛适用的元数据描述，因此其数据集距离充分发挥人工智能技术潜能相去甚远。

在数据的开放性上，一方面，有的企业为了自己的商业利益，对数据共享和流转设定了较多的限制；另一方面，考虑到数据隐私、数据安全，人工智能技术建立跨领域、跨行业模型还需要从政策、法规与监管方面提出更严格的要求。

六、人工智能发展策略建议

我国发展人工智能具有良好的基础。国家部署了智能制造等国家重点研发计划、重点专项任务，印发实施了互联网＋人工智能三年行动实施方案，从科技研发、应用推广和产业发展等方面提出了一系列措施。

经过持续多年的不断积累，我国在人工智能领域已取得重要进展。语音识别、视觉识别技术在世界范围内都是居于领先地位的，自适应自主学习、直觉感知、综合推理、混合智能和群体智能等初步具备跨越发展的能力，中文信息处理、智能监控、生物特征识别、工业机器人、服务机器人、无人驾驶逐步进入实际应用，人工智能创新创业越来越活跃，很多具备核心技术的企业正在加快成长速度，在世界范围内获得广泛认可。我国人工智能的发展目前已经具备独特优势，这主要体现在不断积累和超越的技术能力、大规模的数据资源、广阔的应用前景、开放的市场环境的有机结合方面。

面对令人振奋的发展优势，我们也要时刻保持警醒。值得注意的是，我国人工智能的整体发展水平与发达国家相比还有一定的差距，例如，重大原创成果匮乏，在基础理论、核心算法及关键设备、高端芯片、重大产品与系统、基础材料、元器件、软件与接口等方面与发达国家有着较大的差距；科研机构和企业还没有建立世界知名的生态圈和产业链，在系统研发布局方面有些滞后；人工智能尖端人才无法满足需求；适应人工智能发展的基础设施、政策法规、标准体系还需要不断完善。

面对新形势新需求，我们必须主动求变应变，牢牢把握人工智能发展的重大历史机遇，紧扣发展，研判大势，主动谋划，把握方向，抢占先机，引领世界人工智能发展新潮流，服务经济社会发展，支撑国家安全，带动国家竞争力整体跃升和跨越式发展。

（一）不断完善数据资源体系，破解发展制约

海量数据是训练人工智能系统、吸引人才、加速创新的核心要素之一。我国可以通过建立并落实数据规范、向私营领域开放公共数据、鼓励跨国数据交流来构建一个更为完善的数据生态系统。

建立数据标准是进行广泛数据分享和实现系统间交互操作的重要前提条件，有助于提升物联网及人工智能技术的价值。我国在数据体量方面具有天然优势，因此有机会在国际上发挥带头作用。另外，我国也应当在制定中文语言相关的数据规范时起主导作用。

对于特定行业数据，政府可要求现有的监管机构制定必要规则。为了提升数据的多样性，政府应提高公共数据的开放程度，并带头建设行业数据库。这些举措同时能够提升公共服务质量，提供政策制定洞见，从而带来额外益处。

我国政府还需考虑国际数据流的价值。数据是未来的货币。例如，在医学研究中，如果缺乏全球海量临床数据的支持，人工智能的潜力也就无法被充分开发，这会从一定程度上束缚我国人工智能企业开发出具有全球竞争力的产品。

（二）重视安全风险，建设智能社会

为了提高人民生活水平和质量，我们要加快人工智能的深度应用，形成何时何地都存在的智能化环境，极大地提升整个社会的智能化水平。更多简单、重复度高、危险性高的工作任务可以由人工智能完成，每个人类个体都可以充分发挥自己的创造力，在高质量和高舒适度的就业岗位上任职；未来会出现更丰富多样的精准化智

能产品，为人们提供高质量服务，让人们享受更便捷的生活；社会治理的智能化水平得到大幅提升，社会运转过程更安全，效率更高。

1. 发展便捷高效的智能服务

围绕教育、医疗、养老等迫切的民生需求，加快人工智能创新应用，为公众提供个性化、多元化、高品质服务。

（1）智能教育

利用智能技术加快推动人才培养模式、教学方法改革，构建包含智能学习、交互式学习的新型教育体系；开展智能校园建设，推动人工智能在教学、管理、资源建设等全流程中的应用；开发立体综合教学场、基于大数据智能的在线学习教育平台；开发智能教育助理，建立智能、快速、全面的教育分析系统；建立以学习者为中心的教育环境，提供精准推送的教育服务，实现日常教育和终身教育定制化。

（2）智能医疗

推广应用人工智能治疗新模式、新手段，建立快速精准的智能医疗体系；探索智慧医院建设，开发人机协同的手术机器人、智能诊疗助手，研发柔性可穿戴、生物兼容的生理监测系统，研发人机协同临床智能诊疗方案，实现智能影像识别、病理分型和智能多学科会诊；基于人工智能开展大规模基因组识别、蛋白组学、代谢组学等研究和新药研发，推进医药监管智能化；加强流行病智能监测和防控。

（3）智能健康和养老

加强群体智能健康管理，突破健康大数据分析、物联网等关键技术，研发健康管理可穿戴设备和家庭智能健康检测监测设备，推动健康管理实现从点状监测向连续监测、从短流程管理向长流程管理转变；建设智能养老社区和机构，构建安全便捷的智能化养老基础设施体系；加强老年人产品智能化和智能产品适老化，开发视听辅助设备、物理辅助设备等智能家居养老设备，拓展老年人活动空间；开发面向老年人的移动社交和服务平台、情感陪护助手，提升老年人的生活质量。

2. 推进社会治理智能化

围绕行政管理、司法管理、城市管理、环境保护等社会治理的热点与难点问题，促进人工智能技术应用，推动社会治理现代化。

（1）智能政务

开发适用于政府服务与决策的人工智能平台，研制面向开放环境的决策引擎，在复杂社会问题研判、政策评估、风险预警、应急处置等重大战略决策方面推广应用；加强政务信息资源整合和公共需求精准预测，畅通政府与公众的交互渠道。

（2）智慧法庭

建设集审判、人员、数据应用、司法公开和动态监控于一体的智慧法庭数据平台，促进人工智能在证据收集、案例分析、法律文件阅读与分析中的应用，实现法院审判体系和审判能力智能化。

（3）智慧城市

构建城市智能化基础设施，发展智能建筑，推动地下管廊等市政基础设施智能化改造升级；建设城市大数据平台，构建多元异构数据融合的城市运行管理体系，实现对城市基础设施和城市绿地、湿地等重要生态要素的全面感知及对城市复杂系统运行的深度认知；研发构建社区公共服务信息系统，促进社区服务系统与居民智能家庭系统协同；推进城市规划、建设、管理、运营全生命周期智能化。

（4）智能交通

研究建立营运车辆自动驾驶与车路协同的技术体系；研发复杂场景下的多维交通信息综合大数据应用平台，实现智能化交通疏导和综合运行协调指挥，建成覆盖地面、轨道、低空和海上的智能交通监控、管理与服务系统。

（5）智能环保

建立涵盖大气、水、土壤等环境领域的智能监控大数据平台体系，建成陆海统筹、天地一体、上下协同、信息共享的智能环境监测网络和服务平台；研发资源能源消耗、环境污染物排放智能预测模型方法和预警方案；加强京津冀、长江经济带等国家重大战略区域环境保护和突发环境事件智能防控体系建设。

3. 利用人工智能提升公共安全保障能力

促进人工智能在公共安全领域的深度应用，推动构建公共安全智能化监测预警与控制体系。围绕社会综合治理、新型犯罪侦查、反恐等迫切需求，研发集成多种探测传感技术、视频图像信息分析识别技术、生物特征识别技术的智能安防与警用产品，建立智能化监测平台；加强对重点公共区域安防设备的智能化改造升级，支持有条件的社区或城市开展基于人工智能的公共安防区域示范；强化人工智能对食品安全的保障，围绕食品分类、预警等级、食品安全隐患及评估等，建立智能化食品安全预警系统；加强人工智能对自然灾害的有效监测，围绕地震灾害、地质灾害、气象灾害、水旱灾害和海洋灾害等重大自然灾害，构建智能化监测预警与综合应对平台。

4. 促进社会交往共享互信

充分发挥人工智能技术在增强社会互动、促进可信交流中的作用；加强下一代社交网络研发，加快 AR、VR 等技术的推广应用，促进虚拟环境和实体环境协同融合，满足个人感知、分析、判断与决策等实时信息需求，实现在工作、学习、生活、娱乐等不同场景下的流畅切换；针对改善人际沟通障碍的需求，开发具有情感交互功能、能准确理解人的需求的智能助理产品，实现情感交流和需求满足的良性循环；建立新型社会信用体系，最大限度地降低人际交往成本和风险。

（三）打造人工智能创新平台，推动产业应用

建设布局人工智能创新平台，强化对人工智能研发应用的基础支撑。人工智能开源软硬件基础平台重点建设支持知识推理、概率统计、深度学习等人工智能范式的统一计算框架平台，形成促进人工智能软件、硬件和智能云之间相互协同的生态链。

群体智能服务平台重点建设基于互联网大规模协作的知识资源管理与开放式共享工具，形成面向产学研用创新环节的群智众创平台和服务环境。混合增强智能支撑平台重点建设支持大规模训练的异构实时计算引擎和新型计算集群，为复杂智能计算提供服务化、系统化平台和解决方案。

自主无人系统支撑平台重点建设面向自主无人系统复杂环境下的环境感知、自主协同控制、智能决策等人工智能共性核心技术的支撑系统，形成开放式、模块化、可重构的自主无人系统开发与试验环境。

人工智能基础数据与安全检测平台重点建设面向人工智能的公共数据资源库、标准测试数据集、云服务平台等，形成人工智能算法与平台安全性测试评估的方法、技术、规范和工具集，促进各类通用软件和技术平台的开源开放。各类平台要按照军民深度融合的要求和相关规定，推进军民共享共用。

（四）拓宽人工智能在各个领域的应用范围

人工智能技术不能只应用在高科技行业中，而应当普遍应用于传统行业，这样才能充分彰显其经济潜力。要想拓宽人工智能在各个领域的应用范围，目前还存在诸多障碍。

1．很多传统企业尚不具有改变现有业务运作方式的意识

很多传统企业尚不具有改变现有业务运作方式的意识，人工智能技术的应用在他们看来可有可无，因此没有专门采集未来人工智能系统所需要的数据。例如，很多农业企业几乎不记录种植时间和气候对产出的影响等信息，而要想在农业领域充分利用人工智能技术，这些信息是必不可少的。

2．专业技术知识的缺失

我国需要培养更多的优秀数据科学家，尤其是在那些特别有需求的领域。我国目前紧缺可以将人工智能知识转化为商业应用的人才。为了更好地理解和应用数据，企业决策者和中层管理者也需要学习新的技能。

3．实施成本较高

对于有些企业而言，购买人工智能系统、高薪聘用专业人才的性价比并不太高。由于很多企业的人工成本较低，因此也就不再迫切引入先进技术、精简人工流程。

人工智能最大的价值在于推动了传统产业的彻底变革。人工智能发展初期会面临很多障碍和问题，如果政府能够帮助克服这些困难，培育市场，之后人工智能的发展会更有驱动力。除了施行减税和补助等传统经济政策，政府还应"以身作则"，率先应用人工智能系统，引发市场的追随效应，激发市场活力，以促进人工智能服务供应商的发展，积累经验和人才，最终降低人工智能应用成本。

此外，增加物联网在传统行业中的应用范围可以使人工智能产生更多的价值。物联网通过传感器和网络实现各类设备间的联通，为人工智能提供了海量的真实世界数据。结合"互联网＋"政策，政府可协助打造物联网在关键经济领域应用的成功案例，为其他行业树立典范。

（五）提前布局劳动资源转换，应对就业形势变化

人工智能要实现在经济和社会中的普遍应用，至少还需要数十年的时间，但我们要未雨绸缪，提前对某些行业的快速颠覆做好各项准备。通常某项关键技术诞生以后，一些传统职业就会在一段时间内消失，如打字员、接线生、胶片洗印师等，这些职业随着科技的进步已基本成为历史。

在人工智能技术的冲击下，一些行业中的就业人员会受到影响，为了保障公共福利和维护社会稳定，政府应根据人工智能发展的趋势，及时识别容易被人工智能冲击的工作岗位，并为这些岗位上的从业人员提供再培训，例如，与职业培训学校

开展合作，为这些从业人员提供免费教育。

　　同时，政府应加强各个阶层在数据和人工智能方面的教育。在未来的人工智能社会中，政府领导要在充分理解人工智能的基础上制定科学、合理的政策，管理人员必须了解人工智能才能提高管理效率，工作人员必须懂得使用人工智能，与人工智能良好互动，这样才能在职场立足。

　　我国应长期关注人工智能相关领域的教育，保证未来劳动力具备所需技能。这不仅包括建立未来数据科学家和工程师储备库，还要让多数劳动力懂得如何在各行各业使用科技。学校需要更重视科学、技术、工程和数学教育，即使是基础教育和职业培训也需要增加数据教育的内容。

　　人工智能和很多重复性工作的自动化很可能扩大数字鸿沟，所以政府对不平等问题的应对就显得尤为重要。相关举措应包括确保教育机会的平等性，保证农村和内陆地区学生在科学、技术、工程、数学和人工智能等各个方面能够获得充分的教育。

第十三章

商业落地——人工智能创业前景无限

　　人工智能不断发展，促进了众多产业的转型升级，其中蕴藏着巨大的商机。未来人工智能技术将更加广泛应用于各个行业，AI创业者要明确市场定位，紧跟技术的发展步伐，抓住机遇，不断创新，同时注重数据积累，及时关注政策法规，并积极寻找合作伙伴，从而在激烈的市场竞争中脱颖而出。

一、人工智能的产业价值链

　　在人工智能产业链中，基础层是指构建生态的基础，其价值最高，需要长期投入，进行战略布局；技术层是指构建技术护城河的基础，需要进行中长期布局；应用层则对应行业需求，其变现能力最强。表 13-1 所示为人工智能产业价值链的结构。

表 13-1　人工智能产业价值链的结构

结构		进入门槛（前期投入）	演化路径	成果
基础层	数据	入口被拥有流量的公司占据	数据资产化	高投入，高回报，长期布局
	计算能力	选择计算需求量较大的行业切入	横向：通用计算机平台 纵向：计算服务生态	
技术层	通用技术	需要有一定规模的工程团队	与行业结合，形成解决方案；或形成通用技术平台	投入适中，中长期布局
	算法和框架	算法、框架及工具较多	横向：算法工具平台 纵向：开发者生态	

结构		进入门槛（前期投入）	演化路径	成果
应用层	解决方案	大量行业数据形成模型，竞争相对激烈	垂直行业应用或跨行业应用	低投入，变现快
	应用平台	需要有较高的行业影响力和号召力，需要构建开发者生态和用户群	向 App Store 的方向发展	

（一）基础层

基础层包括数据层和计算能力层。数据层包括身份信息、医疗、购物、交通出行等各行各业、各场景的第一手数据；计算能力层包括大数据、云计算、GPU/FPGA等硬件。

（二）技术层

技术层的进步使人工智能的发展在近几年显著加速。技术层从上到下分为通用技术层、算法层、框架层。

通用技术层分为生物识别、计算机视觉与自然语言处理三部分。其中，图像识别、人脸识别与字符识别属于计算机视觉。图像识别类型的公司主要利用该技术对图像进行识别、处理与分析，从图像中提取有效信息，进而对物体进行识别，这一领域比较典型的公司有腾讯优图、码隆科技、汉王科技等。语音交互、语义分析属于自然语言处理。语音交互类公司一般需要兼具语音识别和语义分析两种关键性技术，这一领域比较典型的公司有科大讯飞、思必驰等。虹膜识别、人脸识别、指纹掌纹识别、静脉识别属于生物识别。其中，虹膜识别技术是对眼睛的虹膜进行身份识别，应用于安防设备，以及有高度保密需求的场所。

算法层包括基于大数据的机器学习、深度学习等各种算法。其中，机器学习是人工智能的核心技术，指对数据进行自动分析，并从中掌握其规律，进而利用规律对未知数据进行预测的技术。

框架层是实现人工智能业务的软件基础框架，利用 AI 算法完成整体业务框架的搭建，有完全开源的基础框架，也有不开源私有的 AI 开发框架，还有一些半开源的 AI 框架，即部分开源。部分开源框架的一些核心组件或基础功能是开放的，但也可能包含一些额外的专有组件或扩展，或者整个框架中的部分是开源的。

根据 AI 框架的开源情况不同，AI 的开发模式也有两种不同的方式，分别是基于开源框架开发和基于在线框架 API 开发。

基于开源框架开发是在已经发布的开源框架系统下进行开发和训练，由于源代码开放，开发者可以自由地查看、修改和定制系统，以适应特定的需求和任务。

基于在线框架 API 开发是依据部署在云端的大型机器学习或深度学习模型，通过接口或 API 的方式进行访问和使用，优点是开发者无需关注底层的硬件和软件架构，只需通过网络请求即可获得系统的预测结果。

上述两种开发模式均有各自的优势，开发者可以根据具体的业务需求进行选择。

（三）应用层

技术层提供了文字、音频、图像、视频、代码、策略、多模态的理解和生成能力，可以通过应用层具体应用于金融、电商、传媒、教育、游戏、医疗、工业、政务等多个领域，为企业级用户、政府机构用户、大众消费者用户提供产品和服务。

应用层是人工智能技术的最终应用领域，它将技术层提供的算法和模型应用到具体的问题和场景中，以实现智能化的决策和优化。在这一层，人工智能被集成到各种应用领域中，包括自然语言处理、计算机视觉、语音识别、智能推荐、无人驾驶等，可以给各行各业赋能，通过深度融合实现业务智能，提高工作效率和质量。

应用层的主流方案会因具体应用领域的不同而有所不同。例如，在自然语言处理中，主流方案包括文本分类、情感分析、机器翻译等；在计算机视觉中，主流方案包括图像识别、物体检测、图像生成等。这些应用通过利用技术层提供的工具和模型，将人工智能技术应用于实际问题，并为用户提供智能化的服务和体验。

二、人工智能的商业模式

在人工智能平台化的趋势下，未来人工智能将呈现若干主导平台加广泛场景应用的竞争格局。未来的商业模式有以下五种，如图 13-1 所示。

图 13-1　人工智能未来的商业模式

（一）生态构建者：全产业链生态 + 场景应用

生态构建者将投入大量计算能力，积累大量质量优等、多维度的数据，建立算法平台、通用技术平台和应用平台，以场景应用为入口，积累用户。

（二）技术算法驱动者：技术层 + 场景应用

技术算法驱动者将深入发展算法和通用技术，提升技术优势，同时以场景应用为入口，积累用户。

（三）应用聚焦者：深耕场景应用

应用聚焦者将掌握细分市场数据，选择合适的场景构建应用，建立大量多维度的场景应用，抓住用户；同时与互联网公司合作，使传统商业模式和人工智能有效结合。

（四）垂直领域先行者："杀手级应用" + 构建垂直领域生态

垂直领域先行者将在具有广泛应用且数据量巨大的场景下率先推出"杀手级应用"，积累用户，从而在该垂直行业占据主导地位；通过积累大量数据，一步一步地向应用平台、通用技术、基础算法拓展。

（五）基础设施提供者：提供基础设施，向产业链下游拓展

基础设施提供者将开发具有智能计算能力的新型芯片，如图像、语音识别芯片等，拓展芯片的应用场景；在移动智能设备、大型服务器、无人机（车）、机器人等设备设施上广泛集成运用，提供更加高效、低成本的运算服务，与相关行业进行深度整合。

三、人工智能创业的主要领域

当下人工智能已经成为科技圈的热门话题。随着智能支付、无人驾驶、医疗辅助诊断等人工智能应用成为现实，与人工智能有关的产品成为新一轮投资的风口。人工智能市场在未来具备巨大的发展潜力，呈现出"广、深、大"的特点。

人工智能项目落地具有十分诱人的前景，这促使很多创业项目不断涌现出来。尽管这些创业项目刚刚成立，还不能很好地适应市场，品牌排位还不太清晰，竞争激烈，但是比较容易获得客户。只要创业者找到好的平台和项目，为产品做好招商，就很有可能盈利，并实现更高的价值。

（一）电销机器人

电话销售是企业在销售过程中应用十分广泛的一种销售方式，通过电话销售，企业可以接触到广泛的受众，并与潜在客户实时联系。但是，电话销售方式既耗时又昂贵，尤其是在使用人力资源时更是如此。电销机器人则可以完美地解决这个问题。

电销机器人可以做到降低成本、提升效率、提高话术精准度、支持打断、语音识别、数据筛选分析等，从而彻底颠覆了传统电销行业。图 13-2 所示为传统人工电销与电销机器人的工作效率对比。

 实际工作效率对比

	传统人工电销	电销机器人
工作效果	每天拨打电话 100～300 通	每天拨打电话 800 通以上
工作状态	多种因素影响，情绪波动大	全年无休，状态全天 5 颗星
专业程度	重复培训话术，专业程度难保证	自主智能学习，不断积累越来越好
运营成本	工资＋提成＋社保＋休假＋招聘＋场地	固定机器人费用远低于人工成本
客户资料	专人跟进，难于管理，容易流失	自动分类，全程录音，清晰可查

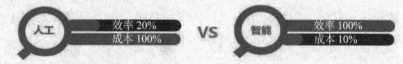

图 13-2　传统人工电销与电销机器人的工作效率对比

从目前的市场环境来看，企业对电销具有刚需，而电销机器人产品也已经很成熟。创业公司可以考虑开发电销机器人产品，也可以选择加盟代理。电销机器人品牌加盟代理这种模式对于那些缺少技术和资金实力的中小创业公司来说是一种良好的盈利途径，盈利方式为帮助市场上的成熟产品拓展本地渠道。

（二）智能家居

智能家居行业的概念很广，涉及的产品非常多，如智能扫地机器人、智能门锁、智能照明、智能窗帘、智能家居集成定制。

专业的智能家居品牌在专业领域和智能家居套装产品上具有一定的优势，尤其是在智能扫地机器人、智能门锁、智能音箱这三个领域，由于需求量很大，产品类型十分丰富。智能家居产业今后将会更多地采用专业方案定制模式，结合"互联网＋家装"，每一个人都可以享受到智能时代的家居生活。图 13-3 展示了智能家居化生活状况。

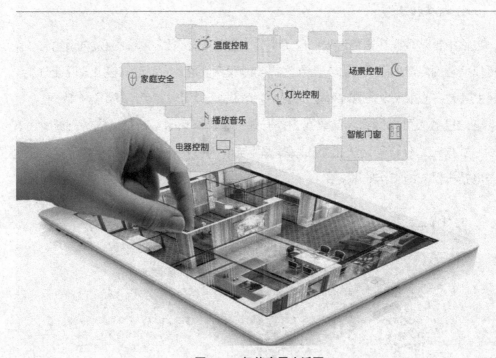

图 13-3　智能家居生活图

智能化应用场景变得越来越多元化，智能家居解决方案日益得到改善。在此背景下，很多家居相关企业开始转向生产"智慧家庭"类的产品，以在市场上立足，并获得更长远的发展。例如，远超智慧将加速开发创新生产工艺和家具智能应用技术，结合"工业 4.0"对生产过程进行数字化、智能化、自动化、柔性化升级，以提升产能和生产效率，满足消费者的差异化定制产品需求；同时加大品牌传播投入，提升品牌知名度、认可度、美誉度，稳步布局上游原材料相关行业，提升产品质量及成本的管控能力。

对于智能家居企业来说，产品销售渠道的拓展变得尤为重要，招商渠道多元化、注重品牌形象建设是智能家居企业的一大走向。做好招商，把自己的产品推出去，让更多的人去代理，拓展更广泛的市场，产生爆炸式的品牌效果才能让智能家居企业在激烈的竞争中立足。

（三）自动驾驶

在自动驾驶各环节中，算法是相对简单的一步，难的是硬件。目前，单台激光雷达的成本约为1万元，成本太高，会压缩车企的利润空间，不利于自动驾驶技术的普及。市面上主要的激光雷达品牌如禾赛科技、速腾聚创等多为中国企业，也已经进入了注重成本控制和量产交付能力的阶段，华为和禾赛科技就致力于通过技术研发降低激光雷达的价格。

国外厂商自动驾驶产业相较于国内厂商已经被拉开差距，随着后续的发展，激光雷达必将逐步下放至更多国产新能源汽车。

同时，做高精度地图也比做算法难。2013年，百度开始布局自动驾驶，并投入大量资金用于研发高精度地图，目前已掌握先进的高精度地图技术，同时可以提供自动驾驶完整解决方案。

自动驾驶行业是典型的技术密集型赛道，参与者需要投入大量的研发成本，并且研发周期长、变现速度慢，因此现金流尤为重要，寻求上市或是其为数不多的选择。例如，2023年以来，自动驾驶企业纷纷冲刺IPO，知行科技、黑芝麻智能、速腾聚创向香港交易所递交了上市申请；海创光电、纵目科技则瞄准科创板IPO。

（四）智能健身

在智能健身行业，人工智能实现了传统健身科技的转型，解决了传统健身方式中的诸多问题。

将人工智能技术融入传统健身运动中，可以自动判断动作的标准度。采用动作捕捉技术、人体骨骼关键点识别技术等，可以确认人体在健身过程中关节的运动角度、速度等，并在分析之后给出运动方案，从而矫正不健康的健身动作，减少错误健身动作对人身体的伤害。例如，健身者在做深蹲时，按照要求应完成10个深蹲动作，智能健身可以在健身者深蹲过程中识别其动作并纠错，引导健身者按照标准动作完成，最后还会进行评分。

智能健身可以针对健身者的自身状况制订一个比较科学合理的健身计划，同时生成虚拟健身教练，随时对健身者的健身过程进行调整，辅助健身者进行科学健身。

总之，人工智能技术在健身领域的应用已经成为一种趋势。人工智能技术可以为健身者提供更加智能化的健身方案和工具，使健身者更加高效、科学地进行健身锻炼。健身者也可以充分利用人工智能技术的优势，结合自己的实际情况对健身计划进行调整和改进，以达到更好的健身效果。

（五）设计师行业

在 AIGC 浪潮的冲击下，设计师行业是受波及最广泛的一个行业。这一点让设计师们始料未及，因为在此之前，人们普遍认为以设计行业和艺术行业为代表的创意产业是难以被人工智能替代的产业之一。其实，AIGC 浪潮对设计师行业的影响更像是一次机遇，它可以让设计师们重新思考设计、艺术、创意和职业的定义。

AIGC 的发展可能导致某些设计师的工作岗位被替代，例如，在一些简单而重复的设计任务中，人工智能生成的设计可能更高效、准确，从而减少了人们对人工设计的需求。不过，设计本身是一门充满创造性和独特性的艺术，人工智能难以完全替代设计师的创作能力和审美眼光。因此，设计师应该转变角色，将人工智能作为自己的助手和工具，以提升创作效率和创作质量。

AIGC 对设计师行业的影响主要体现在以下几个方面。

1. 提供创意灵感

人工智能可以通过数据分析和模式识别来提供创意灵感，使设计师快速获取大量的参考信息，帮助其构思新思路，以避免陷入创作困境。

2. 自动化设计工具

人工智能可以将设计工作中的重复性任务自动化，例如，设计师可以使用人工智能生成的模板提升设计效率，不必从头开始，这为设计师节省了大量时间和精力。

3. 优化用户体验

人工智能可以分析用户数据，并提供个性化的设计建议，从而帮助设计师更好地满足用户的需求和期望，优化用户体验，提升设计产品的竞争力。

（六）金融科技

人工智能技术在金融领域有着广泛的应用，如风险管理、投资建议等。创业者可以通过开发基于人工智能的金融科技解决方案，为金融机构提供更智能和精确的服务。

人工智能在金融行业的应用主要体现在以下几个方面。

1. 金融风控

在金融行业中，风险控制至关重要。人工智能的应用可以使金融风控更加准确和高效，通过分析大量数据，以自动化的方式监测市场波动，预测贷款违约率，识别可疑交易等潜在风险，帮助金融机构及时采取措施来降低风险。

2. 金融投资

人工智能可以通过分析市场数据、交易模式和投资者偏好，为投资者提供更准确的投资建议和决策支持，帮助投资者识别投资机会，预测市场趋势，并进行风险评估。这就使投资过程更加智能化，在降低投资风险的同时提高了投资回报率。

3. 金融客户服务

金融客户服务是金融机构与客户之间的重要沟通环节。人工智能可以通过自然语言处理和机器学习等技术，为客户提供更具个性化和更高效的服务。例如，人工智能可以通过聊天机器人与客户实时沟通，解答客户提出的问题，参与投资咨询等，以降低金融机构的成本，提高金融客户服务的工作效率与客户满意度。

四、人工智能创业产品的主要类型

随着人工智能落地并逐步渗透到各行各业，人们的生活变得更加智能化。从当前现状出发，人工智能创业产品类型主要集中在以下几个方面。

（一）自然语言处理产品

自然语言处理是人工智能和语言学的一部分，主要涉及语音识别、语音合成、语义理解、机器翻译。自然语言处理产品变得越来越实用，但是产品的成熟度还不够高，未来还有比较大的改善空间。

如果周遭环境没有噪声，语音没有口音问题，语音识别技术可与人类水平相当，其技术成熟度已经达到很高水准。但是，目前仍旧难以解决背景噪声问题，且在实际应用时只限于近距离使用。

现阶段，我国语音识别技术研究水平可与国外比肩，科大讯飞语音识别成功率可达到98%，而且在汉语的语音识别技术上优势明显。

当前热门的应用方向之一是机器翻译。近年来，机器翻译技术越来越成熟，各大厂商纷纷涌入这个备受关注的领域。各大互联网公司陆续推出翻译系统，谷歌、微软、有道、科大讯飞、百度等或上线翻译产品，或对其产品进行更新。

机器翻译的应用场景非常广泛，常见的应用场景有语言交流、法律领域、医疗领域、科技领域、金融领域和教育领域等，它可以帮助人们更好地跨越语言障碍，促进不同文化之间的交流和理解，提高工作效率和服务质量。

机器翻译的优点是快速、成本低、可扩展性强、可用性高，但其也有缺点，即准确性有限，难以处理复杂文本，缺乏人类智慧，在处理需要理解语境和文化背景的翻译任务时有些困难。因此，机器翻译的使用要根据实际情况来选择合适的方法，并结合人工校对来提高翻译质量。

2022年8月5日，科大讯飞的讯飞翻译机4.0正式发布上市。由于小语种的数据比较稀缺，科大讯飞创新性地提出了基于语音和文本统一空间表达的半监督语音识别技术，极大地减少了构建全新语种的语音识别系统所需要的语音数据量，很快便具备了超过60个语种的语音识别能力，借助该技术，讯飞翻译机4.0可以为全球90%以上的目标人群提供翻译服务。

同时，科大讯飞也率先在业界实现了前后端一体化的语音识别技术，充分地利用前端多个话筒组成话筒阵列和后端复杂模型的精细建模能力，大幅提升复杂场景下的语音识别率。

与以前的产品相比，讯飞翻译机4.0在软硬件上均带来了全新设计。借助高精度传感器，加入免按键翻译模式，实现"拿起说放下译"的快速信息传递；5.05英寸的定制翻译屏幕，方便快速浏览译文，还可实现分屏显示，拥有面对面同传级翻译体验；新增双语自动识别功能，无需担心交流过程中的按键误操作，使人能更加专注于对话；创新性融入灯光语言，通过灯光呼吸闪烁直观展现翻译机收音状态，让双方都能更好地掌控说话时机，让交流节奏更自然。讯飞翻译机4.0支持83种语言在线翻译、16种语言离线翻译、16大领域行业翻译、32种语言拍照翻译。

在全球化程度不断加深的时代背景下，人们有了更多的跨语言交流需求，这将不断扩大讯飞翻译机4.0的市场空间和发展潜力。同时，随着人工智能技术的不断进步和应用场景的不断扩展，讯飞翻译机4.0也将会有更多的创新和发展机会。

（二）知识图谱产品

为了进一步提高搜索引擎功能，改善用户搜索质量及搜索体验，谷歌在2012年正式提出了知识图谱的概念。知识图谱是包含有向图结构的一个知识库，其中图的结点代表实体或概念，而图的边代表实体/概念之间的各种语义关系。知识图谱的起源可以追溯到20世纪50年代的语义网络，其本质上是使机器用接近于自然语言语义的方式存储信息，从而提升智能信息检索能力。目前知识图谱产品被广泛应用于智能搜索、智能问答、个性化推荐等领域。

知识图谱经历了由人工与群体协作构建到利用机器学习和信息抽取技术自动获取的过程。早期知识图谱主要依靠人工处理获得，如WordNet和Cyc项目。经过人工处理后，上百万条知识被处理成机器可以理解的形式，机器因此拥有了判断和推理的能力。

维基百科建立以后，DBpedia、YAGO及Freebase等依托大规模协同合作建立的知识图谱也随之而来。随着大数据时代的到来，知识图谱的数据来源不再局限于百科类的半结构化数据和各类型网络数据。

知识图谱利用机器学习和信息抽取技术自动获取网络上的信息来构建知识库，并更关注知识清洗、知识融合和知识表示技术。华盛顿大学图灵中心的KnowhAll和TextRunner、卡内基梅隆大学的"永不停歇的语言学习者"（Never-Ending Language Learner，NELL）都是这种类型的知识图谱。

目前，大多数知识图谱都是采用自底向上的方式进行构建，包括知识获取、知识融合和知识加工三个阶段。由于互联网上存在大量异构资源，通常无法通过自顶向下预先定义或直接得到本体的数据。因此，自底向上就成为当前知识图谱的主要构建模式，即首先获得知识图谱的实体数据，通过知识获取、知识融合、知识加工及知识更新构建图谱本体。

半结构和非结构化数据将通过概念层次学习、机器学习的方法实现知识获取。异构知识库将通过语义集成等方法实现知识融合。此外，对于经过融合的新知识需进行进一步加工，其旨在实现质量评估，以确保知识库的质量。

当前人工智能的研究热点趋向于知识图谱的服务和应用。由于知识图谱具有良好定义的结构形式，语义搜索可利用建立大规模数据库对关键词和文档内容进行语义标注，从而改善搜索结果。

近年来，国内主流搜索引擎公司将知识图谱的相关研究从概念转向具体产品应用。例如，百度知识图谱以结构化的知识来描述客观世界的概念、实体及其属性和关系。百度知识图谱技术包含几大方面：知识获取技术（各种信息抽取的技术）、知识整合技术（用于多元知识的融合）、知识补全与扩展技术（用于不断丰富知识图谱的内容）、图谱认知技术（主要应用到搜索、推荐问答等业务中）、收录模型（持续、高效地更新知识）、架构与平台（支撑上面所有知识发现、组织与获取应用能力），具体如图 13-4 所示。

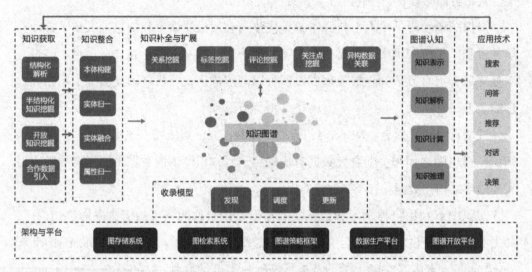

图 13-4　百度知识图谱技术视图

通用知识图谱在百度的核心业务中被广泛应用，如百度搜索业务支持智能搜索，可以直接满足用户的搜索需求，日均响应数十亿搜索请求；在信息流推荐业务中，知识图谱可以提升推荐的质量，大幅度提升分发效率；在 DuerOS 等智能对话产品中，知识图谱可助力实现 10 大类目超过 100 类能力，覆盖 40% 以上的信息满足需求。

（三）计算机视觉产品

计算机视觉是人工智能领域的一个重要组成部分，通过机器学习和深度学习技术，计算机视觉能够自动地完成图像分类、目标检测、人脸识别等任务，甚至超越了人类的能力。随着计算机视觉技术的不断发展，我们的生活变得更加便捷和智能化。计算机视觉正在为人们的生活带来革命性的变化，这主要体现在人脸解锁、自动驾驶、安防监控和医疗诊断等领域的应用上。

1. 医疗诊断

计算机视觉在医疗诊断中的应用主要体现在以下三个方面。

（1）影像识别，解析医学影像，如 X 射线、CT 扫描、MRI 等，辅助医生检测疾病，发现异常，提高诊断的准确度和效率。

（2）病理学诊断，通过分析组织切片图像，帮助病理学家快速检测病理变化。

（3）病情监测，分析患者的生理信号和视觉数据，实时监测患者的病情变化，以便及时提供医疗干预。

2. 智能交通

计算机视觉可用于交通监控系统，实时分析交通流量和车辆行为，帮助交通管理部门优化交通信号，减少交通拥堵。同时，计算机视觉还能应用于辅助驾驶，包括车道保持、交通标志识别、行人检测等功能。

3. 无人机

计算机视觉在无人机中的应用主要体现在航拍、勘测和物流运输等方面。利用计算机视觉技术，无人机可以对地表进行高分辨率的航拍，主要用于地质勘测、土地利用规划、自然灾害监测等场景。配备计算机视觉技术的无人机还可以在仓储和物流运输领域实现自动化和无人化，提高运输效率。

4. 农业

计算机视觉可以分析农田中的图像数据，辅助农民监测作物的生长情况，及时发现病虫害问题，以采取措施避免更多损失。配备计算机视觉技术的农业机械可以根据作物对水、肥料等的需求情况进行智能化喷灌，既能节约资源，又可以提高产量。

5. 安防监控

计算机视觉技术在安防监控中的应用主要体现在人脸识别和行为分析两大方面。计算机视觉可以利用人脸识别技术识别犯罪嫌疑人，控制进出人员；通过分析监控视频中人物的行为模式，自动检测异常活动，及时提供安全警报。

（四）人机交互产品

人机交互主要研究人和计算机之间的信息交换。人机交互的发展过程经历了 PC 时代、移动互联网时代，现在已进入智能生活时代。在 PC 时代，人机交互的载体主要是键盘和鼠标；在移动互联网时代，人机交互的载体成为触摸、手写和手势；而在如今的智能生活时代，人机交互的载体以语音和视觉为主。人机交互的发展史就是走向自然交互的发展过程——从以机器为中心的人机交互走向以人为中心的自然交互。

人机交互可以分为语音交互、情感交互、体感交互、脑机交互等交互方式。目前，人机交互已经产生众多研究成果，利用不同人机交互技术生产的产品被应用于各个行业领域。但由于受语音、视觉、语义理解等技术条件的限制，人机交互产业目前仍然处于萌芽期。

1. 语音交互

语音交互是基于语音输入的新一代交互模式，只要说话就能够获得及时反馈，目前最常见的语音交互产品是智能语音助手，如小度机器人、天猫精灵、小爱同学等。

（1）小度机器人

小度机器人是百度推出的智能语音助手，可以进行语音识别、自然语言处理和人机交互等，当用户提出问题后，小度机器人会立刻做出回答。百度把小度机器人融合到自己的生态系统中，用户可以非常方便地通过小度机器人获得各种信息，享受日常生活服务。

（2）天猫精灵

天猫精灵是阿里巴巴旗下的智能音箱品牌，通过语音识别和语音合成技术，能够准确理解用户的指令，然后迅速提供相应的服务。天猫精灵可以应用于智能家居，使用户通过语音控制家居设备，同时，天猫精灵还具有听音乐、在线购物等功能。GPT 等大模型火爆市场后，阿里巴巴在 2023 年 9 月 19 日发布了新品牌"未来精灵"，这是天猫精灵在大模型驱动下实现的一次品牌升级，在"未来精灵"上，用户可以和多位不同嗓音、不同背景的智能助手实时互动。

（3）小爱同学

小爱同学是小米旗下的智能语音助手，通过 AI 语言模型，可以迅速理解并即刻对用户的语音指令做出反馈。小爱同学可以应用于智能家居、日常生活服务等方面，用户通过语音与小爱同学实时互动，并接收小爱同学提供的信息和服务。

2. 情感交互

情感交互是人与人工智能之间的互动方式，不仅关乎技术的发展，还关乎人们对情感的理解和表达。通过模拟人类情感和反应，情感交互为我们创造了更加自然、亲切的交流环境。

（1）情感识别技术

基于机器学习和人工智能算法，通过大数据的分析和训练，人工智能可以通过分析语音、文字或图像等数据，辨别出人类情感的类型和强度。例如，面部表情识别技术通过对人的面部表情进行分析来判断用户的情绪状态和需求，从而为用户提供更加个性化和更优质的服务。

（2）情感生成技术

通过情感模型和语义理解，情感生成技术可以使人工智能产生自然、真实的情感反应，生成具有情感色彩的语音、文字或图像。情感生成技术的主要应用形式为语音合成技术，该技术可以根据情感需求生成不同的语调和语气，使对话更具亲切感，使情感交互更具可信度。

3. 体感交互

体感交互是指通过将肢体语言转化为计算机可以理解的操作命令来操作设备，其中手势交互是最具有代表性的，各类传感器对手部形态、位移等进行持续采集，每隔一段时间完成一次建模，形成一个模型信息的序列帧，再将这些信息序列转换为对应的指令，用来控制实现某些操作。

体感交互技术可以分为以下三类。

（1）惯性感测

惯性感测以惯性传感器为主，例如，用重力传感器、陀螺仪和磁传感器等来感测使用者肢体动作的物理参数，据此分析使用者在空间中的各种动作。

（2）光学感测

光学感测是通过光学传感器或激光及摄像头来获取人体影像信息，可以捕捉人体 3D 全身影像。

（3）联合感测

联合感测一般用于体感游戏，指在手柄上放置重力传感器、陀螺仪、磁传感器等，结合摄像头捕捉人体影像，侦测人体手部在空间中的移动及转动。

4. 脑机交互

脑机交互将促使人工智能向人类智能方向迈进。通过将脑部活动转化为电信号，脑机交互技术实现了人类大脑与计算机系统之间的直接连接，通过分析大脑信号，脑机接口可以识别人的意图、动作和情绪等信息，并转化为计算机系统可以理解和执行的指令，使其绕过传统输入设备的限制，实现更快速、精准的操作。该技术使交互更加个性化和高效，为人机交互带来全新的维度。例如，身体残障者和患有运动障碍的人使用脑机交互技术，可以更自由地与计算机系统进行交流。

脑机交互技术很大程度上推动了人机融合，人与计算机系统之间的界限开始模糊，实现更紧密的合作与互动，这可以进一步增强人类的认知能力，在智能辅助、协同工作和增强现实等领域发挥重要作用。目前，越来越多的公司和创业企业开始将脑机交互技术商业化，推出面向消费者的产品和服务，如脑控游戏、脑机接口健康监测设备等。随着科学技术的不断进步，脑机交互技术将会更加精确和可靠。新的脑电信号检测技术、神经解码算法和脑部刺激方法的发展将进一步提高脑机接口的性能和效果。

（五）生物识别类产品

生物识别类产品主要是指通过人类生物特征进行身份认证的一种产品。人类的生物特征通常具有唯一性、遗传性，可测量或可自动识别与验证，并且终身不变。因此，生物识别认证技术较传统认证技术存在较大的优势。它通过对生物特征进行取样，提取其唯一的特征并转化成数字代码，然后进一步将这些代码组成特征模板。生物识别类产品包含诸如指纹识别、人脸识别、虹膜识别、指静脉识别、声纹识别及眼纹识别等产品。

1. 指纹识别

在所有生物识别技术中，指纹识别的成熟度最高，成本最低，因此占比最高。但随着其他识别技术的发展，其所占比重在不断降低。指纹识别是先通过分析指纹全局和局部特征，如脊、谷、终点、分叉点或分歧点，然后做出比对来确认身份。目前最常用的指纹采集技术是电容技术，即把手指按压到采集头上，手指的脊和谷在手指表皮与芯片之间产生不同电容，芯片通过测试这些电容获取完整的指纹信息。

作为光学行业头部企业，欧菲光公司凭借在光学光电领域 20 多年深厚的技术积累，在智能家居领域做出深度布局，尤其是在智能门锁指纹识别产品上耕耘多年，自研电容式指纹识别、光学指纹识别、超声波指纹识别等多项技术，并已实现门锁主控三合一方案，同时将持续推动全内置设计（all in one）的高集成度方案的技术发展。

2. 人脸识别

人脸识别通过面部特征和面部器官之间的距离、角度、大小、外形而量化出一系列的参数来对人脸进行识别。人脸识别系统使用起来非常方便，并且适用于公共安全等人数比较多的领域，因此在智能家居、手机识别及人脸联网核查等领域应用广泛，所占比例正在逐步攀升。

除了智能家居、手机识别和人脸联网核查之外，人脸识别终端还有以下形态。

- 人脸识别闸机：适用于门禁、考勤场景，相关人员只有通过人脸识别核验才能进入，以确保出入人员身份的唯一性，外来人员不能进入，安全级别更高。很多公司选择安装壁挂式人脸识别闸机（见图 13-5），实现了员工、访客的刷脸进出，公司管理人员可通过网页实时管理，查询统计员工的考勤和访客的出入信息。人脸识别闸机还可提供访客预约机制，实现访客在授权阶段内的刷脸进出。

图 13-5　壁挂式人脸识别闸机

- 桌面式人脸识别终端：主要用于公司前台访客登记、酒店入住身份登记或需要排队办理业务的场景。
- 人脸识别手持终端：主要应用于一些移动场景下的身份核验和信息采集，如警务巡查、活动赛事人员的信息录入等。由于人脸识别手持终端不固定在同一个地点，因此使用场景更为灵活。

3. 虹膜识别

虹膜识别技术利用虹膜终身不变性和差异性的特点来识别人的身份。因为每个虹膜都包含着一个独一无二的基于像冠、水晶体、细丝、斑点、凹点、皱纹和条纹等特征的结构。从理论上来说，虹膜会一直保持原有的样子，虹膜识别的错误率为 1/1 500 000，远低于指纹识别的 1/50 000，安全度更高，适合作为"密码"。

虹膜识别技术的实现步骤如下：

第一步，通过图像采集系统采集虹膜图像；

第二步，从采集图像中找出虹膜，并标注准确位置；

第三步，提取纹理特征编码，计算出虹膜的特征值；

第四步，在数据库中搜寻相同特征的虹膜，匹配虹膜身份，从而达到身份识别的目的。

上述看似复杂的步骤，只需不到 2 秒的时间就能完成。

目前，虹膜识别在门禁、考勤、公安、金融、军队等安防领域，以及社保、教育、智能家居等领域已有所应用。

4. 指静脉识别

指静脉识别是静脉识别的一种类型，它先通过指静脉识别仪取得个人手指静脉分布图，依据专用比对算法提取特征值，然后通过近红外光线照射，利用CCD摄像头获取手指静脉的图像，将手指静脉的数字图像存贮在计算机系统中，存储特征值。

指静脉识别和初代的指纹识别方式比较接近，依靠的是图像特征比对来进行认证和识别。由于识别的是生物内部特征，从外部是无法看到的，因此很难伪造和作假。与其他生物识别技术相比，指静脉识别技术具有不受表皮粗糙、外部温湿度等环境影响，以及非接触式、没有卫生问题等优势。

指静脉识别主要应用于公共领域认证设备，如会员识别一体机、门禁管理系统、保险箱管理、电子支付等需要进行个人身份认证的领域。

5. 声纹识别

声纹识别通过测试、采集声音的波形和变化，与登记过的声音模板进行匹配。这是一种非接触式的识别技术，能非常自然地实现识别功能。但是，识别结果会受到音量、速度和音质等因素的制约，因此稳定性不高。而且，声音可以通过录音或者合成伪造，这使得声音的安全性较差。目前，该技术主要应用于社保、公安刑侦、手机锁屏等领域。

6. 眼纹识别

眼纹识别是指通过识别眼睛眼白区域的静脉血管纹理来确认身份。由于静脉血管的布局纹理唯一、稳定、不可复制，是很好的生物识别依据，因此眼纹识别的防伪性较强。但受到环境光线等因素的影响，眼纹识别的抗干扰性较差。

随着安防领域重要性的不断加强，身份识别技术及其产品发展越来越深入，生物特征识别的发展也越来越迅速，人脸识别、虹膜识别、静脉识别等生物特征识别技术正快速发展，有很广阔的市场应用场景，相关产品的占比日益增加。目前生物识别产业正在朝着多元化方向发展，生物特征识别产业链的成熟与完善带动了市场规模的快速扩大。

（六）智能运载产品

智能运载产品主要包括自动驾驶、无人机、无人船等。目前，智能运载产品应用处于迅速发展阶段，无人机、无人船和自动驾驶的发展较为成熟，已有初步应用。

1. 无人机

我国"低空经济时代"已至。无人机作为低空经济发展的重要支撑，正在逐步推进各个行业的无人化。

（1）公共安全领域

作为第二届低空经济发展大会的重点展示企业，联合飞机集团公司通过两场动态飞行演示和多款智能化无人装备的静态集中展示，多方位诠释了智能无人机产业的新价值。展会首日，联合飞机集团公司的全新智能无人飞行平台"镭影"Q20首次亮相，更以领先的技术和产品能力，在天津、安徽、广西三地同时掀起"镭影"旋风。

此次大会上展出的重载荷无人直升机 TD550、TD220 和 TC9，凭借其载重能力强、长航时、可悬停、尺寸相对较小、起飞受限小、复杂环境适应性强等优势，成为应急救援、消防灭火、运输投送、巡检巡查等行业场景的智能化新力量。

（2）物资运输领域

2023年8月16日晚，大疆创新正式发布首款民用运载无人机 DJI FlyCart 30（以下简称 FC30）（见图13-6），该无人机集大载重、长航程、强信号、高智能于一体，适用于山地、岸基、乡村运输场景及各类应急场景下的物资运输。据悉，FC30 采用4轴8桨多旋翼构型，双电模式下最大载重30千克，满载最大航程16千米。整机具备IP55防护等级，可适应−20℃至45℃的工作环境温度，最大飞行海拔高度6 000米，拥有超强环境适应性，可适应全天候、宽温域、跨海拔的作业场景。

图 13-6　FC30

（3）外卖配送领域

2017年，美团开始探索无人机配送服务，截至2023年8月底，初步完成了自主飞行无人机、智能化调度系统及高效率运营体系的研发建设，并在深圳、上海等多地7个商圈、17条航线实现常态化运营，为14个社区写字楼、4个5A级景区的用户提供配送服务，累计完成订单超过18.4万单。

2. 无人船

无人船是一种无需遥控，借助精确卫星定位和自身传感即可按照预设任务在水面航行的全自动水面机器人。国内的无人船多用于测绘、水文和水质监测。智慧清洁无人船可用于城内湖泊的智能清洁，可提供针对近年来湖泊、河流垃圾污染问题的智能化清洁方案。

使用无人船时，工作人员可为无人船设定航线，使其按设定航线自动巡航，工作人员坐在办公室看着显示器，把无人船朝向垃圾开过去，就能自动收集垃圾。

在救援领域，无人船也大有所为。无人船可借助其多元化的传感器，实现快速搜索、快速到达、快速救助等功能，部分搜救环节实现无人化，从而提高了救援效率和质量。

3. 自动驾驶

自动驾驶是智能交通领域创新的热点和焦点，是加快建设交通强国、科技强国、数字中国的重要引擎，也是发展可持续交通的重要领域之一。目前，面向部分场景的自动驾驶技术逐渐走向实际应用，特别是在城市出行服务、港口作业等场景中，自动驾驶技术已经实现一定规模的应用。

交通运输部高度重视自动驾驶技术的发展与应用，这主要体现在以下三个方面。

（1）加强政策引导

近年来，交通运输部会同相关部门出台了《智能汽车创新发展战略》《关于促进道路交通自动驾驶技术发展和应用的指导意见》《智能网联汽车道路测试与示范应用管理规范（试行）》等文件，发布了国家车联网产业标准体系中的智能交通部分建设指南，认定了一批自动驾驶测试基地和示范区，组织实施了一批国家重点研发计划项目，从而极大促进了自动驾驶技术的不断提升，产业体系的逐渐完善。

（2）推动场景应用

交通运输部引导产、学、研、用各方共同努力，目前场景级的解决方案正在加速成熟，很多一线城市开展了自动驾驶出行服务应用示范，上海港、天津港、深圳妈湾港等港口积极应用智能集卡、集装箱无人转运车，显示出了自动驾驶技术良好的应用前景。

（3）强化先导试点

为更好地发挥场景创新对技术和产业的带动作用，2022 年，交通运输部启动实施了智能交通先导应用试点，自动驾驶是重中之重。首批在自动驾驶领域布局的 14 项试点任务得到了踊跃响应，有百余家创新主体积极参与，投入各类自动驾驶车辆超过 1 000 台，试点效果取得了积极成效。

（七）智能机器人

以应用为标准，智能机器人可以分为工业机器人、个人 / 家用服务机器人、公共服务机器人和特种机器人四类。其中，工业机器人包括焊接机器人、喷涂机器人、搬运机器人、加工机器人、装配机器人、清洁机器人，以及其他工业机器人。

个人 / 家用服务机器人包括家政服务机器人、教育娱乐服务机器人、养老助残服务机器人、个人运输服务机器人和安防监控机器人等。

公共服务机器人包括酒店服务机器人、银行服务机器人、场馆服务机器人和餐饮服务机器人等。个人 / 家用服务机器人和公共服务机器人也可统称为服务机器人。

特种机器人包括特种极限机器人、康复辅助机器人、农业机器人、水下机器人、军用和警用机器人、电力机器人、石油化工机器人、矿业机器人、建筑机器人、物流机器人、安防机器人、清洁机器人和医疗服务机器人等。

1. 工业机器人

工业机器人市场集中度高，是机器人应用最为广泛的行业领域。规模庞大的汽车生产制造业是智能工业机器人的重要应用领域，汽车制造业对制造精密度及生产柔性的需求，使工业机器人在该领域的操作更得心应手。数百个机器人灵活地旋转、搬运、组装、焊接，加工中的车身雏形随着传送带被送往下一道工序。

其中，车身车间运用智能机器人进行智能焊接，涂装车间应用智能机器人设备实现喷涂自动化，检测车间对故障实现全自动精准检测，打造 100% 的误差判断准确率。这些功能全部依靠性能优异、高度协同、全智能化的机器人助力实现。

2. 个人 / 家用服务机器人

人工智能技术同样推动着家政行业的智能化，个人 / 家用服务机器人的应用逐步兴起。家政公司"管家帮"推出了家庭服务类智能机器人，这是一款功能强大且智能的家庭助手，可以执行各种家务，如扫地、拖地、清理、洗衣服等，只需简单设置任务，它就能自动完成。它还可以与其他智能家居设备配合工作，实现全面智能化的家庭管理。

3. 公共服务机器人

根据服务对象的不同，公共服务机器人可以分为餐饮、讲解引导、多媒体及其他公共服务机器人。商用清洁、终端配送和讲解引导是目前公共服务机器人市场的主要组成部分，到2025年，这三者的总体市场规模预计可达到1 159.6亿元。

公共服务机器人的市场规模在2019年后快速增长，预计到2025年其复合年均增长率将达到65%。但是，2019年后我国的公共服务机器人企业的数量增长缓慢，可见市场已经度过野蛮生长的阶段，成熟的企业开始打磨自己的产品与商业模式，行业竞争加剧。

广州映博智能科技有限公司专注于商用服务机器人的设计、研发、生产和销售，其推出的服务机器人品牌"派宝机器人"围绕着商用物业的需求横向拓展，推出了一系列机器人产品，覆盖了可以用机器人替代人力的四个领域，即迎宾导览、物流配送、安保巡逻、清洁消杀，进而提供了一整套商业楼宇无人化服务的落地方案。该机器人可以代替人力完成重复性和机械化的工作，真正意义上实现了楼宇无人化服务的全场景落地，最大限度满足集约化需求。

4. 特种机器人

特种机器人是指应用于专业领域，由经过专门培训的人员操作或使用，辅助或代替人执行任务的机器人。

特种机器人的智能化水平不断提升，可以帮助人类完成在特殊环境下无法完成的工作。例如，特种机器人可以被广泛应用于环境监测，在海洋、河流等水域监测水质，测量水深，以保护水域环境，也可以用来监测空气质量、土壤污染情况等。

在危险救援领域，特种机器人可用于搜救地震灾区、火灾救援等，特种机器人可以执行一些高难度任务，并且不会受到危险的威胁，极大地减少了救援人员的风险。例如，特种机器人可以进入一些狭窄和危险的空间，通过机器视觉、激光测距等技术来实现搜索和识别。

在医疗护理领域，特种机器人在手术过程中可以协助手术，减少手术风险；在病房中可以协助医护人员执行各种任务，如测量体温、血压等，还可以参与到制药、研发新药等领域。

（八）智能设备

智能设备主要有可穿戴智能设备、智能音箱、智能摄像头等类型。

1. 可穿戴智能设备

人工智能与可穿戴智能设备融合，为人们带来了不一样的全新科技体验。可穿戴设备包含多种产品形态，如智能手表、智能眼镜、智能服装、计步器等，通过采用感知、识别、无线通信、大数据等技术实现用户互动、生活娱乐、医疗健康等功能，为佩戴者带来完美的科技体验。可穿戴智能设备作为传感器的载体，将会成为人体的一部分，进一步补充和延伸人体感知能力，实现人、机、云端更高级、无缝的交互，实现情景感知。

以小米手环 8（见图 13-7）为例，小米手环 8 是一款功能强大的智能穿戴设备，不仅可以记录用户的运动数据，还能监测用户的心率、睡眠质量等健康指标。通过将小米手环 8 与手机连接，用户可以随时查看自己的运动数据和健康状况，了解自己的身体状况，合理安排运动和休息时间。小米手环 8 还支持多种运动模式，满足用户不同的运动需求。

图 13-7 小米手环 8

由于大量消费者逐渐对可穿戴设备产生需求，可穿戴市场再次爆发出巨大的市场活力。不同细分市场的需求也正在反弹，这促使厂商进一步满足特定的消费者需求。研究机构 Canalys 此前已公布 2023 年第二季度全球智能可穿戴腕带设备的数据，共出货 4 400 万台，可穿戴腕带设备品牌的前三名分别是苹果、小米、华为，其中苹果出货量占比 18%，小米出货量占比 11%，华为出货量占比 10%，排名第四、第五的品牌分别是 Noise、Fire-Boltt，除此之外的其他厂商的出货量合计占比 47%。

2. 智能音箱

目前智能音箱市场已进入快速发展期。作为智能家居的组成部分之一，智能音箱独特的人机交互功能可以成为智能家居领域的入口终端，智能家居的广泛普及推动了智能音箱行业的快速发展。整个智能音箱产业链上下游覆盖芯片和话筒等硬件厂商、语音技术服务商、内容供应商、OEM/ODM 供应商和互联网企业。

随着智能音箱的发展，产业链将实现"硬件＋软件＋内容＋服务"的资源整合，逐渐形成生态闭环。智能音箱厂商运用开放语音识别和话筒等软硬件技术，通过丰富语音服务技能，扩展智能设备连接，不断完善智能语音生态，为企业通过捆绑内容与服务盈利提供条件，带动智能音箱销量增长。

3. 智能摄像头

智能摄像头的智能化水平提升较快，有着非常广阔的市场前景。智能摄像头是民用安防市场最大的蓝海，除了传统安防企业，包括 360、小米、康佳在内的众多互联网、家电企业都发布了智能摄像头产品。

通过内嵌智能 SOC 芯片、GPU 等硬件及结构化分析、深度学习等机器视觉算法，智能摄像头的智能化水平不断获得提升。目前，主流智能摄像头一般具备行为分析、异常侦测、识别检测、统计等功能，以海康威视"深眸"为代表的深度学习摄像头内置 GPU 处理器，采用深度学习算法，在摄像头前端能够提取目标特征，形成深层可供学习的图像数据，极大地提升了目标检出率。

五、人工智能的盈利方式

人工智能是目前全球关注的热门技术之一，它正在改变着人们的生活方式和商业模式，为企业带来了更多的商业价值。一般来说，人工智能的盈利方式和变现途径主要有卖产品、卖技术和卖专利权等。

（一）卖产品

人工智能发展到现在，其产品形式几乎包含所有的计算机软件形态，各行各业都开始融入人工智能的一些基础性应用和系统集成，使用户或使用人员享受到了快捷和便利。人工智能产品的输出形式如图 13-8 所示。

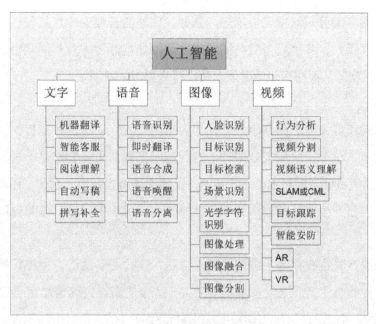

图 13-8　人工智能产品的输出形式

1. 文字

机器翻译又称自动翻译，是利用计算机将源语言转换为目标语言的过程。它是计算语言学的一个分支，是人工智能的终极目标之一，具有重要的科学研究价值。

智能客服是在大规模知识处理的基础上发展起来的一项面向行业应用的，适用于大规模知识处理、自然语言理解、知识管理、自动问答系统、推理等领域的技术手段。智能客服不仅为企业提供了细粒度知识管理技术，还为企业与海量用户之间的沟通建立了一种基于自然语言的快捷有效的技术手段，同时也能为企业提供精细化管理所需的统计分析信息。

目前，在众多行业中，大部分客服回答是机器人做出的。因为用户提出的很多问题相似度比较高，智能客服可以直接把用户输入的文字做分词处理，关联相应的关键词并回答问题，这样用户只要输入特定的关键词就可以获得对应的回答，方便快捷，而人工客服可以从这种重复性的工作中解放出来，专门解决用户的个性化需求。

阅读理解是指通过机器辅助阅读来帮助人类在大量的文本中找到想要的答案，减少人力付出。

自动写稿和拼写补全是机器人写稿的功能，写稿机器人能根据算法在第一时间自动生成稿件，瞬时输出分析和研判，一分钟内将重要资讯和解读送达用户。这项应用已经在很多细分领域中开展实施。例如，在地震新闻、体育新闻、财经新闻等领域中的新闻播报，其格式一般是固定的，可以让机器学习这些固定格式，然后使其接收相关数据，从而在很短的时间内写出符合要求的新闻报道。

2. 语音

语音识别是将人类的声音信号转化为文字的过程。即时翻译是指在计算机翻译程序的帮助下，聊天文字能实现多种语言的即时互译。语音合成是通过机械的、电子的方法产生人造语音的技术。TTS 技术（又称文语转换技术）隶属于语音合成，它是将计算机自己产生或外部输入的文字信息转变为可以听得懂、流利的汉语口语的技术。

语音唤醒有时也被称为关键词检测，它是在连续不断的语音中将目标关键词检测出来，一般目标关键词的个数比较少（1～2 个居多，特殊情况也可以扩展到多个）。华为手机可以通过语音控制功能实现语音接打电话、语音启动软件，甚至可以通过语音查找手机。图 13-9 所示为华为手机的语音唤醒功能，用户可以在该页面设置唤醒词。

图 13-9 华为手机的"语音唤醒"功能

3. 图像

人脸识别是基于人的脸部特征信息进行身份识别的一种生物识别技术。它是用摄像机或摄像头采集含有人脸的图像或视频流，并自动在图像中检测和跟踪人脸，进而对检测到的人脸进行脸部识别的一系列相关技术，一般也可以叫做人像识别或面部识别。

大多数情况下，目标检测和目标识别这两项技术是同时应用的。这两项技术是整个计算机视觉的基础，很多应用的核心技术也是基于此。这两项技术的效果是可以检测出一张图片中你想要检测的目标，并识别出它是什么（人、动物、手机、汽车等）。目前机器识别目标的准确率早已高于人类（在一些标准数据集上的测试结果），所以机器识别已经具备非常高的技术成熟度，能够作为基础技术应用到各种复杂的系统中。例如，智能驾驶中需要检测并识别周围的物体，智能安防领域需要检测摄像头中感兴趣的目标等。

光学字符识别（Optical Character Recognition，OCR）是指对文本资料的图像文件进行分析识别处理，获取文字及版面信息的过程。例如，在手机上添加银行卡时，可添加银行卡正面的图片或对银行卡正面进行拍照，平台会即刻识别并复制卡号，放在相应区域；在添加身份证或其他个人证件时也是同样的操作。车辆进出停车场时的车牌识别就属于这种应用。有很多软件应用能直接把PDF的内容转换成可编辑的文档。

图像处理又称为影像处理，是指用计算机对图像进行分析和处理，以达到所需结果的技术。图像处理一般指数字图像处理。数字图像是指用工业相机、摄像机、扫描仪等设备经过拍摄得到的一个大的二维数组，该数组的元素称为像素，其值称为灰度值。

图像处理技术一般包括图像压缩，增强和复原，匹配、描述和识别三个部分。现在的很多美图软件可以按照用户的想法对图片进行处理并输出。图像去雾、图像去燥、暗光增强、失焦修复、各种滤镜等都属于图像处理应用范畴。其中，图像超分辨率就是用深度学习模型将原始低分辨率的图像经过处理后变成高分辨率的图像，处理后的效果与原始图像没有多大出入。

图像分割就是把图像分成若干个特定的、具有独特性质的区域，并提出感兴趣目标的技术和过程。它是由图像处理到图像分析的关键步骤。在医学上，图像分割可用于测量医学图像中的组织体积、三维重建、手术模拟等；在遥感图像中，图像分割可用于合成孔径雷达图像中的目标，提取遥感云图中的不同云系与背景，定位卫星图像中的道路和森林等。图像分割也可作为预处理手段，将最初的图像转化为数个抽象度更高，十分便于计算机处理的形式，在减少无用数据的同时保留图像中的重要特征信息，这样一来，在进行后续图像处理时准确率和效率就会有很大的提升。

在通信方面，图像分割技术可事先提取目标的轮廓结构、区域内容等，从而有效压缩图像，提高网络传输速度，同时还会保留各项有用信息；在交通领域，图像分割技术可用来对车辆进行轮廓提取、识别或跟踪及行人检测等。总之，图像分割技术可以应用于各种与目标的检测、提取和识别等相关的领域。

4. 视频

行为分析是指通过分析视频中人类行动和动作的复杂组合来识别可疑活动，主要用于安防领域。

视频分割是指将一段视频分成多个视频片段，每个片段中仅包含一个单独的行为或对象。这种技术可用于电影、电视剧、广告、游戏等领域，为制作团队提供更高的效率和更大的灵活性。视频分割技术的应用不仅仅是将视频分割成更小的片段，随着人工智能的进步，现在的视频分割技术还能自动识别不同的场景、物体，因此也可以用于配音、添加实时字幕、为广告制作添加特效、为游戏开发添加显著物体等。

视频语义理解是诸多视频智能应用的基础，它通过融合知识、自然语言处理、视觉、语音等相关技术和多模态信息，为视频生成刻画主旨信息的语义标签，从而实现视频的语义理解。

SLAM（Simultaneous Localization and Mapping） 或 CML（Concurrent Mapping and Localization）是指即时定位与地图构建或者并发建图与定位。这一技术主要实现的目标是让机器人处于一个未知环境中的未知位置，在四处移动的过程中一点点地把周边的环境地图描绘出来。通过使用 SLAM 技术，无人机可以获得视觉导航，提前了解室内的场景，随后用户就可以根据室内的地图构建，操作无人机飞到室内的一些指定位置，以完成特定任务。

目标跟踪就是画出目标在视频中的行动轨迹，以对其做出定位。目标检测没有办法区分检测到的不同目标（如两个人），如果目标被遮挡，也没有办法检测到。而采用目标跟踪技术，在目标检测的基础上进行算法预测，即使目标被遮挡也可以预测其位置，并在检测到多个目标时区分出这些目标不同的行动轨迹。

安防系统是实施安全防范控制的重要技术手段。在当前安防需求增加的形势下，智能安防在安全技术防范领域的运用也越来越广泛。以前安防预警需要人眼时刻注意，在事件发生之后也要人为地去翻看录像。现在将目标检测与识别、人脸识别、目标跟踪、行为分析等技术整合之后，就可以通过机器查出犯罪嫌疑人的行动轨迹，甚至在城市的其他摄像头中发现犯罪嫌疑人的身影。机器还可以对一些关键区域进行 24 小时严密监控，预警是否有危险情况出现。

AR 技术通过一定的设备去增强现实世界中的感官体验。用户在使用 AR 设备时，尽管处于现实世界，但能感受到 AR 设备叠加在现实世界中的内容。AR 技术将真实世界与虚幻图像完美融合，由于是实时传递的，因此用户不会有分离感。图 13-10 所示为用户在使用 AR 技术布置家居。

图 13-10　使用 AR 技术布置家居

VR 技术是一种能够创建和体验虚拟世界的计算机仿真技术，它利用计算机生成一种交互式的三维动态视景，其对实体行为的仿真系统能够使用户沉浸在该环境中。图 13-11 所示为观众现场体验观看 VR 电影。

图 13-11　观众现场体验观看 VR 微电影

（二）卖技术

科技发展越来越迅速，人工智能的崛起促使技术产生重大变革，智能手机、智能机器人等迅速成为人们日常生活中很常见的物品。人工智能技术注定能够产生新时代盈利性强的一些商业模式。

1. 各企业纷纷布局人工智能技术

人工智能产业链分为三个层级，包括基础层、技术层和应用层。各个企业对人工智能技术的抢占也集中在这三个层级中。

（1）基础层

在人工智能产业链的基础层面，各科技巨头纷纷推出算法平台，通过吸引开发者，快速实现产品迭代，构建活跃的社区，包罗众多的开发者，从而打造开发者生态，形成行业标准，实现持续获利。

（2）技术层

在人工智能的技术层面，企业盈利一般都是与应用层联系在一起的，通常都是通过对技术的深挖来实现应用的拓展，以获取利润。当然，其中也不乏只是专注于技术深挖而不进行应用拓展的企业。对于这些企业而言，它们的盈利模式主要是通过将人工智能技术这一盈利资源与其他企业整合来形成行业解决方案，从而获取利润。

（3）应用层

获取应用层的利润要具备两个方面的条件，既要拥有研发的人工智能技术，也要有海量的个人用户数据。在这一模式中，企业盈利的实现是一个相较于基础层和技术层来说更高层级的盈利途径。其盈利模式为通过人工智能技术整合个人用户数据，从而形成针对个人用户和企业用户的行业解决方案。

2. 人工智能技术服务的意义

人工智能技术服务的意义是双向的，包括对企业自身和对社会的影响。

（1）企业层面

一方面，企业通过为其他企业提供技术服务获取利润，且获得的盈利是支撑研发人工智能技术的企业继续发展和进步的资源与动力；另一方面，企业通过为其他企业提供技术服务，可以在服务过程中检验技术的应用情况，找准下一步研发的方向。同时，在技术服务的实践过程中，企业技术研发能力的提升也将更加顺利和快速，在实践中获得的感悟有助于技术研发的进一步发展。

（2）社会层面

在社会层面，人工智能技术服务的意义主要体现在以下两个方面：一方面，对于所服务的企业来说，人工智能技术具有巨大的优势，可以为企业提供针对性技术和解决方案，有利于解决企业在发展过程中遇到的其他技术无法解决的问题，而企业智能化和自动化优势又能有效提高工作效率，节省人力成本，从而促进企业快速发展；另一方面，对于整个社会来说，人工智能形成了许多新的科技和应用领域，人工智能技术应用范围不断扩大，覆盖了众多行业领域，这又促使人工智能产业化进程加快，加速行业创新，有利于社会的进步与发展。

3. 人工智能技术服务的条件

随着人工智能技术逐步覆盖人们的工作和生活，人工智能技术服务对企业提出了更高的要求。因此，企业应该积极找寻"关口"条件，为人工智能技术服务提供有力支撑。

只有进行技术创新才能为技术发展保驾护航。技术创新不仅仅是技术本身的深度研发，更重要的是在人工智能技术方法上的创新。

（1）集成化创新

集成化创新主要体现在人工智能技术领域内部。人工智能技术在应用中不能只依靠计算理论和方法来提供解决方案，更应该进行人工智能技术方法的集成。

人工智能技术服务的集成化创新要求在不同模型、不同方法、不同技术和不同层面上进行有机集成。

（2）跨学科创新

跨学科创新主要针对全部社会学科领域和行业，它要求人工智能技术不能单一地以技术为准则来实现应用的扩大化，而是应该把人工智能技术融入其他学科和行业中，实现不同学科与人工智能技术服务的跨界融合，以使人工智能技术更好地解决问题，推进其他学科和行业协同发展。

（三）卖专利权

据中国信息通信研究院测算，2013年至2022年11月，全球累计人工智能发明专利申请量达到72.9万项，我国累计申请量达到38.9万项，占比53.4%；全球累计人工智能发明专利授权量达到24.4万项，我国累计授权量达到10.2万项，占比41.8%。

当研发及专利布局日趋完备时，对于企业而言，下一步便是产业化与商业化。人工智能技术则必须与知识产权制度相结合。

1. 人工智能知识产权相关政策

人工智能技术是由人的智力劳动所创造，其形成的科研成果是人们的智慧结晶，理应受到政策的支持和法律的保护。现阶段，我国对人工智能方面知识产权所采取的支持政策体现在以下两个方面。

（1）提升专利审查质量和效率

2023年2月22日，国家知识产权局召开新闻发布会，宣布将把提升专利审查质量和效率作为2023年的工作重点，尤其是将根据我国科技创新能力和产业发展水平，不断完善大数据、人工智能、基因技术等新领域新业态和关键核心技术等领域的专利审查标准。2023年专利审查提质增效的具体任务包括发明专利审查周期压减到16个月，结案准确率在93%以上等。

（2）鼓励人工智能行业发展与创新

近年来，我国人工智能行业受到各级政府的高度重视和国家产业政策的重点支持，国家陆续出台了多项政策，鼓励人工智能行业发展与创新，《关于支持建设新一代人工智能示范应用场景的通知》《关于加快场景创新以人工智能高水平应用促进经济高质量发展的指导意见》《新型数据中心发展三年行动计划（2021—2023年）》等产业政策为我国人工智能产业发展提供了长期保障，"人工智能产业""人工智能重大场景应用""标准体系""技术安全体系"等关键词成为政策重点。

2. 专利保护策略的重要性

人工智能的发展需要踏实创新、不断求索来打开未来市场，更需要保护策略来保驾护航，切实保护人工智能创新成果。目前，专利保护策略是保护人工智能成果的有效手段，同时也是人工智能实现以开源或者开放为手段的商业策略的基础。在社会生活中，人工智能作为一种技术，只有加以开放应用才能实现其真正的价值，而要开放应用，就必须满足两个方面的要求，即商业模式设计和知识产权运用策略设计。

加大专利保护策略的力度是促进人工智能发展的重要途径，我们必须对人工智能专利申请加以重视。具体而言，由于人工智能创新成果具有跨学科的复杂性，因此在撰写专利申请时，撰写人应该注意以下几个方面：

（1）突出人工智能成果相关专利的创新；

（2）在技术细节方面必须翔实，进行深度挖掘；

（3）要结合技术创新点、技术细节和具体应用场景；

（4）合理布局和构架知识产权权利要求书。

3．各企业的人工智能专利布局

人工智能布局既表现在国与国之间的竞争中，也表现在企业之间的竞争中。一些典型企业在人工智能领域的专利布局状况值得关注。

（1）百度专利布局

2023年3月16日，百度在北京召开新闻发布会，正式推出大语言模型文心一言，并展示了文心一言在多个使用场景中的综合能力。作为国内首个发布的"类ChatGPT"产品，文心一言的表现从整体上来看非常好，从预热到正式发布，只经过一个多月，就有超过650家合作伙伴宣布加入文心一言生态。

百度能在ChatGPT发布后仅用三个月左右的时间就发布类似产品，凭借的不是运气，而是在人工智能领域持续深耕的结果。百度一直把人工智能业务放在重要位置，在10年的时间里为研发人工智能相关技术总共投入1 000亿元以上。凭借着如此巨额的资金投入及研究，百度在人工智能领域终于迎来丰厚的收获。

根据百度的数据，百度的专利申请量已达到16 754件，人工智能专利授权量5 705件，人工智能专利申请和授权量连续五年全国第一，专利质量（高价值专利及创新驱动力）评测得分为92.21，再次位列全国第一。

经过多年的发展，百度已经成为全球为数不多在"芯片—框架—模型—应用"四层进行全栈布局的人工智能公司。在技术栈的四层架构中实现端到端的优化，可以大幅提升人工智能的效率。

- 芯片层：云端人工智能芯片百度昆仑已经从1代更新升级到2代，并发布了新一代人工智能加速卡R200，其支持多种计算精度、硬件虚拟化、视频编解码等功能。同时，百度正计划在未来推出昆仑芯3、昆仑芯4等更高算力与性能的产品，以实现无人驾驶等领域的大规模商业化落地。

- 框架层：以飞桨为代表，这是百度产业级深度学习开源开放平台，已经凝聚了500多万名开发者、20万家企业以及60多万个模型，目前国内综合市场份额第一。

- 模型层：以文心大模型为代表，包含对话模型、计算机视觉模型、跨模态模型、生物计算大模型、行业大模型等。

- 应用层：以百度App等为代表。

除了自研，百度近年来通过"BV百度风投基金"进行了不少人工智能方面的产业投资，从芯片到传感器，从人体数据采集到天基观测网，从智能工业到智能城市，不仅投资人工智能背后的底层技术，也投资人工智能驱动的各种行业变革项目。

（2）华为专利布局

最近几年，众多互联网科技企业加入机器人阵营，因为企业领导者都敏锐地觉察到，机器人市场是继互联网、智能手机之后的又一个红海市场。致力于构建"万物互联的智能世界"的华为公司，手握前沿科研力量和雄厚的研发资金，涉足智能机器人领域是必然的事情。早在2017年的全球移动宽带论坛上，华为就与爱丁堡大学签署了合作协议，协议内容主要围绕如何在5G网络中开发人工智能机器人的潜能。

此后，华为在机器人领域几乎没有大动作，一直在专注研发，并密集申请了多件机器人相关专利。

例如，2020年5月，华为申请了一项关于"一种机器人的控制方法、装置、机器人设备和计算机可读存储介质"的专利，此专利技术可以模拟眼球运动，提高追踪的准确性及拟人化程度。

2021年4月，华为获得了一项智能机器人的外观专利授权，该产品放置于汽车内，在驾驶员从开门到下车的整个过程中进行交互。

2022年6月，华为"机器人的安全防护方法、装置与机器人"专利获得授权。该专利包括获取电机的运行数据，若检测到电机满足过载触发条件，则执行过载安全处理策略；在满足碰撞检测条件下，对电机进行检测，若检测到发生碰撞，则执行对应碰撞安全处理策略。针对机器人防护问题获得专利授权，在一定程度上意味着华为已经开始实施机器人领域的研发任务，或者说开始涉及机器人技术问题。

由于手握多项5G专利技术，在机器人的研发过程中，华为精妙地将5G技术与机器人相结合，这在某种程度上标志着其在智能机器人领域的研究已掀起新的篇章。

除此之外，围绕自研大模型，华为云在2020年就启动了盘古大模型的立项，并于2021年4月推出盘古系列大模型，包括业界首个千亿参数中文语言预训练模型。

2023年7月，华为在开发者大会上宣布推出盘古大模型3.0。盘古大模型3.0可提供100亿参数、380亿参数、710亿参数和1 000亿参数的系列化基础大模型，预训练数据中包含了超过3万亿"tokens"，推出了NLP大模型的知识问答、文案生成、代码生成，以及多模态大模型的图像生成、图像理解等全新能力集。

第十四章

未来教育——人工智能时代的教育和自我成长

随着人工智能技术的不断发展，我们迎来了智能化教育时代。国务院印发的《新一代人工智能发展规划》提出利用智能技术加快推动人才培养模式、教学方法改革。教育部出台《高等学校人工智能创新行动计划》，并先后启动两批人工智能助推教师队伍建设试点工作。中央网信办等八部门联合认定一批国家智能社会治理实验基地，包括 19 个教育领域特色基地，研究智能时代各种教育场景下智能治理机制。科技部等六部门联合印发通知，将智能教育纳入首批人工智能示范应用场景，探索形成可复制、可推广的经验。"人工智能＋教育"不断碰撞出新的火花，为教育变革创新注入强劲动能。

一、人工智能时代，如何学比学什么更重要

韩国棋手李世石九段被人工智能打败后，很多人开始担心，人类该如何抗衡人工智能？以色列历史学家尤瓦尔·赫拉利在其国际畅销书《未来简史：从智人到智神》中曾做出惊人的预测："人工智能和生物基因技术正在重塑世界，人类正面临全新的议题。未来，只有 1% 的人能完成下一次生物进化，升级为新物种，而剩下 99% 的人将彻底沦为无用阶层！"

研究人员预计，到 2030 年，社会对基础认知的需求将下降 15%，对体力和动手能力的需求也将降低 14%。当前以人脸识别、自动付款为代表的人工智能技术已经深入到寻常生活当中，无人商店和自动驾驶技术也在逐步完善中，生成式人工智能技术也在不断发展中，并逐渐得以应用。未来，基于人工智能的技术将会改变很多

人的生活方式和工作方式。

在以前，机器人只能代替人进行体力劳动，而现在机器人已经可以代替部分脑力劳动了。例如，机器人代替人工驾驶，代替人工送快递，代替人工进行结算，甚至代替人工生产文字、图片、视频等各类内容。

人工智能时代的到来，使海量数据不间断地涌现出来，这给不少人造成了极大的恐慌。为了不被淹没在人工智能的浪潮中，避免沦落到人工智能时代的社会底层，很多人更加重视学习。那么，在人工智能时代我们应该学习什么呢？

与其苦恼学习什么，不如从更高层面去掌握知识。对于人工智能时代如何学这个问题，我们可以从以下几个方面入手。

（一）主动挑战极限

主动接受一切挑战，在挑战中完善自我。假如人类不挑战自我，不提升自己，那全面落后于机器人的可能性就更高了。

（二）在实践中学习

面对实际问题和综合型、复杂型的问题，我们应该将基础学习和应用实践充分结合，而不能先学习后实践。一边学习一边实践，这种方法类似于现代职业体育选手以赛代练，其要求学生具有更高的个人素质，这样才能取得更好的效果。

（三）关注启发式教育

人工智能时代，我们应培养学生的创造力和独立解决问题的能力。被动的、接受命令式的工作大部分都可以由机器来替代。人的价值将更多地体现在具有创造性的工作中。启发式教育将变得非常重要。如果只强调死记硬背，加入太多的条条框框，那么只会限制学生的灵感和创意。

（四）注重互动式在线学习

只有充分利用在线学习的优势，让大众共同分享教育资源，才能切实保证教育质量和教育的公平性。很多互联网教育公司积极开展教育创新，大量使用在线教育、机器辅助教育等手段来帮助孩子学习。

（五）主动向机器学习

在人机协作时代，人的优势与机器的优势有很明显的差异。人类可以向机器学习，通过观察和分析人工智能的计算结果，从中找到能够帮助人类改进思维方式的模型、思路甚至基本逻辑。

（六）既学习人际协作，也学习人机协作

在未来，沟通将不再局限于人际沟通，人机沟通也将是重点。在一开始学习时，学生既要和周边的同学讨论，也要与远程的同学（人或机器人）讨论，构思解决方案，共同进步。

（七）追随兴趣学习

追随自己的兴趣，找到一个不容易被机器代替的工作。无论是因为好奇心，还是因为其他原因产生的兴趣，这些兴趣都有可能达到更高的层次，创造出机器人不能代替的价值。

二、人工智能时代，什么能力更具竞争优势

这是一个最好的时代，也是一个最坏的时代。假如把孩子当成学习机器，那么其未来面临的挑战将是巨大的。在人工智能时代，拥有以下七种能力的人才将更加具备竞争优势。

（一）编程能力

人工智能是研究、开发用于模拟、延伸和扩展人的智能的理论、方法、技术及应用系统的一门新的技术科学，涉及的学科包括编程、数学及一部分跨学科知识。

其中，编程是人工智能的基础，而人工智能中的算法设计会更多地涉及一些数学知识。在人工智能的应用领域，不可避免地会涉及一些跨学科的知识，如机械、物理、工程等。在人工智能时代即将到来之际，开展编程教育已成为全世界的趋势。

2012年，美国有23个州先后将编程纳入中小学课程；2014年，英国中小学增加了编程考试；2015年，美国白宫拨款40亿美元推动编程教育；2017年，新加坡O-Level加入编程考试；2018年，韩国中小学教育加入编程；2020年，编程成为日本中小学的必修课。当下，我国也已开始重视编程教育。

在人工智能时代，人和计算机之间的沟通将占据主导地位。人工智能和计算机及各种数据与模型可以极大地扩展人的能力，使其提升到一个新的维度。这是时代的需求，同时也是人工智能的意义所在。因此，我们需要的编程教育要赋予孩子一种与计算机沟通的能力，一种创造未来的能力。

在这样的时代趋势下，市场上出现了很多 AI 编程教育公司，如英荔 AI 等。这些公司专门为 3 ～ 16 岁的孩子提供 AI 编程培训。

（二）自主学习能力

传统意义上的学校教育不能真正做到因材施教，但人工智能可以做到这一点。人工智能可以跟踪记录学生的一切学习过程，发现学生的学习难点，找出学习重点，为学生制订个性化的学习计划。不过，这并不是说一切都可以由人工智能负责。研究者发现，假如人工智能普及了，那些学习行动力不足的孩子可能会更加被动。

在学习上具备主动性的孩子，可以与人工智能进行良好的沟通，根据人工智能的及时反馈，一步一步地改善学习状态，体验到学习进步的成就感，提升学习兴趣，从而形成良性循环；而缺乏学习兴趣的孩子则可能落入恶性循环，越来越敷衍了事，与主动、积极的孩子进一步拉开差距。因此，在人工智能时代，培养孩子自律和自主学习的能力、习惯是极其重要的。

（三）创新能力

在频繁、大批量的任务上，我们无法与机器抗衡，但在有些事情上机器是无能为力的。

人类能够把看似毫不相关的事物联系起来，从而解决从未见过的问题。这种能力就是联想能力，这是机器望尘莫及的。

如果未来的教育还是仅仅停留在培养一个个标准化的"人才产品"上，那么可想而知，将来会有越来越多的人因受到人工智能的威胁而找不到工作。但是，假如我们的教育可以充分激发并提升人类的联想能力、创新能力和逻辑思维能力，那么即使在高度自动化的时代，我们也可以走出一条无法被机器取代的道路。

2023 年 8 月 20 日，重庆市第八中学第三届"国际学习节"启幕，来自国内外著名高校专家及教授围绕"人工智能时代的拔尖创新人才培养"等问题展开深入讨论，交流展示了重庆第八中学"三创"教育发展的美好愿景和实践创新成果。

"三创"即创新、创造、创业。"创新"是指学生看世界的眼光和视角;"创造"是指学生将所学真正使用的能力;"创业"则是指学生在未来能找到自己的位置并为更多人创造价值的能力,而在现阶段,"创业"更多指的是孩子们发现问题、提出问题、解决问题的能力。

"三创"教育是面向人工智能时代一种全新的教育范式,在培养学生的创新意识、创造能力、创业素养的同时,提升学生跨文化的理解能力和全球化的视野,为学生做好应对不确定未来的准备。

(四)数据分析能力和计算思维能力

数据分析能力是未来非常重要的职场技能。经调查发现,企业管理层和员工都认为数据分析能力是指能够看懂并通过数据进行工作、分析、交流的能力,它将在2030年成为最重要的职场技能,其重要性如同今天每个职场人士都需要掌握的计算机技能。数据分析能力在决策中发挥的作用正在不断提升,这种对数据分析能力的需求反映出职场由于人工智能的兴起所发生的重大转型,这就要求人们从现在开始就要培养数据分析能力。

计算思维是我们攻克难题的一种工具,这种思维将问题分解,并且利用计算知识找出解决问题的办法。它分为以下四个主要组成部分:

(1)"解构或分解",即把问题拆分,同时明确各个部分的属性,以及如何拆解一个任务;

(2)"模式识别",即找出各个问题之间的差异和相同之处,以有利于后续的预测工作;

(3)"模式归纳"或"抽象化",即探寻这些模式背后的一般规律;

(4)"算法开发",即针对相似的问题提供初步解决方案。

计算思维能够帮助人们把看似复杂的问题转变成相对简单的问题。培养计算思维能够帮助人们更好地解决实际问题,使其具备更强的适应信息社会的能力。

(五)兴趣驱动力

终身学习时代已经到来,教育的本质是培养学生不断学习与应用的能力。我们必须最大限度地激发学生的潜在学习动力——兴趣。我们要让学生形成迎着困难,依靠自己的力量,不用别人督促,主动达成目标的能力。

（六）情感交流能力

俞敏洪曾说："在 10 年内，老师 70% 的工作内容将会被机器所取代，而涉及情感的工作内容则无法被取代。"人与人工智能最大的区别在于，人是有情感的，有时通过一个眼神就可以猜到对方在想什么。

情感交流不仅可以通过语言和文字实现，表情、眼神和身体动作也是非常重要的情感表达载体。人与人之间的交流是必不可少的，而作为一个社会人，情感交流能力更是必不可少的，这种能力将影响人在工作和生活中的状态。在人工智能时代，我们都要成为善于交流的人，善于进行情感沟通，能够通过眼神、动作、表情来解读和理解他人。

（七）自我认知能力

在人工智能时代，资源将会变得极为丰富。在面对纷繁复杂的信息时，那些自我认知能力较强、更了解自身特点的人将更具备竞争优势。人工智能时代是一个个性化学习的时代，只有清楚自己的特点和未来目标，才能更好地运用数据和信息，利用时代赋予的海量资源。

三、人工智能时代教育的关注点

人工智能时代的到来，对人类生活的影响是多方面的，对教育的影响更是显而易见的。有学者认为人工智能将改变教学形态，提高教育效率、教育管理水平，改善教育的评价方式；有专家认为未来学习中心将具有个性化、丰富化、弹性化、定制化、混合化、多元化、双轨化、过程化、开放化和幸福化十大特征；也有人认为人工智能将对教师的教学方法、学生的学习方法和学校的教育体制产生冲击。

人工智能已经深刻地影响了当前的学校教育，人工智能实验室、智慧课堂、智慧校园以及在线课堂、个性化电子辅导、电子书包等已经在校园内全面开花，在各个方面都对教育产生了影响。学生利用手机可以随时查阅各种资料，这既给学生的学习带来了便利，也给课堂教学管理带来了挑战。

（一）促进教育重心转移

受人工智能冲击最大的是技能教育。人工智能的关键技术主要有计算机视觉、机器学习、自然语言处理、机器人和语音识别等。技能教育所涉及的技能和教学方法，很容易被机器人掌握，且精准度更高。

知识教育也将受到冲击。普通小学教育、初中教育和高中教育以传授知识为主，虽然考试也考查思维训练情况，但主要还是考查学生对各门学科知识点的掌握程度。人工智能将在知识储备量、知识传播速度、教学方法与手段等方面发展出更多可能，并远超人类的能力。据此我们可以预测，与知识和教学相关的教育工作被机器人取代的可能性非常大。

（二）推动教育回归本质

通过使用人工智能技术，学生在学习技术、知识时会更轻松。因此，人工智能技术会逐步应用于技能教育、知识教育和智慧教育，而教师则把教育重心转移到精神与情感世界，这是人工智能尚未进入和应用的领域。简单来说，人工智能时代的教育先要关注人，特别是人的情感交流和精神成长。

关注人的情感交流和精神成长才是教育的本质。在教育过程中，教师不能只关注学生掌握的技能和知识的数量，更要关注学生的精神世界。对人的重视与关注才是教育最好的价值体现，可以这样说，"教育中没有什么比对人的关注、对灵性的培育和养护更具有价值"。

推动教育回归本质是我国教育理论家们一直以来的期盼。当然，教育重心的转移不是一步到位的事情，需要有一个较长的转变过程。当人工智能时代真的到来，开始推动教育将重心转移到关注"人"本身时，教育的新时代也就开启了。